改訂版

航空保安裝備

吳石均

도서출판
진영사

航空保安裝備

吳石均

2013년 2월 18일 초판 인쇄
2013년 2월 20일 초판 발행
2018년 3월 23일 개정판 인쇄
2018년 3월 27일 개정판 발행
발행인 박 진 영
발행처 도서출판 진영사
인천광역시 부평구 부평동 134-16 태승빌딩 4층
전화 : 032)505-4207
팩스 : 032)505-4206
E-mail : 0183734207@hanmail.net
등록 : 122-91-77317

ISBN 978-89-6541-361-5 93550
값 17,000원

이 책을 내면서 ....

개인이나 조직은 사회의 글로벌화, 네트워크화, 경제 경쟁의 심화 등으로 환경 변화에 대응하여 생존과 발전을 위해 끊임없이 변화할 것을 요구받고 있습니다. 이런 현대사회의 문명에 잘 적응해 가는 국가나 개인과 그렇지 못한 국가나 개인들 간의 빈부 격차가 갈수록 심화되어 가고 있어 정치적, 경제적, 사회적 불안요인으로 작용하고 있으며 종교적 또는 종족 갈등이나 민족주의 성향으로 나타나고 있다.

이로 인해 전쟁이나 테러 등의 위기발생 가능성이 높아지고 있어 한 번의 위기로 막대한 재산 피해 뿐만 아니라 많은 사람들이 사망하거나 부상하여 조직의 존립에 치명적인 피해를 입을 수 있다. 그 중 가장 쉽게 위기를 발생시킬 수 있는 것이 항공기에 대한 테러로 민간항공이나 항공운송의 안전에 커다란 위협이나 저해요인이 되고 있어 항공 테러 및 국가 중요시설에 대한 테러로부터 보호하기 위해 충분한 보안조치가 이루어져야 한다.

테러의 확산 추세와 테러 수법의 지능화 및 다양화에 따라 이에 대응하기 위해 신기술을 적용한 장비의 개발이 이루어지고 있어 새로 개발된 장비에 숙련된 보안요원이 매우 부족하며, 이를 육성하기 위한 교재가 전무한 상태이다.

항공보안학과를 신설하여 운영하면서 항공보안장비에 대한 교재가 없어 교육에 많은 어려움을 겪고 있어 부득이 항공보안요원 육성을 위해 그 동안의 강의 자료들을 모아 정리하여 보았습니다. 아직은 부족한 것이 많고 미숙한 부분이 많지만 이 분야를 배우는 학생들에겐 조금이나마 도움이 될 것이라는 생각으로 이 책을 펴냅니다. 이 책을 통해 학생들이 항공보안장비에 대하여 많은 것을 익혀 미래에 항공보안 전문가가 되기 위한 발판이 되길 바랍니다.

2018년 2월
저자 올림

Contents

제 I 편 航空保安一般

제 II 편 保安檢索裝備

제Ⅲ편 空港特殊警備裝備

第 I 編　航空保安一般

1. 航空保安 概要
2. 航空保安裝備 概要

1. 航空保安 概要

1.1 배경

1.1.1 국제적 배경

항공보안의 필요성을 갖게 된 배경은 항공기 납치(hijacking)사건이 1931년 남아메리카 페루에서 최초로 발생한 이래 1960년대 팔레스타인에 의해 현대적 테러가 발생하였고, 1968년도를 기점으로 대규모 국제테러리즘이 시작되었다. 특히, 일본 "적군파"에 의한 국제테러가 타 국가로 수출되기도 했으며, 1968년 이후 테러행위로 희생을 당한 미국을 포함한 각 국에서 테러 대책을 강구하였다.

따라서 ICAO (International Civil Aviation Organization, 국제민간항공기구)를 비롯한 항공관련 국제기구에서 테러대책을 마련하였다.

① 1963년 9월 14일 동경 협약 체결
(항공기내에서 범한 범죄 및 기타행위에 관한 협약)

② 1970년 12월 16일 헤이그 협약 체결
(항공기의 불법납치 억제를 위한 협약)

③ 1971년 9월 23일 몬트리올 협약 체결
(민간항공의 안전에 대한 불법적 행위의 억제를 위한 협약)

1972년에는 가장 피해가 큰 미국이 항공사와 공항에 대한 항공보안계획을 수립 "항공법령"으로 공포하였다. 또한 1973년 11월 6일부터 항공기 탑승객과 휴대품에 대한 100% 보안검색을 받도록 하는 법령이 미국에서 공포되었고, 1973년 2월 6일부터 공항의 보안검색현장에 "사법관"을 파견하는 등, 보안검색 활동을 지원한 결과 항공테러 행위가 현저히 감소되었다.

한편 ICAO에서는 각 위원회의 여러 과정을 거친 항공보안에 대한 표준과 권고사항에 동 조직 협약 제37조에 의거 1974년 3월 22일 이사회에서 채택한 부속서(Annex) 17이 지정되어 전 세계에 선포, 국제적 법규로서의 효력을 발휘하게 되었다.

1976년에는 미국을 비롯한 여러 국가들이 수하물에 대한 보안강화대책을 채택하였고, 화물에 대한 보안대책도 이어서 강구하기 시작하였다. 1970~80년대에는 국제테러조직이 전 세계적으로 확산되어 서방 선진국 내에서도 반제국

주의 테러가 빈발하였고, 중남미, 동남아 등 후진국으로 확산되었다.

1988년 12월 21일 프랑크푸르트 출발하여 영국 히드로 공항을 경유하는 뉴욕행 팬암 103편 항공기가 이륙후 스코틀랜드 로커비 상공에서 리비아인의 폭탄테러에 의해 공중폭발, 탑승자 259명, 지역주민 11명이 사망한 사건 이후 미국에서는 항공보안위원회가 발족하였으며, 발족 당시 레이건대통령의 자문기구로 활약하였고, 미국의 항공보안대책을 대폭적으로 수정, 강화시켰다.

1990년대 들어 소련을 비롯한 공산주의의 자체 모순에 의해 동구권이 붕괴된 이후 민족주의와 회교 원리주의, 극우세력 등이 부상하게 되었고, 광신적 사교집단에 의한 테러가 발생되는 한편 마약과 연계된 크고 작은 테러행위도 생겨나고 있다.

미국의 대중동 정책과 걸프전, 리비아, 이라크 및 아프가니스탄에 응징성 공격, 미사일 공격 등으로 중동내 반미, 반서방 국가에 대한 테러 행위는 계속되고 있어 미국은 자국 국적기 보호를 위한 보안검색을 강화하고 있는 실정에도 불구하고 지난 2001년 9월 11일 오전(현지시간) 미국 뉴욕과 워싱턴에서 발생한 세계무역센터(WTC)와 국방부 건물의 여객기 충돌, 피츠버그 동남쪽 130㎞ 지점에서의 여객기 추락은 미국 역사상 최악의 대 참사를 빚은 항공기 테러사건으로 아프가니스탄에 은신하고 있는 사우디아라비아 출신 테러리스트 오사마 빈 라덴(Osama bin Laden)과 그의 알 카에다(AL Qaeda)가 배후 조종한 것으로 확인되었고, 이들의 신병인도를 거부한 아프가니스탄에 공습이 10월 8일 단행되었으며 미국을 비롯한 세계 각국 공항에 보안검색이 강화되었다.

1.1.2 국내적 배경

국내 항공보안의 배경을 살펴보면, 항공기 납치사건은 최초로 1958년 2월 16일 11시 45분 부산 수영공항을 출발한 서울행 대한국립항공(KNA) 소속 쌍발여객기(DC-3형) 창랑호에 승객 28명, 승무원 4명이 탑승하여 운항하는 중 수원상공에서 5인조 납치범에 의해 북한으로 피납되었다.

이 사건의 원인을 분석한 결과를 보면 보안검색을 하지 않았으며, 무기를 휴대한 자에 대한 통제대책이 마련되어 있지 않았기 때문이다. 이를 보완하기 위해 항공기 탑승객의 무기소지자에 대한 단속권을 경찰에 부여하여 정기 여객기의 공중 감시를 강화하였다.

그 후 1969년 12월 11일 12시 25분 강릉공항을 출발한 서울행 대한항공(KAL) 소속 YS-H 여객기가 승객 47명, 승무원 4명을 태우고 이륙후 11분만에 괴한 3명에 의해 납북되어 1970년 2월 14일 승객 39명만 판문점을 통해 귀환되었다.

이 사건은 탑승객에 대한 보안검색 및 신원확인을 형식적으로 한 것으로 판단되어 비행장 근무경찰에 검색 감독권 부여, 비행금지선 남하 및 항로통제, 승무원 신원조회 강화, 탑승객 검문검색 기록유지, 조종석과 객실의 이중 분리장치 등을 보완하였다.

그리고 1971년 1월 23일 13시 07분 승객 60명과 승무원 5명을 태우고 속초공항을 출발하여 서울로 향하던 대한항공(KAL) 소속 F-27여객기가 괴한 1인에 의해 납치되었으나, 보안승무원의 범인사살과 훈련 조종사의 희생으로 완파된 항공기가 강릉 모래사장에 불시착하였다.

그 원인으로는 보안검색장비 활용 미흡 및 보호구역 출입통제가 소홀한 것으로 판단되어 국내선 항공기에 무장보안관 2명을 탑승 운항하게 되었으며, 금속탐지기 및 검색요원을 증가 배치하여 보안검색을 강화하였다.

항공기 납치뿐만 아니라 항공기 폭파 사건도 발생하였는데, 1987년 11월 29일 05시 57분 바그다드공항발 서울행 대한항공(KAL) 소속 858편(B-707)에 승객95명과 승무원20명이 탑승, 이륙 후 경유지 아부다비에서 북한 공작원 2명이 객실에 두고 내린 고성능 폭탄에 의해 같은 날 14시 05분 버마 안다만해역 상공에서 공중 폭파되었다.

이는 탑승전 보안검색이 부실하였으며, 특히 가전제품 배터리를 기내에 반입하였고 여자승객의 소지품에 대한 검색이 소홀하였다. 이 사건의 결과로 중간 기착지에서 기내에 두고 내린 소지품에 대한 보안검색을 철저히 하도록 ICAO 부속서 17에 조항을 신설하게 되었다.

끝으로, 김포국제공항 폭파사건으로 1986년 9월 14일 15시 12분 국제선 제1청사(현 국내선 청사) 5~6번 출입문 사이 쓰레기통에서 원인불명의 폭탄이 폭발하여 사망 5명, 중경상 32명이 발생하게 되었다. 이는 86아시안게임과 88올림픽 경기를 방해할 목적으로 북한의 사주에 의거 폭탄테러를 자행한 것으로 추정된다.

이후로 국가중요 행사시는 여객청사 주변지의 감시활동을 강화하였고, 공항 내 무장위력 순찰과 자유지역내 검문검색을 강화하였다. 이러한 과정을 통하여 보안검색이 오늘에 이르게 되었다.

1.2 항공보안 개념

1.2.1 정의

지상이나 공중에서 일어나는 불법방해행위로부터 공항의 승객, 승무원, 지상요원, 일반대중 및 시설 등을 보호하고 안전운항을 보장하기 위하여 행하여지는 일체의 수단과 방법을 말한다.

1.2.2 목 적

지상이나 공중에서 일어나는 불법방해행위로부터 공항의 승객, 승무원, 지상요원, 일반대중 및 시설 등을 보호하기 위한 것이다.

1.2.3 우리나라 항공보안 조직

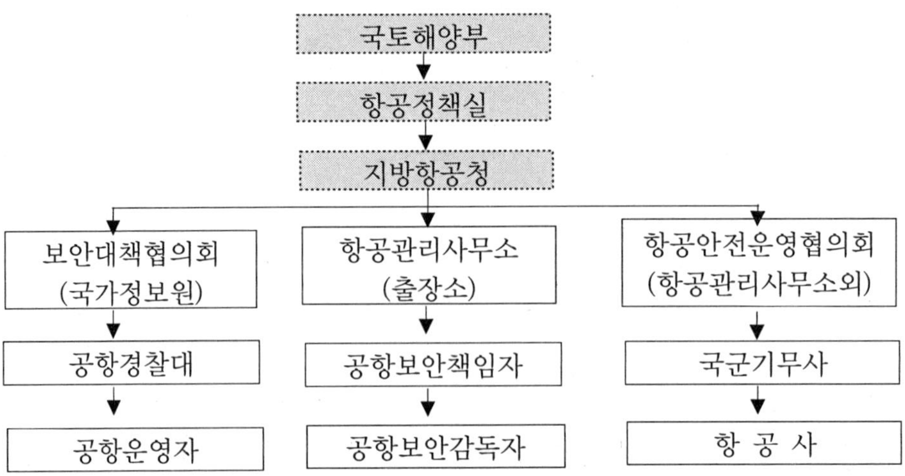

[그림 1-1] 우리나라 항공보안조직

[그림 1-1]은 우리나라 항공보안 조직을 도식화하여 나타낸 것이다.

1.2.4 보호구역

보호구역은 국가 주요시설에 대한 보호를 목적으로 국가중요시설방호지침(대통령 훈령 제28호)에 의거 비밀보호와 중요시설 장비 및 자재 보호를 위하여 필요한 장소에 일정한 범위를 정하여 보호구역을 설정하는 것을 말하는 것으로 보호구역은 제한지역, 제한구역, 통제구역으로 구분한다.

- 제한지역 : 비밀 또는 정부재산을 보호하기 위하여 울타리 또는 경비원에 의하여 **일반인의 출입에 감시가 요구**되는 지역
- 제한구역 : 비밀 또는 중요시설 및 자재에 대한 비인가자의 접근을 방지하기 위하여 그 **출입에 안내가 요구**되는 구역
- 통제구역 : **비인가자의 출입이 금지**되는 보안상 극히 중요한 구역

공항의 경우 보호구역은 공항의 기능에 따라 다음과 같이 분류하여 운영하고 있다.

- 제한지역 : 공항시설 전지역
- 제한구역 : 착륙대, 운항실, 냉 난방실, 상황실, 항공기계류장(활주로 및 유도로포함), 출입국심사장, 감시과, 심리조사실, X-Ray 판독실, 전산실, 전산타자실, 점검용 항공기 전산장비 보수실, 세관탐지견사 및 훈련장, 캐더링센터, 지상조업장비 수리공장, 교환장비실, 방송장비실, 국제선, 국내선 화물청사 및 건물옥상, 지하기계실, 변전실, 항무통제실.
- 통제구역 : 무기고, 탄약고, 합동상황실, 전산기계실, 발·변전실, 중앙통제실, 관제탑지역, 방위각 표지소, 활공각 표지소, 중방 표지소, 외방 표지소, 레이더 송·수신소, 항공 송·수신소, 항공무선 표지소, 동력동, 방송실, 급수장, 중앙 수·배전소, 항공유 급유시설 및 저장소.

1.2.5 공항의 구성

공항은 크게 4개 분야로 공항운영자, 항공사, 공항이용자, 정부기관으로 구성되어 톱니바퀴처럼 맞물려 운영되고 있다.

공항운영자란 실질적으로 공항을 관리 운영하는 주체를 말하는데 각 국가에 따라 운영방식이 상이하여 아래와 같이 나누어 볼 수 있다.

- 국가 또는 지방자치단체가 운영자인 공항
  싱가폴 창이공항, 미국의 로스앤젤레스, 오헤어, 워싱톤, 디트로이트공항, 스위스의 취리히 공항 등
- 공사 또는 공단 등 공기업이 운영자인 공항
  미국의 보스톤공항 및 뉴욕공항, 네덜란드의 스키폴공항, 영국의 런던 히드로공항, 일본의 나리타공항, 한국의 김포공항 및 인천공항 등
- 국가, 지방자치단체, 민간기업 등이 공동 출자한 주식회사 형태가 운영자인 공항
  독일의 프랑크푸르트공항, 미국의 로체스타공항 및 버뱅크공항, 일본의 간사이공항 등

항공사는 공항의 주 고객으로서 공항을 기지로 삼고 방대한 조직과 다수의 항공기를 보유하여 여객과 화물을 수송하는 기업으로서 공항운영자, 지상조업업체, 급유사업체 및 케이터링 사업체들과 유기적 관계를 맺고 지원을 받아 사업을 영위하는 사업체를 말한다.

공항이용자란 공항시설과 항공사의 장비 등을 이용하는 여객, 화물 운송자, 기타 등의 공항이용자로서 공항운영자 또는 항공사의 주요 고객이며, 공항이용자가 있어야만 공항운영자나 항공사의 존재가 의미를 갖게 된다.

1.3 항공보안 관련법규

항공보안과 관련한 법규들은 각 국가들이 공동으로 적용을 하는 것으로 국제협약부분으로 국제민간항공기구(ICAO)에서 제정한 부속서 17(ANNEX 17) 제4장에서 언급되었으며, 국내적으로는 초기에 제정되어 적용되었던 항공법,

총포·도검·화약류 단속법, 9.11 테러 이후에 제정된 항공안전 및 보안에 관한 법률, 우리나라의 특수한 상황에 의해 제정된 국가보안목표 관리지침, 관세법 등이 적용되고 있다.

1.3.1 국제협약(ICAO 부속서 17 제4장)

가) 목 적

각 체약국은 운반이나 휴대가 허용되지 않은 물건, 불법방해행위를 범할 가능성이 있는 무기, 폭발물 또는 다른 위험한 장치들이 국제민간항공에 사용되는 항공기 내로 반입되는 것을 방지하기 위한 조치를 수립해야 한다.

나) 항공기에 관한 조치

각 체약국은 국제선에 지정된 출발 항공기에 대한 항공기 보안점검을 실시해야 한다.

다) 각 체약국은 늘어나는 위험에 대비하기 위하여 항공기가 공항에 주기하였을 때 탑승객이 위험물질을 기내에 두고 내리는 것 등에 대한 조치를 취해야 한다.

라) 각 체약국은 비행 중에 허가받지 않은 사람이 조종실 등에 출입하는 것을 막을 수 있는 적절한 조치를 취해야 한다.

마) 승객 및 객실 수하물에 관한 조치

1) 각 체약국은 출발항공기 및 승객의 화물이 국제민간항공운영을 하는 항공기에 탑승되기 전에 검사될 수 있도록 조치를 취해야 한다.
2) 각 체약국은 국제민간항공에 사용되는 항공기내에 허가되지 않은 물품이 반입되는 것을 방지하기 위하여 연계 및 통과 여객과 그들의 수화물이 적절한 보안통제를 받도록 해야 한다.
3) 각 체약국은 국제민간공항에서의 보안검색지점을 통과한 후 보안검색을 받은 승객과 받지 않은 승객 간에 혼합이나 접촉의 가능성이 없도록 하고, 혼합이나 접촉이 발생할 경우는 관련된 승객 및 그들이 휴대하고 있는 수하물은 탑승하기 전에 다시 검색하도록 하여야 한다.

1.3.2 국내법

가) 폭발물 등의 운송 또는 휴대금지(항공법 제61조)

①항. 폭발성 또는 연소성이 높은 물건, 다른 사람에게 위해를 주거나 다른 물건을 손괴할 우려가 있는 물건으로서 국토교통부령이 정하는 것은 항공기에 의하여 운송하여서는 아니된다. 다만 국토교통부장관의 허가를 받은 경우에는 그러하지 아니한다.

③항. 누구든지 무기 또는 제1항의 규정에 의한 물건을 항공기 안에 가지고 들어가서는 아니된다. 다만 국토교통부령이 정하는 바에 따라 특정한 직무를 수행하기 위한 경우에는 그러하지 아니하다.

④항. 제 3항 단서의 규정에 의하여 무기 또는 물건을 휴대하고자 하는 자는 항공기내의 보안업무를 담당하는 자를 제외하고는 탑승 전에 이를 당해 항공기의 기장에게 보관시키고 목적지에 도착한 후 이를 반환받아야 한다.

⑤항. 경찰관 직무집행법 제2조의 경찰관 직무를 행하는 자 또는 경비업법 제2조 제3호 나목의 특수경비원은 제1항 및 제3항의 규정에 의한 무기 또는 물건의 휴대 여부를 확인하기 위하여 여객의 신체 또는 물건을 검색할 수 있다.

나) 운송 금지물건 및 무기 등의 보관(항공법 시행규칙 제188조)

①항. 법 제61조 제1항의 규정에 의하여 운송이 금지되는 물건은 다음 각 호의 것으로 국제민간항공기구에서 정한 위험물 항공운송에 관한 기술상의 기준이 정하는 품목으로 한다.

- 화약류 : 총포, 도검, 화약류 등 단속법에 의한 화약, 폭약, 화공약품과 기타 폭발성이 있는 물질
- 고압가스 : 섭씨 50도 미만의 임계온도를 가진 물질, 섭씨 50도에서 300킬로파스칼을 초과하는 절대압력(진공을 0으로 하는 압력을 말한다.)을 가진 물질, 섭씨21.1도에서 280킬로파스칼을 초과하거나 섭씨 54.4도에서 730킬로파스칼을 초과하는 절대압력을 가진 물질 또는 섭씨37.8도에서 280킬

로파스칼을 초과하는 절대 가스압력(진공을 0으로 하는 가스압력을 말한다)을 가진 액체상태의 인화성 물질.

- 액체 또는 개방식 인화점 측정법에 의한 인화점이 섭씨 65.6도이하인 액체.
- 가연성 물질류 : 다음 각목에서 정하는 물질.
  - 가연성고체 : 화기 등에 의하여 용이하게 점화되며, 화재를 조장할 수 있는 가연성고체.
  - 자연발화성물질 : 통상적인 운송상태에서 마찰, 습기흡수, 화학변화 등으로 인하여 자연 발열 또는 자연발화하기 쉬운 물질.
  - 기타 가연성 물질 : 물과 작용하여 인화성가스를 발생하는 물질
- 산화성 물질류 : 다음 각목에서 정하는 물질.
  - 산화성 물질 : 다른 물질을 산화시키는 성질을 가지는 물질로 유기과산화물 외의 것.
  - 유기 과산화물 : 다른 물질을 산화시키는 성질을 가지는 유기 물질
- 독 물류 : 다음 각 목에서 정하는 물질.
  - 독물 : 사람이 그 물질을 흡입, 접촉 또는 체내에 섭취한 경우에 강력한 독작용 또는 자극을 일으키는 물질.
  - 병독을 옮기기 쉬운 물질 : 살아있는 병원체 및 살아있는 병원체를 함유하거나 병원체가 부착되어 있다고 인정되는 물질.
- 방사선 물질 : 원자력법 제2조의 규정에 의한 핵물질 및 방사선 물질 또는 이로 인하여 오염된 물질로서 방사능의 농도가 매 킬로그램당 74킬로베크렐(매 그램당 0.002마이크로큐리) 이상인 것.
- 부식성 물질 : 생물체의 조직에 접촉한 경우 화학반응에 의하여 조직에 심한 위해를 주는 물질 또는 항공기의 기체, 적하물 등에 접촉한 경우 물질적 손상을 주는 물질.
- 자성 물질 : 포장된 표면으로부터 2.1미터 떨어진 지점에서 측정하여

미터당 0.159암페어 이상의 자장력을 가진 물질.

- 마취성 물질 : 항공기승무원이 정상적으로 근무할 수 없도록 극도의 고통이나 불편함을 발생시키는 마취성이 있는 물질 또는 그와 유사한 성질을 가진 물질.
- 총포, 도검류 등 : 총포·도검·화약류 등의 안전관리에 관한 법률에 의한 총포·도검 및 이에 준하는 흉기류.
- 기타 유해물질 : 제1호 내지 제10호 이외의 것으로서 화학변화 등에 의하여 사람에게 위해를 주거나 항공기에 적재된 물건에 물질적인 손상을 줄 수 있는 물질.

②항. 제1항의 규정에 불구하고 다음 각 호의 물건은 항공기에 의하여 운송할 수 있다.

- 국제민간항공기구에서 정한 위험물 항공운송에 관한 기술상의 기준에 따라서 운송하는 물건.
- 항공기의 운항 및 인명의 안전을 위하여 당해 항공기에서 사용하는 물건.
- 제①항 제11호의 물건중 화물로 적재하여 운송하는 것으로서 항공기 안전 운항에 지장이 없는 물건.

③항. 법 제 61조 제3항 단서의 규정에 의하여 항공기안의 질서 및 규율을 방해하는 행위를 방지하는 직무를 행하는 자로서 항공기의 소유자 등의 신청에 의하여 항공안전본부장이 지정한 자는 항공기 안에 제 ①항의 규정에 의한 물건을 가지고 들어갈 수 있다.

④항. 법제61조 제4항의 규정에 의하여 당해 항공기의 기장이 무기를 보관할 때에는 지정된 장소에 이를 보관하고 인계, 인수를 명확히 하여야 한다.

다) 항공안전 및 보안에 관한 법률

1) 승객 등의 검색(제15조)

① 항공기에 탑승하는 자는 신체, 휴대물품 및 위탁수하물에 대한보안 검색을 받아야 한다.

② 공항운영자는 항공기에 탑승하는 자, 휴대물품 및 위탁수하물에 대

한 보안검색을 실시하고 항공운송사업자는 화물에 대한 보안검색을 실시하여야 한다. 다만, 관할경찰관서의 장은 범죄의 수사 및 공공의 위험예방을 위하여 필요한 경우 보안검색에 대해 필요한 조치를 요구할 수 있고, 공항운영자나 항공운송사업자는 정당한 이유없이 거절할 수 없다.

③ 공항운영자 및 항공운송사업자는 제2항의 규정에 의한 보안검색을 직접 실시하거나 경비업법 제4조 제1항의 경비업을 영위하고자 하는 법인중 제6항의 규정에 의하여 공항운영자 및 항공운송사업자의 추천을 받아 국토교통부장관의 지정을 받은 업체에게 위탁할 수 있다.

④ 공항운영자는 보안검색에 소요되는 비용에 충당하기 위하여 항공법 제86조의 규정에 의한 사용료의 일부를 사용할 수 있다.

⑤ 제2항의 규정에 의한 보안검색의 방법 · 절차 · 면제 등에 관하여 필요한 사항은 대통령령으로 정한다.

⑥ 제3항의 규정에 의하여 검색업무를 위탁받고자 하는 법인은 국토교통부장관의 지정을 받아야 한다. 이 경우 지정기준 및 지정취소 등에 관하여 필요한 사항은 국토교통부령으로 정한다.

2) 승객이 아닌 자에 대한 검색(제16조)

공항운영자는 제13조제1항의 규정에 의하여 허가를 받아 보호구역으로 들어가는 자 또는 물품에 대하여도 보안검색을 실시하여야 한다. 이 경우 보안검색에 대하여는 제15조제5항의 규정을 준용한다.

3) 통과 또는 환승 승객에 대한 보안검색(제17조)

① 항공운송사업자는 항공기가 공항에 도착한 때에는 통과 또는 환승 승객으로 하여금 휴대물품을 가지고 내리도록 하여야 한다.

② 공항운영자는 제1항의 규정에 의하여 항공기에서 내린 통과 또는 환승 승객 및 휴대물품에 대하여 보안검색을 실시하여야 한다.

4) 보안검색 실패에 대한 대책(제19조)

① 공항운영자 또는 항공운송사업자는 다음 각 호의 사항이 발생한 경우에는 즉시 국토교통부장관에게 보고하여야 한다.

1. 검색장비가 정상적으로 작동되지 않은 상태로 검색을 하였거나 검색이 미흡한 사실을 알게된 경우.
2. 허가받지 아니한 자 또는 물품이 보호구역으로 들어간 경우.
3. 그 밖에 항공안전 및 보안에 우려가 있는 것으로서 국토교통부령이 정하는 사항.

② 국토교통부장관은 제1항의 규정에 의한 보고를 받은 경우 해당 항공기가 도착하는 국가의 관련기관에 그 사실을 즉시 통보하여야 한다.

③ 국토교통부장관은 다른 국가로부터 제1항 각호의1에 해당하는 사항을 통보받은 경우에는 해당 항공기를 격리계류장으로 유도하여 보안검색 등 안전조치를 취하여야 한다.

5) 위해물품 휴대금지(제21조)

① 항공기에는 무기(탄저균 · 천연두균등 생화학무기를 포함한다), 도검류, 폭발물, 독극물 또는 연소성이 높은 물건 등을 휴대하거나 탑재할 수 없다.
다만, 항공법 제61조제1항 단서의 규정에 의하여 국토해양부 장관의 허가를 받은 경우 및 동조제3항 단서의 규정에 의하여 특정한 직무를 수행하는 경우에는 그러하지 아니하다.

② 제1항 단서의 규정에 의하여 무기 또는 물건 등을 휴대하고자하는 자는 탑승 전에 이를 당해 항공기의 기장에게 보관시키고 목적지에 도착한 후 이를 반환받아야 한다. 다만, 제14조 제2항의 경우에는 그러하지 아니하다.

③ 제2항의 규정에 의하여 휴대할 수 있는 무기의 종류 등에 관하여 필요한 사항은 대통령령으로 정한다.

6) 승객의 안전유지협조 의무(제23조)

⑦ 항공운송사업자는 보안검색을 거부하는 자 등 국토교통부령이 정하는 항공기안전운항을 해할 우려가 있는 자에 대하여 탑승을 거절할 수 있다.

7) 항공안전보안장비(제27조)

① 공항운영자 및 항공운송사업자는 국토교통부장관이 고시하는 항공안전보안장비를 사용하여야 한다.

② 국토교통부장관은 항공안전보안장비의 종류, 성능 및 운영방법 등에 관한 기준을 정하여 고시하여야 한다.

8) 교육훈련(제28조)

① 검색업무를 감독하거나 수행하는 자는 국토교통부장관이 정한교육기관에서 검색방법, 검색절차, 검색장비의 운용 및 그 밖에 보안검색에 필요한 교육훈련을 이수하여야 한다.

② 교육기관 지정과 교육훈련 세부사항은 국토교통부장관이 정한다.

9) 검색기록유지(제29조)

공항운영자 및 항공운송사업자 또는 보안검색을 위탁받은 검색업체는 검색요원의 업무, 현장교육훈련기록 등의 공항검색에 관한 기록을 국토교통부령이 정하는 바에 따라 작성·유지하여야 한다.

10) 점검 및 현장실태조사(제33조)

① 국토교통부장관은 소속 공무원을 항공보안감독관으로 지정하여 항공안전 및 보안을 위한 점검을 실시하게 할 수 있다.

② 국토교통부장관은 필요시 관계행정기관과 합동으로 공항 및 항공기 보호상태에 대하여 현장점검을 실시할 수 있으며, 공항운영자등에 대하여 개선에 필요한 시정조치 그 밖에 보호대책 수립을 명할 수 있다.

③ 제1항의 규정에 의한 항공보안감독관 운영에 관한 사항 및 점검에 관하여 필요한 사항은 국토교통부령으로 정한다.

11) 항공기 손괴죄(제39조)

① 운항중인 항공기의 안전을 해할 만한 손괴를 가한 자(항공법 제157조제1에 해당하는 자를 제외한다)는 사형·무기 또는 5년 이상의 징역에 처한다.

② 계류중인 항공기의 안전을 해할 만한 손괴를 가한 자는 7년 이하의 징역에 처한다.

12) 항공기 납치죄 등(제40조)

① 폭행 또는 협박 그 밖의 방법으로 운항중인 항공기를 강탈하거나 그 운항을 강제한 자는 무기 또는 7년 이상의 징역에 처한다.
② 제1항의 죄를 범하여 사람을 사상에 이르게 한 자는 사형 또는 무기징역에 처한다.
③ 제1항 또는 제2항의 미수범은 처벌한다.
④ 제1항 또는 제2항의 죄를 범할 목적으로 예비 또는 음모한 자는 5년 이하의 징역에 처한다. 다만, 그 목적한 죄의 실행에 이르기 전에 자수한 자는 그 형을 감경 또는 면제할 수 있다.

13) 항공시설 손괴죄(제41조)

항공기 운항과 관련된 항공시설을 손괴하거나 조작을 방해함으로써 항공기의 안전운항을 해한 자(항공법 제156조에 해당하는 자를 제외한다)는 2년 이상의 유기징역에 처한다.

14) 직무집행 방해죄(제43조)

폭행·협박 또는 위계로써 기장 등의 정당한 직무집행을 방해하여 운항중인 항공기와 승객의 안전을 해 한 자는 10년 이하의 징역에 처한다.

15) 항공기위험물건 탑재죄(제44조)

제21조의 규정을 위반하여 휴대 또는 탑재가 금지된 물건을 항공기에 휴대 또는 탑재하거나 타인으로 하여금 휴대 또는 탑재하게 한 자는 2년 이상 5년 이하의 징역에 처한다.

16) 공항운영 방해죄(제45조)

허위사실 유포, 폭행, 협박 및 위계로써 공항운영을 방해한 자는 5년 이하의 징역 또는 3천만원 이하의 벌금에 처한다.

17) 운항방해정보 제공죄(제48조)

항공운항을 방해할 목적으로 허위의 정보를 제공한 자는 3년 이하의 징역 또는 2천만원 이하의 벌금에 처한다.

18) 벌칙(제50조)

① 다음 각호의 1에 해당하는 자는 1천만원 이하의 벌금에 처한다.

1. 제10조제1항의 규정을 위반하여 시행계획을 수립하지 아니하거나 승인을 얻지 않은 자.
2. 제15조의 규정을 위반하여 보안검색업무를 소홀히 한 자.
3. 제17조의 규정을 위반하여 통과 또는 환승 승객이 휴대물품을 가지고 내리도록 조치하지 아니하거나, 보안검색을 하지 아니하고 탑승하도록 한 항공운송사업자.
4. 제29조의 규정을 위반하여 검색기록유지의 의무를 위반한 자.
5. 제32조의 규정을 위반하여 안전조치를 준수하지 않는 자.
6. 제33조제2항의 규정을 위반하여 보안개선조치를 불이행한 자.
7. 제35조의 규정을 위반하여 시정명령 등의 조치를 불이행한 자.

② 다음 각 호의1에 해당하는 자는 1백만원이하의 벌금에 처한다.

1. 제13조제1항의 규정을 위반하여 무단으로 보호구역에 출입한 자.
2. 제17조의 규정을 위반하여 항공운송사업자의 지시에도 불구하고 휴대물품을 가지고 내리지 아니한 자.
3. 기장 등의 사전계고에도 불구하고 제23조 제1항 제1호 내지 제5호의 규정을 위반한 자.

라) 항공안전 및 보안에 관한 법률 시행령

1) 승객 및 휴대물품의 보안검색방법 등(제10조)

① 공항운영자는 항공기 탑승전에 모든 승객 및 휴대물품에 대하여 문형금속탐지기·휴대용탐지기 또는 엑스선 검색장비(이하 "검색장비"라 한다)를 사용하여 보안검색을 하여야 한다.

이 경우 폭발물이 있다고 의심이 되는 때에는 폭발물 탐지장비를 사용하여 보안검색을 하여야 한다.

② 공항운영자는 보안검색을 거부하거나 무기·폭발물 또는 그 밖에 항공안전 및 보안에 위협이 되는 물건을 휴대한 승객이 보안검색이 완료된 지역으로 진입할 수 없도록 필요한 조치를 하여야 한다.

③ 공항운영자는 다음 각 호의 1에 해당하는 경우에는 승객의 동의를 얻어 직접 신체에 대한 검색을 하거나 개봉검색을 하여야 한다.

1. 검색장비가 설치되어 있지 아니하거나 정상적으로 작동하지 아니하는 경우.
2. 검색장비의 경보음이 울리는 경우.
3. 무기류 또는 위해물품을 휴대 또는 은닉하고 있다고 의심되는 경우.
4. 엑스선 검색장비에 의한 검색결과 그 내용물을 판독할 수 없는 경우.

④ 공항운영자는 기내에서 휴대가 금지되는 물품이 항공안전 및 보안에 위해가 되지 아니하다고 인정되는 경우에는 위탁수하물로 탑재하게 할 수 있다.

2) 위탁수하물의 보안검색방법 등(제11조)

① 항공운송사업자는 탑승권을 소지한 승객의 위탁수하물에 대하여만 공항운영자에게 보안검색을 의뢰하여야 한다. 이 경우 항공운송사업자는 공항운영자에게 보안검색을 의뢰하기 전에 그 위탁수하물이 탑승권을 소지한 승객의 소유인지 여부 및 위해물품인지 여부를 확인하여야 한다.

② 공항운영자는 제1항의 규정에 의한 위탁수하물에 대하여 항공기 탑재전에 엑스선 검색장비를 사용하여 보안검색을 하여야 하며, 다음 각호의 1에 해당하는 경우에는 위탁수하물을 개봉하여 그 내용물을 검색하여야 한다.

이 경우 폭발물이 있다고 의심되는 때에는 폭발물 탐지장비를 사용하여 보안검색을 하여야 한다.

1. 엑스선 검색장비가 설치되어 있지 아니하거나 정상적으로 작동하지 아니한 경우.

2. 무기류 또는 위해물품이 은닉되어 있다고 의심되는 경우.
3. 엑스선 검색장비에 의한 검색결과 그 내용물을 판독할 수 없는 경우.
4. 그 밖에 항공안전 및 보안에 위협이 증가하는 등 특별한 사유가 발생하는 경우.

③ 공항운영자는 보안검색이 완료된 위탁수하물이 보안검색이 완료되지 아니한 위탁수하물과 혼재되지 아니하도록 하여야 하며, 보안검색이 완료된 위탁수하물에 대하여는 항공기에 탑재되기 전까지 보호조치를 하여야 한다.

④ 항공운송사업자는 보안검색이 완료된 위탁수하물을 탑재하되, 위탁수하물의 소유자가 탑승하지 아니한 경우에는 그 위탁수하물을 탑재하여서는 아니된다.
다만, 그 위탁수하물에 대한 운송처리를 잘못하여 다른 항공기로 운송하여야 할 경우에는 별도의 보안조치를 한 후에 탑재할 수 있다.

3) 화물에 대한 보안검색(제12조)

① 여객기에 탑재하는 화물에 대한 항공운송사업자의 보안검색에 대하여는 제11조제2항의 규정을 준용한다.

② 항공운송사업자는 화물기에 탑재하는 화물에 대하여는 다음 각 호의 1에 해당하는 방법에 의하여 보안검색을 하여야 한다.
1. 개봉검색
2. 엑스선 검색장비에 의한 검색
3. 폭발물 탐지장비에 의한 검색
4. 폭발물 탐지견에 의한 검색
5. 압력실을 사용한 검색

③ 검색장비의 보유, 보안검색요원의 확보 및 화물보안대책등 항공안전본부장이 정하여 고시하는 화물보안기준을 갖추고 화물에 대한 보안검색을 하는 자중 항공운송사업자가 공항에서의 보안검색이 필요 없다고 인정하는 자의 운송화물(화물기에 탑재하는 화물에 한한다)에 대하여는 보안검색을 아니할 수 있다.

이 경우 항공운송사업자는 공항에서의 보안검색이 필요 없다고 인정하는 자가 있는 때에는 이를 항공안전본부장에게 통보하여야 한다.

4) 장애인 등에 대한 보안검색(제13조)

① 공항운영자는 의료보조장치를 착용한 장애인·임산부 또는 중환자 등 항공안전본부장이 인정하는 자에 대하여는 보안검색장소외의 별도의 장소에서 보안검색을 할 수 있다.

② 공항운영자는 다음 각 호의 요건을 모두 갖춘 외교행낭에 대하여는 개봉검색을 하여서는 아니된다.

1. 외교신서사(外交信書使)의 신분을 증명할 수 있는 공문서 및 외교행낭의 수를 표시한 공문서를 소지한 자가 휴대할 것.
2. 외교행낭의 외부에 외교행낭임을 식별할 수 있는 표지와 국가 표시가 있을 것〈개정〉.

③ 법 제15조의 규정에 의하여 공항운영자 또는 항공운송사업자는 검색장비에 의하여 보안검색을 하는 경우 본래의 형질이 손상되거나 변질될 수 있는 다음 각 호의 1에 해당하는 물품에 대하여는개봉검색을 하거나 입증서류 확인 등의 방법으로 보안검색을 할 수 있다.

1. 골수·혈액 등 인명구조용 의료품
2. 유골, 유해
3. 이식용 장기
4. 그밖에 제1호 내지 제3호와 유사한 것으로서 항공안전본부장의 허가를 받은 물품.

5) 관할 경찰관서의 장의 필요한 조치(제14조)

법 제15조제2항 단서의 규정에 의하여 관할 경찰관서의 장은 범죄의 수사 및 공공의 위험예방을 위하여 필요한 경우 공항운영자 또는 항공운송 사업자에게 각호의 필요한 조치를 요구할 수 있다.

1. 보안검색대상자에 대한 불심검문, 신체 또는 물품의 수색 등에 대한 협력.
2. 제10조 내지 제12조의 규정에 의한 보안검색방법 중 필요하다고

인정되는 방법에 의한 보안검색.

3. 보안검색강화를 위한 보안검색요원의 증원배치.

6) 보안검색의 면제(제15조)

다음 각 호의1에 해당하는 자에 대하여는 법 제15조의 규정에 의한 보안검색을 면제할 수 있다.

1. 공무로 국외여행을 하는 국가원수
2. 국제협약 등에 의하여 보안검색의 면제를 받도록 되어있는 자

7) 통과 또는 환승승객의 보안검색(제16조)

공항운영자가 법 제17조 제2항의 규정에 의하여 통과 또는 환승승객에 대하여 보안검색을 하는 경우에는 제10조·제13조 및 제15조의 규정을 준용한다.〈개정〉

8) 보안검색이 완료되지 아니한 자에 대한 조치(제17조)

① 공항운영자 및 항공운송사업자는 보안검색을 완료하지 아니한 승객·휴대물품·위탁수화물 및 화물이 보안검색이 완료된 지역으로 혼입되지 아니하도록 하여야 한다.

② 항공운송사업자는 통과 및 환승승객이 지정항공기를 탑승하지 아니하고 통과 및 환승지역을 무단으로 벗어나거나 도주하지 하지 아니하도록 하여야 한다.

9) 다른 직무의 금지(제18조)

공항운영자·항공운송사업자 또는 보안검색위탁업체는 보안검색요원이 보안검색 업무를 수행중인 때에는 보안검색업무외의 다른 업무를 수행하게 하여서는 아니 된다.

10) 기내 무기휴대(제19조)

법 제21조의 규정에 의하여 기내에서 휴대할 수 있는 무기는 다음 각 호와 같다.

1. 총포·도검·화약류 등의 안전관리에 관한 법률 시행령 제6조의 2 및 제6조의 3의 규정에 의한 분사기 또는 전자충격기
2. 국제협약에 의하여 휴대가 허용되는 무기〈개정〉

마) 항공안전 및 보안에 관한 법률 시행규칙

1) 보안검색 실패(제11조)

법 제19조 제1항 제3호의 규정에 의하여 공항운영자 또는 항공운송사업자는 다음 각 호의 1에 해당하는 경우 항공안전본부장에게 보고하여야 한다.

1. 영 제10조 내지 제12조 및 제16조의 규정에 의한 보안검색방법에 따라 보안검색이 이루어지지 아니한 경우
2. 법 제28조의 규정에 의한 교육훈련을 이수하지 아니한 자에 의하여 보안검색이 이루어진 경우
3. 무기, 폭발물 등에 의하여 항공기에 대한 위협이 증가하는 경우

2) 탑승거절(제13조)

① 항공운송사업자는 법 제23조제7항의 규정에 의하여 다음 각 호에 해당하는 자에 대하여 탑승을 거절할 수 있다.
1. 보안검색을 거부하는 자
2. 법 제23조제1항 제3호의 행위로 승객 및 승무원 등에게 위해를 가할 우려가 있는 자
3. 국제기구 또는 국내외 수사기관 등으로부터 항공기 안전운항을 저해할 우려가 있어 탑승거절이 요청된 자

② 항공운송사업자가 제1항의 규정에 의하여 탑승을 거절하는 경우에는 그 사유를 탑승이 거절되는 자에게 고지하여야 한다.

3) 보안검색의 기록 등(제16조)

법 제29조의 규정에 의하여 공항운영자, 항공운송사업자 또는 보안검색을 위탁받은 검색업체는 다음 각 호의 사항이 포함된 보안검색에 관한 기록을 작성하여1년 이상 보존하여야 한다.

1. 보안검색업무를 수행한 보안검색요원, 감독자의 성명 및 근무시간
2. 항공안전보안장비의 점검 및 운용에 관한 사항
3. 그밖에 보안검색업무 수행 중에 발생한 특이사항

바) 총포·도검·화약류 등의 안전관리에 관한 법률

1) 정 의 (제2조)

①항. "총포"라 함은 권총·소총·기관총·포·엽총 그 밖의 금속성 탄알이나 가스 등을 쏠 수 있는 장약총포와 공기총(압축가스를 이용하는 것을 포함한다. 이하 같다)중에서 대통령령이 정하는 것을 말한다.

②항. "도검"이라 함은 칼날의 길이가 15센티미터 이상 되는 칼·검·창·치도(雉刀)·비수 등으로서 성질상 흉기로 쓰여지는 것과 칼날의 길이가 15센티미터 미만이라 할지라도 흉기로 사용될 위험성이 뚜렷이 있는 것 중에서 대통령령이 정하는 것을 말한다.

③항. "화약류"라 함은 다음 각 호의 화약·폭약 및 화공품(火工品:화약 및 폭약을 사용하여 만든 공작물을 말한다. 이하 같다)을 말한다.

1. 화 약
   - 흑색화약 또는 질산염을 주성분으로 하는 화약
   - 무연화약 또는 질산에스테르를 주성분으로 하는 화약
   - 그밖에 "가"목 및 "나"목의 화약과 비슷한 추진적 폭발에 사용될 수 있는 것으로서 대통령령이 정하는 것
2. 폭 약
   - 뇌홍·아지화연·로단염류·테트라센 등의 기폭제
   - 뇌안폭약·염소산칼리폭약·카리트 그 밖의 질산염·염소산염 또는 과염소산염을 주성분으로 하는 폭약
   - 니트로글리세린·니트로글리콜 그 밖의 폭약으로 사용되는 질산에

스테르
- 다이나마이트 그 밖의 질산에스테르를 주성분으로 하는 폭약
- 폭발에 쓰이는 트리니트로벤젠 · 트리니트로토루엔 · 피크린산 · 트리니트로클로로벤젠 · 테트릴 · 트리니트로아니졸 · 핵사니트로디페닐아민 · 트리메틸렌트리니트라민 · 펜트리트 및 니트로기 3이상 들어 있는 그 밖의 니트로화합물과 이들을 주성분으로 하는 폭약
- 액체산소폭약 그 밖의 액체폭약
- 그 밖의 "가"목 내지 "바"목의 폭약과 비슷한 파괴적 폭발에 사용될 수 있는 것으로서 대통령령이 정하는 것

3. 화공품
- 공업용뇌관 · 전기뇌관 · 총용뇌관 및 신호뇌관
- 실탄(實彈:산탄을 포함한다. 이하 같다) 및 공포탄(空包彈)
- 신관 및 화관
- 도폭선 · 미진동파쇄기 · 도화선 및 전기도화선
- 신호염관 · 신호화전 및 신호용 화공품
- 시동약(始動藥)
- 꽃불 그 밖의 화약이나 폭약을 사용한 화공품
- 장난감용 꽃불 등으로서 행정자치부령이 정하는 것
- 자동차 긴급신호용 불꽃신호기
- 자동차에어백용 가스발생기

④항. "분사기"라 함은 사람의 활동을 일시적으로 곤란하게 하는 최루 또는 질식 등의 작용제를 분사할 수 있는 기기로서 대통령령이 정하는 것을 말한다.

⑤항. "전자충격기"라 함은 사람의 활동을 일시적으로 곤란하게 하거나 인명에 위해를 가하는 전류를 방류할 수 있는 기기로서 대통령령이 정하는 것을 말한다.

⑥항. "석궁"이라 함은 활과 총의 원리를 이용하여 화살 등의 물체를 발사하여 인명에 위해를 줄 수 있는 것으로서 대통령령이 정하는 것을 말한다.

2) 적용의 배제(제3조)

①항. 제2조 제3항 제3호 "아"목의 장난감용 꽃불류에 대하여는 제6조 내지 제8조, 제10조, 제12조, 제13조, 제18조 내지 제21조, 제23조, 제32조 및 제35조의 규정을 적용하지 아니한다. 다만, 장난감용 꽃불류에 관하여 제4조·제9조 또는 제25조의 규정에 의한 허가를 받는 사람의 경우에는 제6조 내지 제8조, 제10조, 제12조, 제18조, 제21조 및 제23조의 규정만을 적용하지 아니한다.

②항. 제2조 제3항 제3호 "차"목의 자동차에어백용 가스발생기에 대하여는 제4조 및 제5조의 규정을 제외하고 이 법을 적용하지 아니한다.

③항. 군수용으로 제조·판매·수출·수입 또는 관리되는 총포·도검·화약류·분사기·전자충격기·석궁에 대하여는 이 법을 적용하지 아니한다.

④항. 수출하기 위한 목적으로 제조되는 총포·도검·화약류·분사기·전자 충격기 및 석궁에 대하여는 제4조 제1항 및 제2항의 해당 종류별 제조허가에 관한 구조 및 성능기준을 적용하지 아니한다.

사) 총포·도검·화약류 등의 안전관리에 관한 법률 시행령

1) 총포(제3조)

①항. 제2조 제1항의 규정에 의한 총포는 다음 각호의 총과 포 및 총포의 부품을 말한다.

1. 총

가. 권총(기관권총을 포함한다. 이하 같다)

나. 소총

다. 기관총(구경 20밀리미터 미만의 것에 한하며, 기관 권총을 제외한다)

라. 엽총

- 산탄총(번경 4번 내지 32번 및 구경 0.41인치의 것에 한한다)
- 강선총(구경 0.22인치 내지 0.38인치의 것에 한 한다)
- 공기총(구경 4.5밀리미터 내지 5.5밀리미터의 것에 한한다.

다만, 산탄총인 공기총의 경우에는 5.5밀리미터 내지 6.4밀리미터의 것에 한한다)

- 가스총(공기총의 경우와 같다)

마. 사격총

- 산탄총(번경 12번 내지 20번의 것에 한한다)
- 강선총(구경 0.22인치 내지 0.38인치의 것에 한 한다)
- 공기총(구경 4.5밀리미터 내지 5.5밀리미터의 것에 한 한다)
- 가스총(공기총의 경우와 같다)

바. 어획총

- 어획소총(구경 0.22인치 내지 0.38인치의 것에 한 한다)
- 섬총,
- 그외 마취총, 도살총, 산업용총, 타정총, 청소총, 광쇄총, 쇠줄발사총, 구난구명총, 구명줄 발사총, 구명신호총, 가스 발사총 , 기타 뇌관의 원리를 이용한 장약총

2. 포

가. 소구경포(구경 20밀리미터 내지 40밀리미터의 것에 한한다)

나. 중구경포(구경 40밀리미터 초과 90밀리미터 미만의 것에 한하여, 박격포를 제외한다)

다. 대구경포(구경 90밀리미터 이상의 것에 한하며, 박격포를 제외한다)

라. 박격포, 포경포(소 구경포에 한한다)

3. 총포의 부품

총포신 및 기관부(총포외의 다른 용도에는 사용할 수 없는 부품에 한 한다)와 포가, 약협 및 산탄(납알)탄알, 소음기 및 조준경

②항. 제1항에서 "공기총"이라 함은 사람·가축 또는 조류 등을 살상할 수 있는 성능을 갖춘 것을 말한다.

2) 도검(제4조)

①항. 제2조제2항의 규정에 의한 도검의 종류는 다음 각 호와 같다.

1. 월도, 장도, 단도, 검, 창, 치도, 비수, 재크나이프(칼날의 길이가

6cm 이상의 것에 한한다), 비출나이프(칼날의 길이가 5.5cm 이상이고, 45도 이상 자동으로 펴지는 장치가 있는 것에 한한다)

2. 그 밖의 6cm 이상의 칼날이 있는 것으로서 흉기로 사용될 위험성이 뚜렷이 있는 도검

②항 도검의 규격 및 형태는 별표 1과 같다.

③항 칼끝이 둥글고 날이 서있지 아니하여 흉기로 사용될 위험성이 없는 도검은 제1항의 규정에 의한 도검으로 보지 아니한다.

3) 화약류(제5조)

①항 법 제2조 제3항 제1호 다 목에서 "화약과 비슷한 추진적 폭발에 사용될 수 있는 것으로서 대통령령이 정하는 것"이라 함은 다음 각 호의 것을 말한다.

1. 과염소산염을 주로 한 화약, 산화납 또는 과산화바륨을 주로 한 화약, 브로모산염을 주로 한 화약, 크롬산납을 주로 한 화약, 황산알루미늄을 주로 한 화약

②항 법제2조 제3항 제2호 사목에서 “폭약과 비슷한 파괴적 폭발에 사용될 수 있는 것으로서 대통령령이 정하는 것”이라 함은 다음 각 호의 것을 말한다.

1. 폭발의 용도에 사용되는 질산요소 또는 이를 주성분으로 한 폭약
2. 디아조디니트로페놀 또는 무수규산 75퍼센트 이상을 함유한 폭약
3. 초유폭약, 함수폭약, 면약(질소함량이 12.2퍼센트 이상의 것에 한한다)

4) 분사기(제6조의2)

법 제2조제4항의 규정에 의한 분사기는 사람의 활동을 일시적으로 곤란하게 하는 최루 또는 질식 등의 작용제가 내장된 압축가스의 힘으로 분사하는 기기로서 다음 각 호의1에 해당하는 것으로 한다.

다만, 살균·살충용 및 산업용 분사기를 제외한다.

1. 총포형 분사기, 막대형 분사기, 만년필형 분사기, 기타 휴대형 분사기

5) 전자충격기(제6조의3)

법 제2조제5항의 규정에 의한 전자충격기는 순간적인 고압전류를 방류할 수 있는 기기로서 다음 각 호의 1에 해당하는 것으로 한다.
다만, 산업용 및 의료용 전자충격기를 제외한다.

1. 총포형 전자충격기, 막대형 전자충격기, 기타 휴대형 전자충격기

6) 석궁(제6조의4)

법 제2조 제6항의 규정에 의한 석궁의 추진력은 활의 원리를, 조준 및 발사장치는 총의 원리를 이용하여 만든 기기(국궁 또는 양궁에 속하는 것을 제외한다)로서 다음 각 호의1에 해당하는 것으로 한다.

1. 일반형 석궁, 도르래형 석궁(지렛대의 원리를 이용한 것을 말한다. 이하 같다), 권총형 석궁

7) 허가없이 총포 등을 소지할 수 있는 사람(제12조)

①항 법 제10조제10호의 규정에 의하여 허가없이 총포·도검·화약류 분사기·전자충격기·석궁을 소지할 수 있는 사람은 다음 각 호와 같다.

1. 문화재로서의 가치가 있는 총포·도검·화약류를 문화재 보호관리기관이 발행한 증표를 가지고 소지하는 사람
2. 초·중등교육법 및 고등교육법에 의한 각급 학교 또는 공공기관에서 교재용 또는 연구용총포·도검·화약류·분사기·전자충격기·석궁의 사용자로 지정된 사람. 이 경우 총포는 공기총에 한한다.
3. 사격장·사설수렵장 또는 검술도장 등에서 총포·도검·석궁을 일시 대여 받아 같은 장소 안에서 사격·수렵 또는 검도수련을 하는 사람
4. 군·학교 또는 공공기관에서 지휘 또는 예식에 사용하기 위하여 지휘도 또는 예식도를 소지하거나 현역의 군·경 지휘관으로서 지휘용으로 소지하는 사람. 이 경우 그 도검은 날을 세우지 아니한 것에 한한다.
5. 민방위기본법·소방법·선박안전법에 의하여 인명구조를 위한 구명줄발사총을 그 업무와 관련하여 그 소속기관의 장의 명에 따라 소지하는 사람

6. 총포 · 도검 · 화약류 · 분사기 · 전자충격기 · 석궁의 제조업자가 연구 · 개발용으로 제조소 안에서 사용하기 위하여 지방경찰청장의 승인을 얻어 총포 · 도검 · 화약류 · 분사기 · 전자충격기 · 석궁원부를 비치 · 관리하는 제조업자

②항 제1항 제2호에 해당하는 사람은 행정자치부령이 정하는 공기총관리 수칙을 성실히 지켜야 한다.

8) 모의총포의 기준(제13조)

법 제11조의 규정에 의한 모의총포는 별표 5의 2에 해당하는 것으로 한다.

1. 금속 또는 금속외의 소재로 만들어진 것으로서 모양이 총포와 아주 비슷하여 범죄에 악용될 소지가 현저한 것
2. 금속 또는 금속외의 소재로 만들어진 것으로서 금속 또는 금속 외의 물체를 발사하거나 소리 불꽃을 내는 것중 다음의 1에 해당하여 인명· 신체상 위해를 가할 우려가 있는 것

가. 발사되는 물체(이하 "탄환"이라 한다)의 크기가 직경 5.7mm 미만인 것

나. 탄환의 무게가 0.2그램을 초과하는 것

다. 발사된 탄환의 운동에너지(파괴력)가 0.02kgm를 초과하는 것

라. 탄환의 앞부분이 둥글게 처리되지 아니하여 예리한 것

마. 순간 폭발음이 90데시벨을 초과하거나 가연성의 불꽃을 내는 것

아) 국가보안목표 관리지침

1) 보안검색(제25조)

① 보안검색시 다음 각 호에 해당하는 물품에 대하여는 휴대 또는 반출을 금지하여야 한다.

- 헌법질서를 문란하게 하거나 공안을 해할 우려가 있는 서적, 간행물, 영화, 비디오, 컴퓨터, 비디오물, 컴퓨터프로그램, 기타 이에 준하는 물품
- 국가기밀, 신업기밀과 관련된 문서, 도면, 컴퓨터프로그램, 기타 이에 준하는 물품

- 위변조 화폐(내 · 외국환, 은행권, 채권, 기타 유가증권 등의 위·변조품) 위 · 변조 여권
- 총포 · 도검 · 화약류 등의 안전관리에 관한 법률의 규제대상 물품 중 관련규정에 의거 허가받지 않은 물품
- 마약 향정신성 의약품, 대마 등 마약류
- 기타 관계법령 및 국가안보를 위해 반출입이 금지된 물품

② 보안검색을 행하는 자는 보안검색 과정에서 반출·입 금지물품이 은닉된 것으로 의심 될 경우에는 검색대상자 및 소유주 동의하여 촉수, 개봉 등의 정밀검색을 실시할 수 있다

③ 운송사업자가 실시하는 보안검색 업무에 대한 지도 감독은 공항만 시설주 또는 감독관의 장이 이를 실시한다.

자) 관세법에 의한 반출 · 입 제한물품 및 제한요건

① 앵속, 아편, 코카잎 등 마약류향정신성 의약품류 대마류 및 이들의 제품은 보건복지부장관의 허가(대마관리법 제4조, 마약법 제6조, 향정신성 의약품관리법 제3조)

② 멸종위기 야생동식물종의 국제거래에 관한 협약(CITES)에서 보호하는 살아있는 야생 동·식물과 이를 사용한 제품·가공품)

- 호랑이, 표범, 코끼리, 타조, 매, 올빼미, 코브라, 거북, 악어, 철갑상어, 산호, 난 · 선인장 · 알로에 등과 이들의 박제 · 모피
- 웅담 · 사향 등의 동물한약 등
- 목향 · 구척 · 천마 등과 이들을 사용하여 제조한 식물한약 또는 의약품 등
- 시장, 도지사(권한위임을 받은 시장, 군수, 구청장 포함)의 조수 등 수입(반입)허가증
- 산림청장의 멸종 위기에 처한 조수 등의 수입(반입) 허가서를 제출

④ 미화 1만불 상당액을 초과하는 대외지급수단(약속어음, 환어음, 신용장 제외)과 내국통화(원화)및 원화표시여행자수표

⑤ 자기앞수표, 당좌수표, 우편환

⑥ 귀금속(일상적으로 사용하는 금반지, 목걸이 등은 제외) 및 증권

⑦ 문화재는 국외반출시 문화체육부장관의 국외반출허가증 또는 시·도지사의 비문화재 확인증 제출.

⑧ 수산업법, 수산동식물 이식승인에 관한규칙 제5조 및 제6조 해당물품
- 국내의 수자원 보호유지 및 양식용 종묘확보에 지장을 초래할 우려가 있는 물품
- 천연기념물로 지정된 품종
- 우리나라의 특산품종 또는 희귀품종
- 수산자원보호령 제10조에서 정한 몸길이 이하의 것
- 해양수산부장관의 이식승인서 제출.

⑨ 폐기물의 국가간 이동 및 그 처리에 관한법률 해당물품
- 유해화학물질관리협회장의 수출신고서를 제출.

⑩ 식물·과일채소류·농림산물류
- 국립식물검역소장의 식물검사합격증 소지.(식물방역법 제11조)

⑪ 동물(고기·가죽·털포함)·축수산물
- 국립동물검역소장의 동물검역증명서 또는 축산물 검역증명서
- 국립검역소장의 검역증을 제출

1.4 항공보안 관련규정 및 절차

항공보안과 관련한 규정이나 절차들은 승객 및 승객이 휴대하고 있는 물품, 승무원·공항직원 및 기타 승객이 아닌 자, 무기의 휴대·관리·운송 및 판매, 위탁수하물, 화물·특급소포·우편물 등의 보안검색에 관한 것들로 다음과 같다.

1.4.1 승객 및 휴대물품 검색

1) 승객 등의 보안검색

① 공사는 불법행위에 사용될 수 있는 위해물품 탐지를 위하여 출발승객, 휴대물품 및 위탁수하물은 보안검색 완료구역으로 진입하기 전에 금속탐지기, X-ray, 폭발물탐지기 등을 이용하여 보안검색을 하

여야 한다. 다만, 공항에 상주하는 경찰은 테러 첩보 접수 등 긴급 상황이 발생하였을 경우 법 제15조제2항 단서 및 동 법 시행령 제14조에 의거, 필요한 조치를 요구할 수 있으며, 경찰은 공사 등과 지원 방법을 협의하여 보안검색업무를 지원할 수 있다.

2) 보안검색대

① 검색대는 승객검색으로 인한 정체를 최소화하고, 보안검색에 필요한 공간을 확보하여 운영하여야 한다.

② 검색대는 항공기 및 공항 무선장비 운영에 영향을 미치지 않는 장소에 설치한다.

③ 검색대 앞에 검색에 대한 다음 각 호의 안내시설물을 설치한다.

1. 항공기에 무기를 은닉하여 탑승하는 것은 범죄행위
2. 관련법에 의거 검색대를 통과하는 자 및 휴대물품 검색
3. 검색을 거부하는 경우 검색대 통과 불가 및 항공기 탑승거부
4. 승객 요구시 과학 필름, 고감도 필름 등은 X-ray 검색을 받지 않고 수검색으로 검색가능

④ 검색대에 수하물을 개봉 검색 할 수 있는 개봉 검색대를 설치한다.

⑤ 보안검색감독자는 근무현황, 위해물품 적발상황, 정밀검색실시내용 등을 기록 유지한다.

⑥ 검색대에는 비상사태 발생에 대비하여 경찰 등과 연락할 수 있는 비상벨, 전화기 또는 기타 통신수단이 있어야 한다.

⑦ 검색대에는 별표 1.에서 정한 기내반입금지 휴대물품 목록 등 검색업무에 필요한 업무절차서 등이 비치되어야 한다.

⑧ 검색대 또는 검색구역 별로 보안검색감독자가 배치되어야 한다.

⑨ 승객 신체 검색시 가능한 동일한 성을 가진 검색요원이 검색업무를 수행한다. 특히 여자 승객 검색시에는 반드시 동일한 성을 가진 검색요원이 검색한다.

3) 보안요원의 임무

검색대에는 적정 인원의 검색 요원을 배치하여 다음 각 호의 업무를 수

행토록 한다.

1. 승객 안내 및 휴대물품 X-ray 검색대 투입 유도
2. 문형금속 탐지기 통한 신체 검색
3. 휴대용 금속탐지기를 이용한 정밀검색
4. X-ray 검색장비를 이용한 화면판독
5. 의심이 가는 물건에 대한 수검색 또는 개장검색
6. 폭발물탐지기를 이용한 검색
7. 보안장비 정상 작동여부 수시 확인
8. 보안검색구역의 보안통제

4) 휴대용 금속탐지기등 사용

① 보안검색요원은 다음 각 호의 경우 휴대용 금속탐지기를 이용하여 정밀 검색을 한다.

1. 문형금속탐지기가 경보가 울릴 경우
2. 보안검색요원이 필요하다고 판단할 경우
3. 문형금속탐지기가 작동하지 않거나 사용할 수 없을 경우

② 보안검색요원은 수상한 승객의 물품에 대하여는 폭발물탐지기 등을 이용하여 검색한다.

5) 개봉검사, 촉수검사 등의 요건

① 다음 각 호의 경우 개봉검사, 촉수검사, 폭발물탐지기를 이용한 검사를 실시한다.

1. 수상한 승객·소지물품 및 아래 각 목을 포함한 위해물품, 수상한 물품이 발견될 경우
   가. 폭발물 이외의 위해물품이 X-ray 화면에 발견시
   나. 가방에 있는 물품의 안전성에 의심이 있을 경우
   다. 가방내부의 물품이 식별이 되지 않을 경우
2. 보안장비가 없거나 작동하지 않을 경우 모든 승객 및 수하물
3. 배터리로 작동되는 의심이 가는 전자 제품
4. 기타 감독자에 의해 촉수 검색이 필요하다고 판단되는 경우

② 개봉 및 촉수검색의 경우 물품 소지자 또는 해당 항공사 대리인 입회하에 실시한다.

③ 승객 및 휴대물품 촉수검사에 대한 절차 및 책임에 대한 구체적인 사항은 공사 및 항공사 시행계획에 포함한다.

6) 장애인 등에 대한 검색

① 다음 각 호의 승객에 대하여 지정된 보안 검색 장소 이외의 별도 장소에서 개별 검색을 실시할 수 있다.

1. 승객이 개별 검색을 요청하는 경우
2. 의료보조장치를 착용한 장애인·임산부 또는 중환자
3. 일반 검색 절차로 적절한 검색을 할 수 없다고 보안검색요원이 판단할 경우
4. 승객이 금속탐지기 통과 도중 경보가 울렸으나 그 원인을 정확히 파악할 수 없을 경우

② 보안검색요원이 개별검색을 실시하는 경우 다음 각 호를 준수한다.

1. 폐쇄된 독립공간에서 실시. 단 제1항 제2호의 경우 예외로 할 수 있다.
2. 검색받는 자의 인격을 침해하는 언행금지
3. 촉수검색은 반드시 촉수검색을 받는 자와 동일한 성이 실시

7) 검색시 형질이 손상되는 물품 등에 대한 검색

① X-ray 검색시 손상을 줄 우려가 있는 다음 각 호의 물품에 대하여는 개봉검색을 하거나 입증서류 확인 등의 방법으로 보안검색을 할 수 있다.

1. 골수, 혈액 등 인명 구조용 의료품
2. 유골
3. 이식용 장기
4. 그 밖에 제1호 내지 제3호와 유사한 것으로서 본부장의 허가를 받은 물품

② 보안검색감독자는 제1항의 물품을 운송하는 자에 대하여 물품의 내

용을 증명하는 서류 및 운송자의 신원을 확인한다.

8) 검색시 주의하여야 할 품목

보안검색요원은 다음 각 호의 품목에 대하여 개봉검색이나, X-ray 검사 등을 실시하여 위험 여부를 확인한다.

1. 비정상적으로 무거운 가방이나 기타물건
2. 가방이나 용기의 외형이 변경되었을 경우
3. 무기류나 폭발물을 은폐할 수 있는 전자제품 또는 기계장치 등
4. 기타 의심이 가는 물품

9) 보안검색요원 근무

① 보안검색요원의 근무는 교대방식으로 운영한다. 단, 항공기 운항시간이 6시간 미만이거나 일평균 10대 미만의 항공기가 운항하는 경우 공사 또는 항공사에서 별도로 정할 수 있다.

② X-ray 장비의 판독업무를 담당하는 요원의 근무시간은 20분 이상을 초과하여서는 아니되며, 최소 40분 동안 다른 임무를 수행한 뒤, 다시 동 업무를 수행한다.

③ 보안검색요원은 본부장이 정한 교육과정을 이수한 자를 임용근무토록 하여야 한다. 다만, 채용을 목적으로 훈련하는 경우 교육을 이수한 자의 입회하에 검색을 실시할 수 있다.

④ 동 지침에 정하지 아니한 사항은 공사 또는 항공사에서 정하여 운영한다.

10) 무작위 검사

승객 및 수하물에 대한 무작위 개봉, 촉수검사, 폭발물탐지 등은 최소한 10% 범위 내에서 실시하여야 하며, 위협이 증가함에 따라 무작위 검색 비율을 높이며 세부 사항은 국가우발계획에 따른다.

11) 기내반입금지 휴대물

보안검색요원은 다음 각 호와 같은 물품을 소지하고 검색대를 통과할 수 없도록 하여야 하며, 상세한 목록은 별표 1과 같다.

① 곤봉, 도끼 등 불법방해행위에 이용가능한 도구
② 수류탄, 폭발물, 탄약 또는 방화성 물질
③ 압축되었거나 압축이 되지 않거나 가스를 포함한 발화성, 부식성 독성물질
④ 위에 기술된 모든 물품의 모조품

12) 기내반입금지 휴대물품 처리

① 보안검색요원이 검색하는 과정에서 기내 반입금지 휴대물품을 발견하면 보안검색감독자에게 보고한다.
② 보안검색감독자는 승객에게 기내반입금지 휴대물품 운송포기를 요구할 수 있다.
③ 보안검색감독자는 승객이 기내반입금지물품을 포기하지 않을 경우, 승객으로 하여금 위탁수하물로 운송할 수 있도록 협조한다.
④ 보안검색요원이 총기, 폭발물 또는 기타 불법적인 무기들을 검색대에서 발견하였을 경우 보안검색감독자는 적절한 조치를 취한 후 해당 공항 상주보안기관에 즉시 통보한다.
단, 군인 및 군무원이 동 물품을 소지한 경우 당해 공항에 상주하는 군 정보수사기관에 통보한다.
⑤ 공사 및 항공사는 제4항에 대한 상세 절차를 공항 및 항공사 시행계획에 명시한다.

13) 승객간 섞임 방지

① 환승 및 통과여객을 포함하여 보안검색을 받은 자와 받지 않은 자가 섞이지 않도록 하여야 하며, 섞임이 발생하였을 경우 모든 승객 및 휴대물품은 항공기 탑승전 재검색을 실시한다.
② 보안검색을 통과한 지역에서 검색이 완료된 승객과 검색을 받지 아니한 승객간 접촉을 방지하여야 한다.
③ 보안검색을 완료한 자와 그러하지 아니한 자가 접촉할 경우 다음 각 호와 같이 한다.
1. 검색완료지역은 일시 폐쇄 등의 보안통제 후 공항보안 요원이 전

면 보안점검 실시
2. 승객과 휴대물품 재검색
3. 보안검색 완료 승객과 미완료 승객간 접촉이 있은 후 어떠한 승객이 항공기에 출입하였을 경우 내외부에 대해서는 항공사에서 정밀검색 실시

14) 검색 거부자에 대한 조치

보안검색감독자는 법 제15조에 의하여 실시하는 검색을 거부하는 승객에 대하여 보안검색 완료지역으로 출입할 수 없도록 하여야 한다.

1.4.2 승무원 · 공항직원 및 기타 승객이 아닌 자

1) 승객이 아닌 자의 검색

보안검색요원은 검색완료지역으로 들어가는 승무원, 공항직원, 기타 허가를 받은 자 및 소지하고 있는 물품에 대해서도 승객검색과 동일한 방법으로 검색한다.

2) 외교관 및 외교행낭

① 보안검색요원은 외교관도 다른 승객과 같은 방법으로 검색한다.
② 공사는 외교행낭에 대해서는 X-ray 검색을 실시할 수 있으며, 외교관 신분을 증명할 수 있는 서류와 포장물의 수를 표시하는 공문서를 소지한 자가 휴대하고, 그 특성을 외부에서 식별할 수 있는 표지와 국가표시를 한 외교행낭에 대하여는 개봉검색을 하여서는 아니 된다. 다만, X-ray 검색결과 행낭의 내용물이 매우 의심스러운 경우 보안검색요원은 공항보안 감독자에 보고하며, 공항보안감독자는 외교통상부 등 관련 행정기관에 통보한다.

3) 보안검색 면제 등

① 공사 또는 항공사는 다음 각 호의 1에 해당하는 자에 대하여 보안검색을 면제할 수 있다.
1. 공무로 국외여행을 하는 국가원수

2. 국제협약 등에 의하여 보안검색의 면제를 받도록 되어 있는 자

② 다음 각 호에 해당하는 자에 대하여 귀빈실 등의 장소에서 보안검색을 실시할 수 있으며,그 절차는 공사 또는 항공사에서 정한다.

1. 전직대통령
2. 국회의장·대법원장·헌법재판소장·국무총리·국무위원
3. 주한외국공관의 장
4. 국제기구의 대표
5. 제1호 내지 제4호에 준하는 외국인

1.4.3 무기의 휴대 · 관리 · 운송 및 판매 등

1) 보호구역 무기 등 반입금지

법 제 21조에 규정된 위해물품은 공항계류장을 포함한 보호구역으로 반입을 할 수 없다.

다만 공무수행 등 업무상의 목적으로 공사의 허가를 받은 경우는 그러하지 않다.

1.4.4 위탁수하물

1) 승객 및 수하물 일치

① 법 제 15조에 의하여 항공사는 보안검색을 완료한 위탁수하물일지라도 해당 수하물의 소유주가 탑승하지 않거나 승객이 출국하지 못 할 경우에는 해당 승객의 위탁수하물은 운송할 수 없다.

다만, 승객의 귀책사유가 아닌 다음 각 호의 사항을 포함한 특정 사유로 탑승을 하지 못한 경우에는 X-ray 검색 또는 개봉검색 등 보안조치를 취한 후 승객으로부터 위탁수하물을 분리하여 운송할 수 있다.

1. 공간 또는 중량제한 등 항공사에 의해 해당 항공편 탑승이 거부된 경우

2. 항공편 지연, 결항, 기타 공항운영 요건 등 항공사의 운영상 이유로 승객이 분리된 경우
3. 지연 또는 잘못 운송된 위탁수하물이 적절한 보안검색을 완료했을 경우

2) 위탁수화물 보안검색

① 보안검색요원은 위탁수하물이 기내에 탑재되기 전 X-ray 장비 등을 이용하여 검색을 실시하며, 환승 및 통과승객의 위탁수하물도 동일하게 실시한다.
② 위탁수하물에 대한 X-ray 장비 이용한 검색절차와 위탁수하물수 검색에 대한 절차는 공항 또는 항공사 시행계획에 명시한다.

1.4.5 화물 · 특급소포 · 우편물 등의 보안검색

1) 화물 등 보안통제

① 항공사는 여객기 또는 화물기로 운송하는 화물, 우편물에 대하여 법 시행령 제12조의 규정에 의한 보안검색을 마친 후 항공기에 탑재한다.
② 항공사는 보안검색을 거부하는 화주의 화물을 운송할 수 없다.
③ 화물검색은 다음 각 호와 같이 실시한다.
1. 보안검색은 법 제28조의 규정에 의하여 교육훈련을 이수한 자가 실시
2. 보안검색장비는 본부장이 고시한 요건을 준수하는 장비사용
3. 검색대상 화물은 포장단위별로 나누어 검색.
단, 전체를 검색할 수 있는 장비가 있는 경우는 예외
4. 화물의 내용물과 신고된 선적서류와 일치여부를 확인
5. X-ray장비 등에 의한 보안검색을 실시하여 신고된 화물과 일치하지 않는 경우 또는 검색을 실시할 수 없는 화물은 개봉검색
6. 항공사와 정규적으로 거래를 하지 않은 화주 또는 운송업체의 화물접수시 반드시 신분 확인 후 접수

④ 다음 각 호의 사항에 관한 검색기록은 항공사에 의해 60일간 유지·

보관한다.

1. 운송장 번호
2. 검색된 화물의 수
3. 검색방법
4. 검색자의 성명 및 검색일자

⑤ 항공사 또는 대리인은 화물내에 비 인가된 폭발물, 발연성물질 또는 위해물품 은닉여부를 확인하는 절차를 수립하여 항공사 시행계획 등에 명시한다.

⑥ 기타 사항은 위탁수하물 검색에 준용하여 실시한다.

2) 화물 등 보관

① 항공사는 보안검색을 완료한 화물을 항공기 탑재전까지 인가자외 출입이 통제되는 지역에 보관한다.

② 항공사는 보호구역 내에서 화물 보관장소 외 다른 장소나 항공사 직원이 감시를 하지 않는 지역에 방치하여서는 안된다.

2. 航空保安裝備 槪要

앞에서 언급하였던 항공보안이 잘 이루어지려면 공항에 출입하는 모든 사람이나 물건에 대한 철저한 통제가 이루어져야 한다. 따라서 승객의 생명과 재산을 안전하게 유지하기 위해서는 승객의 신체, 휴대품, 위탁수하물, 항공화물에 대한 보안검색이 이루어져야 하고, 항공기의 안전을 위해서는 활주로, 유도로, 관제탑 등이 안전하게 유지될 수 있도록 공항 및 주변에 대한 경비가 이루어져야 한다.

1976년 12월 31일에 경비업법이 제정되었다. 이 때에는 기계경비업무가 없어서 2002년 12월 18일 개정되면서 기계경비업무에 추가되었다. 기계경비업무란 "경비대상시설에 설치한 기기에 의하여 감지, 송신된 정보를 그 경비대상시설 외의 장소에 설치한 관제시설의 기기로 송신하여 도난, 화재 등 위험발생을 방지하는 업무"이다. 기계경비업무에서 취급하는 분야를 보면 방범경보시스템, 출입통제시스템, 화상감시시스템, 외곽침입감지시스템, 홈 시큐리티시스템, 전자보안장비 그리고 각 시스템의 운용 분야 등이 있다.

2.1 보안검색장비 개요

2.1.1 정의

항공보안에 대해서는 ICAO(국제민간항공기구)에서 반드시 지켜야 할 필수사항과 항공기와 승객의 안전을 위해 지킬 것을 권장하는 권고사항으로 구분하여 정해 놓고 있다. 이를 토대로 국내에서는 지금의 국토해양부 항공정책실에 해당하는 항공안전본부에서 항공안전 및 보안에 관한 법률을 제정하여 현재 시행되고 있다.

2002년 8월 27일 제정된 항공안전 및 보안에 관한 법률 제6734호에서 정의한 항공보안장비에 대한 내용을 보면 "승객의 신체 및 휴대품(수하물 포함)과 화물을 검색할 때 사용되는 검색장비" 와 "항공기내로 위해물품(물질포함)이 반입되는 것을 사전에 차단하거나 탐색하기 위한 모든 검색(검사) 시설"이라고 명기되어 있다.

보안검색장비란 일반적으로 주요 특정지역 또는 해당시설과 인명에 대한 안전을 확보하기 위하여, 일정 지역 또는 시설에 대해 위해물품(폭발물, 총기류, 도검류 등)을 탐지하거나 반입되는 것을 사전에 방지 및 제거하여 제반 안전점검을 실시하는데 활용되는 모든 장비를 말한다.

2.1.2 보안검색장비 기능

항공안전 및 보안에 관한 법률에 의해 항공보안장비의 기능이 정의 되어 있는데, 이를 보면 "항공기에 탑승하는 승객의 신체 또는 휴대품(수하물, 화물 포함)에 위해물품이 포함되어 반입되는지 또는 은닉되어 반입되는지를 보안검색대에서 검색요원이 탐지 또는 식별 할 수 있도록 모니터 또는 램프나 음향으로 위해물품 위치를 표시해 주는 기능을 가지고 있어야 한다."고 정의되어 있다.

보안검색을 하기 위해서 일반적으로 사용되는 장비로는 승객의 휴대품, 위탁수하물 및 항공화물을 검색하기 위해 사용되는 X-ray검색기(X-ray Inspector)가 있고, 승객의 신체에 은닉된 위해물품을 찾기 위한 금속탐지기(Metal Detector)와 전신검색기(Full Body Scanner)가 있다. X-ray 검색기는 〈표 2-1〉에 표시되어 있는 기능을 최소한 갖추어야 하고, 금속탐지기는 〈표 2-2〉에 정리되어 있는 기능들을 만족하여야 한다. 그러나 전신검색기는 개인의 사생활 침해 등의 문제로 아직 ICAO에서도 명확하게 기능을 규정하지 못하고 있다.

〈표 2-1〉 X-ray 검색기의 기능

부문		규격	비고
최소 기능	영상 확대	2배~4배 이상	
	화면 저장/재생	최소 24시간 이상	
	유기물, 무기물 제거 기능	있음	
	영상표시색상	영상 4색 이상 물질(유기물-오렌지색, 무기물-청색, 혼합물-녹색, 구분불가-흑색)	
	농도감멸기능	있음	

<table>
<tr><td rowspan="2">모니터 영상 표시</td><td>해상도</td><td>ASTM F792 기준 AWG24 (0.5mm) 이상 식별</td><td></td></tr>
<tr><td>영상표시</td><td>칼라/흑백 구분
유기물질, 무기물질, 혼합물질 구분 색상 표시
동일물질 동일색상으로 표시</td><td></td></tr>
<tr><td colspan="2">휴대물품 X-ray 검색장비</td><td>재검색이 용이하도록 컨베이어방향 전·후진 기능</td><td></td></tr>
<tr><td colspan="2">위탁수하물 X-ray 검색장비</td><td>BHS 연계성 고려</td><td></td></tr>
<tr><td colspan="2">운영안전</td><td>잠금장치(암호) 장착</td><td></td></tr>
<tr><td colspan="2">비상차단 장치</td><td>장비운영중 비상차단장치</td><td></td></tr>
</table>

〈표 2-3〉 금속탐지기의 기능

부문	규격	비고
작동 기준	24시간 연속 사용, 성능유지	
진단 기능	자가 고장진단 가능, 회로보호장치 기능 내장	
표시 기능	탐색된 위치, 경보위치 동일하게 표시	
조정 기능	감도조정 가능 감도조정에 따른 탐지가 정상적으로 작동	
환경 영향	주변 환경에 영향을 받지 않아야 함	
암호 기능	시건장치 등 암호 기능이 있어야 함	

〈표 2-4〉 금속탐지기의 기능

부문	규격	비고
작동 기준	24시간 연속 사용, 성능유지	
진단 기능	자가 고장진단 가능, 회로보호장치 기능 내장	
표시 기능	탐색된 위치, 경보위치 동일하게 표시	
조정 기능	감도조정 가능 감도조정에 따른 탐지가 정상적으로 작동	
환경 영향	주변 환경에 영향을 받지 않아야 함	
암호 기능	시건장치 등 암호 기능이 있어야 함	

2.1.3 사용근거

1) 국제기준

국제기준으로는 ICAO(국제민간항공기구)에서 정한 부속서 17 (Annex 17)에 의거 하여 항공보안에 대한 세부지침을 지정한 DOC 8973(항공보안 세부지침서)이 있어 여기에서 규정한 내용이 국제표준으로 인정되고 있다.

DOC 8973 1부 4.2에 기술된 사항은 보안장비를 사용하여 보안검색을 실시할 수 있도록 명시되어 있는데 그 내용은 "승객 및 휴대수하물을 검색할 때 장비와 사람을 적절히 혼용하여 검색할 수 있다."와 "수(手) 검색으로 가려낼 수 없는 물품을 검색하기 위하여 보안장비는 항상 필요하다."라고 기술되어 있다.

이 내용은 1972년 미국에서 FAR(Federal Aviation Regulations, 미국연방항공규정)을 개정하여 최초로 사용하였으며, 1973년 동경협약 작성시 명시되었다.

2) 국내기준

국내기준은 2002년 8월 27일 제정된 국내법 제6734호로 "항공안전 및 보안에 관한 법률"에 의거하여 시행되고 있다. 이 법률에 의하면 "보안검색을 할 때 공항운영자와 항공운송사업자는 건설교통부장관(지금의 국토교통부장관)이 고시한 보안장비를 사용하여야 한다." 라고 규정되어 있고, 항공보안장비 사용에 관해서는 건설교통부장관(지금의 국토교통부장관)고시 제2003-5호 의해 항공보안장비의 종류, 성능 및 운영에 관한 기준이 제시되어 있다.

2.1.4 운영기준

1) 국제기준

국제기준으로는 항공안전에 대해 국제법으로 통용되고 있는 ICAO(국제민간항공기구) 부속서 17(Annex 17)의 DOC 8973(항공보안 세부지침서)에서 규정하였다.

1부 4.2를 보면 "승객 및 휴대수하물 검색 및 수색지침"이 있고, 3부 1장을 보면 "탐지기술 및 장비관련 지침의 보안장비의 운영 및 일상점검, 성능확보" 문서가 있다.

전 세계의 대부분 국가 소속 항공사의 항공기들이 미국에 취항하고 있기 때문에 미국이 정한 항공보안 프로그램을 준수할 수밖에 없다. 미국의 항공보안 프로그램은 FAA(미연방항공국, Federal Aviation Administration) 보안프로그램으로 FAR((Federal Aviation Regulations)이라 한다. 이 프로그램 부록 1부의 검색시스템에서는 "X-ray 탐지성능을 해상도 AWG(American Wire Gauge) 24 이상, 금속탐지기 탐지성능을 OTP(탐지 테스트 키트)로 3회 점검" 하도록 규정하고 있다.

2) 국내기준

국내기준은 2002년 8월 27일 제정된 국내법 제6734호로 "항공안전 및 보안에 관한 법률"과 건설교통부장관(지금의 국토교통부장관) 고시 제2003-5호인 "항공보안장비의 종류, 성능 및 운영기준 제6조 검색장비 운영"에서 규정하고 있다. 그 내용을 살펴보면 보안장비의 운영절차를 수립하고 시행하도록 되어 있고, 외부간섭을 방지할 수 있는 조치를 시행하도록 되어 있고, 장비에 대한 이력 및 서식에 의한 기록을 유지하도록 되어 있으며, 장비의 비정상 작동에 의한 보안검색시 즉시 보고하도록 되어 있다.

2.1.5 보안장비 설치 및 운영시 유의사항

1) 설치시

가) 설치 전 반드시 전원상태 확인(AC 220V)

나) 정밀전자·과학장비이므로 취급운반시 주의하여야 하며, 에어컨 등 전압 변동이 심한 곳을 피하여 설치한다.

다) 보안장비(X-ray, Metal Detector)설치 후 Test-kit에 의한 장비점검을 실시하고 장비성능의 최초 상태를 기록 유지하여야 한다.

라) 금속탐지기를 2대 이상 설치시 장비간격은 최소 90Cm이상 유지하여 설치하여야 한다.

2) 운영시

가) 운영자 또는 보안검색감독자는 전원투입 후 장비의 작동상태를 확인한다.

나) 업무개시 이전에 반드시 장비점검을 통하여 성능을 확인한다.

다) 보안장비는 외부충격에 의한 오류가 발생할 수 있으므로 사용시 주의하여야 한다.

라) 보안검색 개시전 또는 운영중 보안장비의 이상 상태가 발견되면 항공기 운항에 지장이 없도록 예비 검색대 개방 조치를 취하고 즉시 장비보수 요원에게 통보, 수리 등 긴급 비상조치가 이루어져야 한다.

2.1.6 보안검색장비 유형

보안검색장비는 장비를 어디에 사용하는지, 장비가 작동될 때 사용되는 기술, 장비를 어떠한 용도로 사용하는지, 어떠한 방법으로 탐지하는지 등에 따라 여러 가지 유형으로 분류해 볼 수 있다. 다음은 그에 따라 앞에서 언급한 4가지 유형으로 분류하여 설명하였다.

가) 사용대상에 따른 분류

사용대상에 따른 분류는 기내반입제한품목을 검색하기 위해 사용하는 기기의 사용대상이 어느 물품 또는 부분이냐에 따라 분류한 것이다. 통상 항공기에 탑승하는 승객과 승객이 지닌 휴대품, 위탁수하물, 항공화물 등이며, 출입제한구역에 통행하는 차량 및 인원 등이 해당된다.

1) 여객 신체 검색기

(1) 금속탐지기

- 자기장의 원리를 이용하여 인체에 지닌 금속물질에 의해 자기장의 흐름이 변화되는 것을 감지하여 음향, 진동 또는 경고등으로 나타내는 기기이다.
- 종류에는 문형 금속탐지기(Workthough Metal Detector, WMD)와 휴대용 금속탐지기(Handheld Metal Detector, HMD)가 있다.
- 문형 금속탐지기는 인체에 금속물질을 지니고 있으면 그 위치를 경고등 및 음향으로 표시해 준다.
- 휴대용 금속탐지기는 신체에 아주 근접하여 스캔하기 때문에 작은 금속물질에도 반응하여 경고음을 발생하거나 진동으로 나타낸다.

[그림 2-1] 문형 금속탐지기

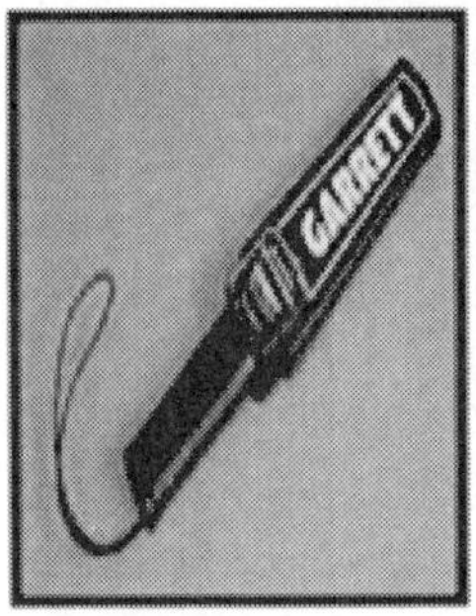

[그림 2-2] 휴대용 금속탐지기

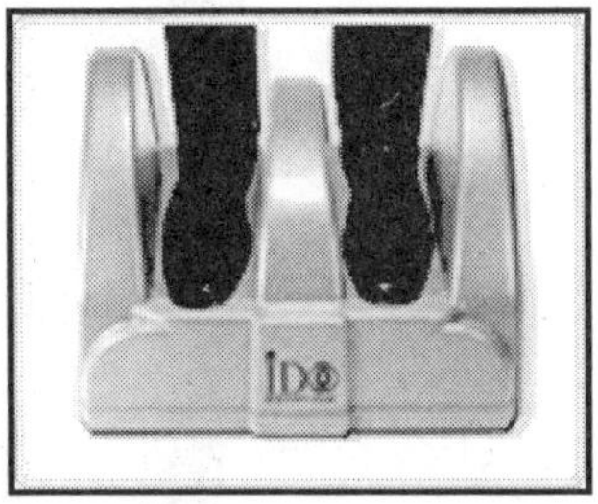

[그림 2-3] 신발검색기

(2) 신발 검색기

- 문형 금속탐지기에서 잘 탐지하지 못하는 부분인 신체의 10~15cm인 낮은 부분을 효과적으로 탐지하기 위해 개발된 기기이다.
- 철(강철, 쇠) 및 비철(아연, 납) 금속 모두를 탐지할 수 있고,오른쪽과 왼쪽 신발의 차이를 구별하여 신발내의 금속물체 유무를 알려주며, 카터 칼 정도의 작은 물체도 탐지하고, X-ray장비로 신발을 검색할 필요가 없으며, 기기 주변의 자기장 파장에 영향을 받지 않는다.

(3) 전신 검색기

- 탑승객 또는 출입자가 인체에 은닉 휴대한 총기, 폭약 및 마약 등을 금속탐지기를 이용하지 않고 X-ray 검색기처럼 신체를 검색하여 영상으로 볼 수 있어 매우 효과적이다.
- 최근에 개발된 기기로 탑승객 또는 출입자에 대한 보안업무의 효율성을 증가시킬 수 있어 가격이 매우 고가임에도 많은 국가에서 설치하여 운영되고 있다.
- 그러나, 승객의 개인 사생활을 침해할 수 있어 일부 국가에서만 운영하고 있으며 아직은 활발하게 운영되고 있지 않다.
  우리나라에는 인천국제공항에 3대, 김포국제공항, 김해국제공항, 제주국제공항에 각1대씩 총 6대가 도입되어 운영되고 있다.

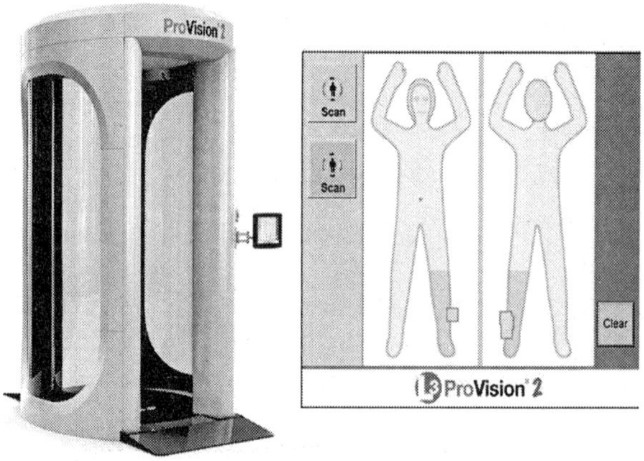

[그림 2-4] 전신검색기

2) 승객 휴대품 검색기

(1) X-ray 검색기

- 승객이 항공기 객실로 가지고 들어가는 휴대품을 X-ray를 이용하여 휴대품에 은닉된 위해물품이나 위험물품이 있는지 여부를 판독하는데 사용되는 기기이다.
- 보통 터널크기가 높이 60cm × 폭 80cm 이하이다.

[그림 2-5] X-ray 검색기

(2) 폭발물/마약 흔적 탐지기

- 여객의 휴대품 속에 은닉된 폭발물이나 마약이 있는지 흔적을 추적하여 판독하는데 사용되는 탐지기이다.

[그림 2-6] 폭발물/마약 흔적 탐지기

3) 승객 위탁수화물 검색기

- 승객이 항공기 객실로 가지고 들어가지 못하는 큰 여행용 가방이나 작은 화물들은 항공기의 화물칸에 실리게 되는데 이 물품들을 X-ray, CT 등의 기술을 이용한 장비로 위탁수화물에 위해물품이나

위험물품 등의 반입제한품목이 은닉되어 있는지 여부를 판독하는데 사용되는 기기이다.

- 보통 터널크기가 높이 100cm × 폭 100cm 이하이다.

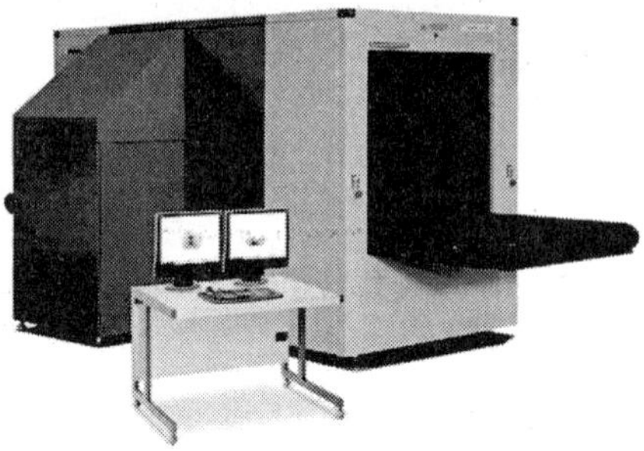

[그림 2-7] 위탁수화물 검색기

4) 항공화물 검색기

- 국제택배처럼 항공기에 승객의 탑승없이 화물만 화물칸에 실리는 소형이나 대형 화물들을 X-ray, 중성자, CT 등의 기술을 이용한 장비로 항공화물 속에 위해물품이나 위험물품 등의 반입제한품목이 은닉되어 있는지 여부를 판독하는데 사용되는 기기이다.
- 보통 터널크기가 높이 100cm × 폭 100cm 이상이다.

[그림 2-8] 항공화물 검색기

5) 차량하부검색기

- 차량, 운전자/탑승객의 감시 및 접근통제에 필요한 결정을 지원해 주는 기기이다.
- 차량 하부에 차량 출고시에는 없는 외부물질 또는 비정상적인 부분을 자동으로 탐지하여 조작자에게 알려주고,
- 차량을 정지시키지 않고 차량하부를 검색할 수 있으며,
- 실시간으로 차량하부 영상을 사진영상과 같은 고해상도의 영상을 제공받아 검색할 수 있다.
- 종류로는 고정된 차량 출입구의 땅속에 설치하는 매립방식과 임시로 설치된 차량 출입구의 지표면에 설치하여 사용하는 이동방식이 있으며, 정차되어 있는 차량 밑을 이동하면서 검색할 수 있는 무선방식이 있다.

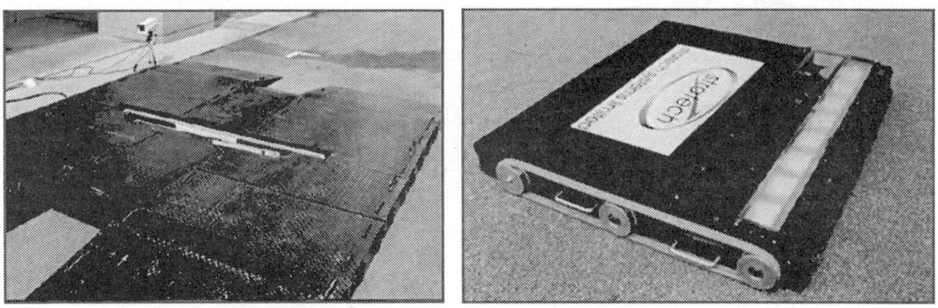

(a) 이동형　　　　　(b) 무선형

[그림 2-9] 차량하부 검색기

나) 사용 에너지원에 따른 분류

기기에서 대상물체를 검색하는데 사용되는 에너지원으로 어떤 것이 사용되느냐에 따라 구분하는 것으로 통상 X-ray, 자기장, 감마선, 중성자, 가시광선, 밀리미터파 등으로 분류된다.

1) X-ray

검색기에서 대상물체에 방사하는 광선이 X-ray로 X-ray는 사용하는 에너지양에 따라 저에너지(Low Energy)를 사용하는 경우와 고에너지(High Energy)를 사용하는 경우로 구분한다.

(1) Low Energy X-ray

- 승객의 휴대품, 위탁수하물, 정밀검색, 전신검색용으로 사용하며,
- X-ray 발생전압으로는 140KeV ~ 160KeV를 사용하고,
- 유형으로는 휴대품 및 위탁수하물 검색기, CT 검색기, 전신검색기로 나눌 수 있다.

(2) High Energy X-ray

- 대부분의 국가에서 화물 컨테이너 검색용으로 사용하고,
- 3MeV~9MeV의 X-ray 발생전압을 사용하며,
- RAPISCAN, HEIMANN, L-3, BIR, AS&E 등의 제작사들이 있다.

(a) Low Energy (b) High Energy

[그림 2-10] X-ray

2) 자기장

(1) 자기장의 원리를 이용하여 인체에 지닌 금속물질을 탐지하는 방식이다.

(2) 주위에 영향을 주는 금속물질이 없을 때는 전기적으로 일정한 모양의 자기장을 형성시키는데 주변에 금속물질이 있으면 일정한 자기장의 모양이 금속물질의 영향을 받아 변하게 된다. 이를 감지하여 음향, 진동 또는 발광으로 표시하게 한다.

(3) 유형으로는 문처럼 생긴 곳을 지나가면 금속물질이 있을 때 경보음이 발생하고 경고등이 위치를 알려 주는 문형 금속탐지기(Walkthrough Metal Detector), 검색요원이 손에 들고 신체를 스캔하는 휴대용 금속탐지기(Handheld Metal Detector), 문형 금속탐지기나 휴대용 금속탐지기로 탐지하기 어려운 신체의 낮은 부분인

발목이하 부분(특히 신발 속)에 금속물질이 있는지 여부를 알 수 있는 신발 검색기가 있다.

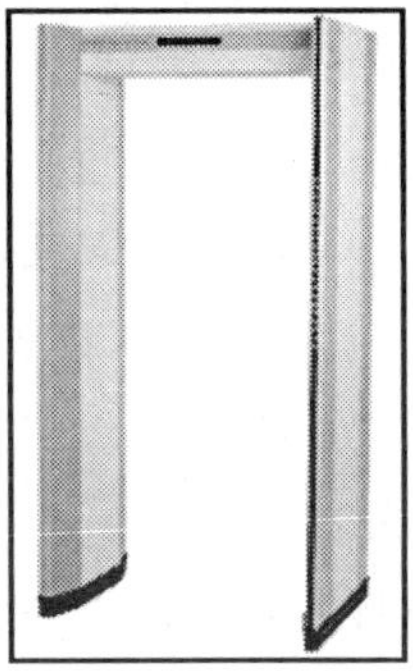

(a) 문형 금속탐지기

(b) 휴대형 금속탐지기

[그림 2-11] 자기장

3) 원소분석

(1) 신체와 수하물, 항공화물, 차량, 컨테이너 등에 위장 은닉된 폭약 및 마약을 탐지를 할 수 있는 장비이다.

(2) 신체와 수하물, 항공화물, 차량, 컨테이너 등에 위장 은닉시 주변에 남긴 미세한 흔적을 기기로 흡입하여 이를 분석하여 특정 성분(폭발물이나 마약의 주성분인 원소)이 많이 검출되는지 여부를 파악한다.

(3) 유형으로는 특정한 위치에 고정되어 검색할 수 있는 고정용과 검색요원이 이동하면서 검색할 수 있는 휴대용이 있고, 사람을 대상으로 검색하는 대인용이 있다.

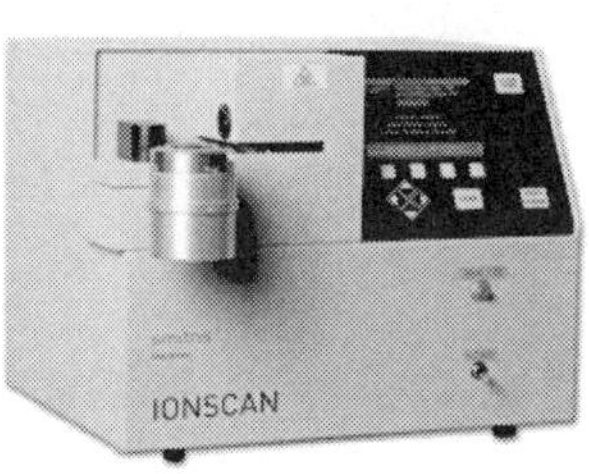

[그림 2-12] 원소분석

[그림 2-13] 감마선

4) 감마선

(1) γ(감마)-선은 원자핵 내부의 에너지 준위변화에 따라 α입자, β입자와 함께 방출되는 고에너지 전자기파이다. 주로 방사성물질에서 방출되므로 방사선으로 분류되고 투과력이 매우 크다. α입자는 종이카드를 통과하지 못한다. β입자는 종이카드는 투과하는데 알루미늄은 투과하지 못한다. 그러나 γ(감마)-선은 두꺼운 납판을 투과할 수 있다.

(2) 감마선을 발생시키는 source는 Cobalt-60으로 주로 화물검색용으로 사용되고 미국, 동남아 등에서 사용되고 있으며 제작사는 RAPISCAN, SAIC 등이 있다.

5) 중성자

중성자는 원자핵을 구성하는 것 중 전하가 없으며 양성자보다 약간 무거운 핵자이다.

중성자 검색기는 TNA(Thermal Neutron Analysis) 방식과 PFNA (Pulsed Fast Neutron Analysis) 방식으로 두 가지 유형이 있다.

(1) TNA

- 중성자가 원소와 충돌할 때 발생되는 열을 분석
- 항공화물검색용으로 주로 사용되며
- 대만 타이페이 공항 등에서 사용되고 있으며
- ANCORE 사에서 제작한다.

(2) PFNA

- 중성자가 원소와 충돌할 때 발생되는 파동을 분석
- 항공화물검색용으로 주로 사용되며
- 미국 달라스 지역에 2005. 4월 설치하여 가동 중에 있다.
- ANCORE 사에서 제작한다.

[그림 2-14] 중성자

6) 가시광선

스캐너로 차량하부를 스캔하는 방식으로 촬영하여 이를 영상으로 구성한다. 스캔한 영상에 차량출고시와 다르게 외부물체가 부착되어 있거나, 차량하부를 변경하는 등과 같이 비정상적인 부분이 있으면 자동으로 식별하여 표시한다. 이 방식은 설치시 땅속에 매립하여 설치하는 매립형, 필요한 곳에 설치하여 운용하다 다른 장소로 이동설치하여 운용할 수 있는 이동형 또는 반매립형, 로봇과 같이 무선으로 원격조종할 수 있는 무선형이 있다.

(a) 무선형

(b) 이동형

[그림 2-15] 가시광선

7) 밀리미터파

파장이 밀리미터(㎜)단위인 밀리미터파를 이용하여 검색하는 기술로 주파수가 30~300GHz대 이다. 밀리미터파 중에서 가장 효율성이 높은 주파수대가 90GHz대로 이 주파수대를 이용한 연구가 많이 이루어지고 있으며, 밀리파 또는 EHF(extremely- high-frequency)로 약칭한다. 밀리미터파는 현재 사용되고 있는 무선 주파수대와 적외선(파장 약 0.1mm)의 중간에 있으며, 빛에 아주 가까운 전파로서, 고해상도 레이더나 마이크로파 분광학 등에서 이용되고 있다. Smiths Detection 사에서 개발한 실시간 전신검색기로 eqo 시스템이 있다.

[그림 2-16] 밀리미터파

다) 탐지방식에 따른 분류

장비가 개발된 시기, 전자 또는 소프트웨어 기술의 발전으로 적용된 기술 등이 달라져 이에 따라 탐지하는 방식이 변화되어 그 변화에 따라 이미지들이 제공되는 형태가 달라 검색요원들이 판독방식에 변화가 생겨 그에 따른 탐지방식들을 분류한 것이다.

1) E-SCAN 방식

처음 개발될 때 사용된 기술로 고전적인 방식의 X-ray 장비로 검색요원에게 물품의 이미지를 그대로 제공한다. 검색요원은 이 이미지를 보고 휴대품, 위탁수하물 등에 기내반입제한물품이 존재하는지 유무를 판독하는 방식이다.

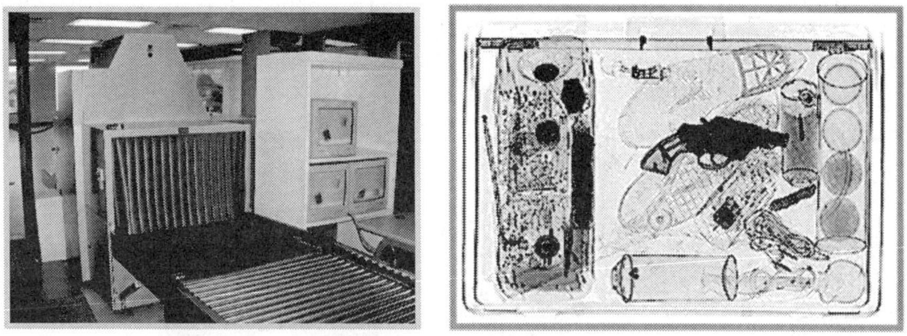

[그림 2-17] E-SCAN 방식

2) Z-SCAN 방식

E-SCAN 방식에서 한 단계 더 발전한 기술을 사용한 방식으로 검색요원에게 휴대품, 위탁수하물 등의 이미지 뿐만아니라 기내반입제한물품으로 의심되는 부분을 1차로 자동으로 판독하여 타원이나 직사각형으로 표시하여 제공한다. 검색요원은 2차로 타원이나 직사각형으로 표시부분을 세심하게 확인하여 판독하는 방식이다.

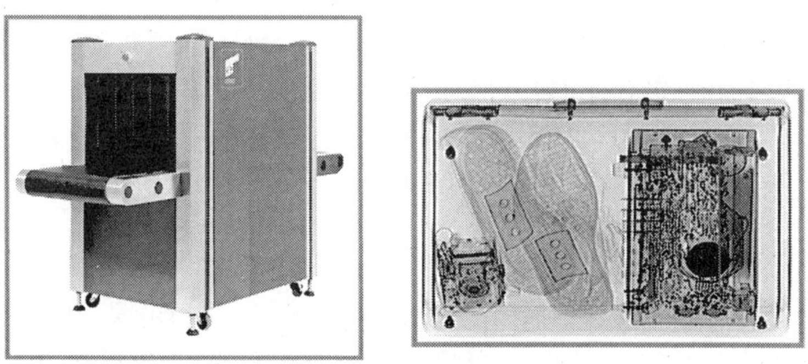

[그림 2-18] Z-SCAN 방식

3) CT 방식

CT(컴퓨터단층촬영) 기술을 바탕으로 한 폭약을 탐지할 수 있는 검색기인 EDS(Explosives Detection System)장비로 공항의 위탁수하물에 대한 폭발물 검색 3단계용으로 폭발물검색전용으로 많이 사용되고 있다. 가격이 고가이고 많은 양의 X-ray를 사용하므로 운영하는 보안검색요원에 대한 방사능 누출에 대한 우려가 있고, 검색처리하는 속도가 느리다. 그러나 9. 11 테러 이후 전 세계적으로 강화된 보안검색체계로 인해 수요가 급증하고 있다.

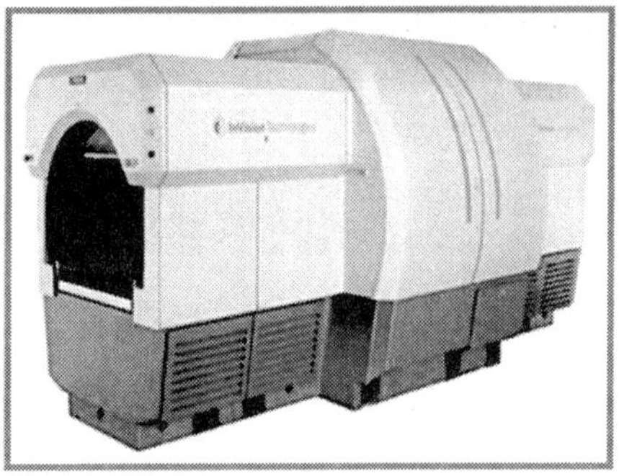

[그림 2-19] CT 방식

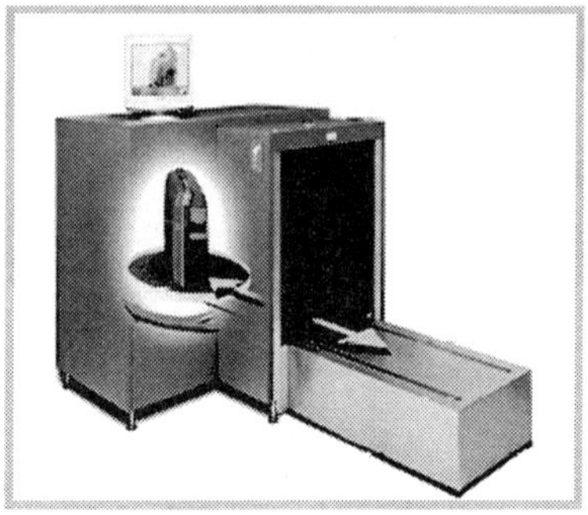

[그림 2-20] 3D 방식

4) 3D 방식

3D 방식은 단방향 X-ray 검색기의 단점을 보완하기 위하여 여러 각도에서 영상을 볼 수 있도록 제작된 X-ray 검색기로 검색물품을 360 ° 회전하며 매 10° 회전시마다 영상을 추가할 수 있다.

이 방식은 검색시간이 많이 소요되므로 검색물품이 많지 않은 곳에서 정밀검사용으로 사용하는 것이 바람직하다.

5) 산란방식

물품에 X-ray를 주사하여 물품을 관통해 온 X-ray로 이미지를 얻는 투과방식이 아니고, 물품에 의해 반사된 X-ray로 이미지를 얻는 방식으로 Back Scatter 즉 산란방식으로 물품의 표면을 검색할 수 있게 해 주는 장비이다. 옷 속이나 신체의 피부에 테이프를 이용하여 부착한 기내반입금지물품을 신체와 함께 영상이미지로 보여준다. 신체에 숨긴 기내반입금지물품을 정확하게 검색해 낼 수 있다. 신체가 영상 이미지로 나타나므로 사생활 침해가 우려된다.

최근에 밀리미터파를 사용하는 장비도 개발되었다.

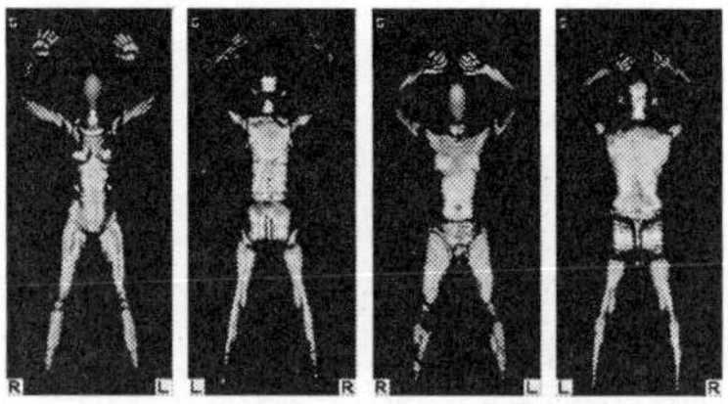

[그림 2-21] 산란방식

라) 용도에 따른 분류

검색대상이 되는 물품들이 아주 작은 편지나 서류에서부터 매우 큰 대형 화물들이 있어 때에 따라서는 의심스러운 물품에 대한 자세한 검색을 해야 하는 경우들이 있다. 이와같이 대상이 되는 물품의 크기나 정밀성에 따라 분류한 것이 용도에 따른 분류이다.

1) 초소형 화물용

편지나 서류 등 소형 우편물을 검색하는데 사용되는 장비이다.

2) 소형 화물용

소형 우편물보다는 조금 큰 물품인 소포 종류의 우편물을 검색하는데 사용되는 장비이다.

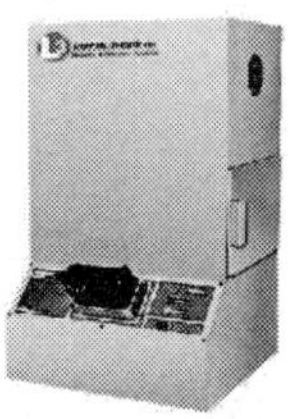

[그림 2-22] 초소형 화물용

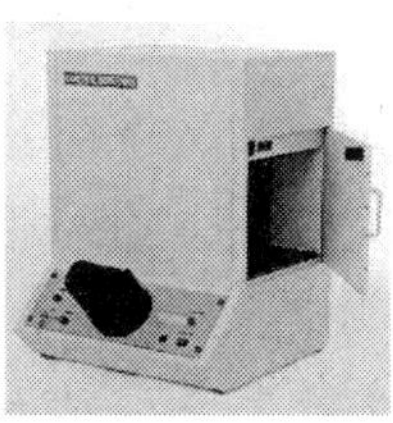

[그림 2-23] 소형 화물용

3) 중소형 화물용

항공기의 객실 내로 승객이 소지하고 반입하는 손가방이나 작은 가방 또는 주머니에 있는 물품 등의 휴대품을 검색하는 장비이다.

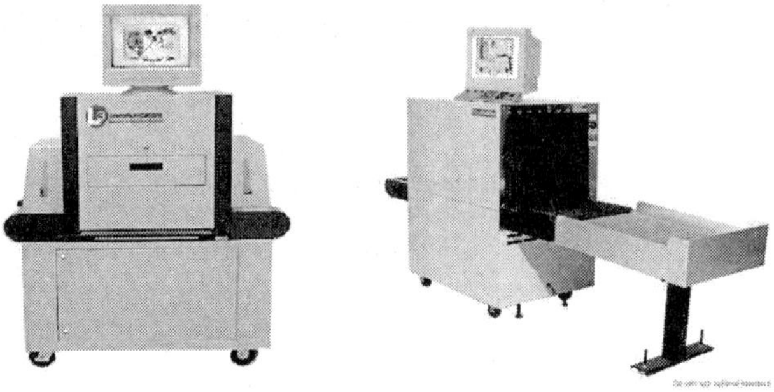

[그림 2-24] 중소형 화물용

4) 중형 화물용

승객이 휴대하고 기내로 가지고 갈 수 없는 18인치이상의 큰 가방이나 화물 등은 항공기의 화물칸으로 반입하는데 이들 위탁수하물을 검색하는데 사용되는 장비이다.

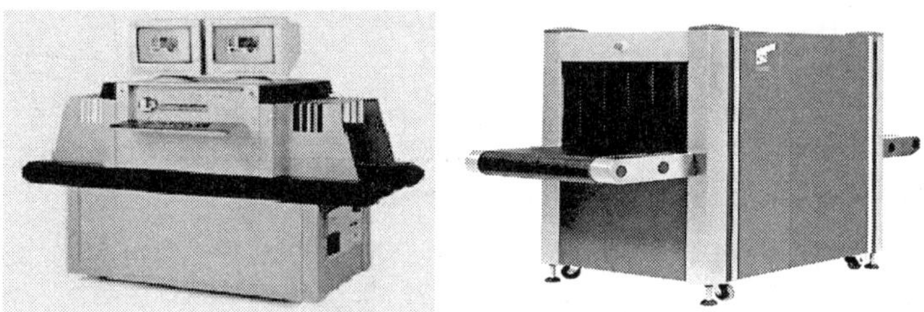

[그림 2-25] 중형 화물용

5) 중대형 화물용

화물의 주인인 화주가 탑승하지 않고 화물만 보내는 물품은 사전에 적절한 처리과정을 거쳐 화물기나 여객기의 화물칸에 실려 운송되는데 이때 항공기 화물칸 내로 반입되는 화물을 검색하는데 사용되는 중대형 화물검색용이다.

[그림 2-26] 중대형 화물용

6) 대형 화물용

대형 컨테이너 화물을 차량과 함께 통째로 검색할 수 있는 장비로 [그림 2-27]과 같다. 주로 항만이나 국경에서 많이 사용되고 있다.

[그림 2-27] 대형 화물용

7) 이동 차량용

항공기에 탑재되어 있는 물품을 하역하지 않고 바로 검색할 수 있는 장비로 [그림 2-28]과 같이 차량에 탑재되어 있어 이동성이 뛰어나다.

[그림 2-28] 이동 차량용

8) 폭발물 및 마약 탐지용

폭발물 및 마약 탐지용 장비는 일반 X-ray 장비로 검색한 결과가 폭발물로 의심되는 물품이 있는 경우에 좀 더 자세하게 검색하기 위해서 사용되는 장비이다. 컴퓨터 단층촬영(CT) 기술을 바탕으로 한 폭약자동탐지 검색기거나 원소를 분석하여 폭발물 및 마약의 흔적을 탐지하는 장비이며 [그림 2-29]와 같다.

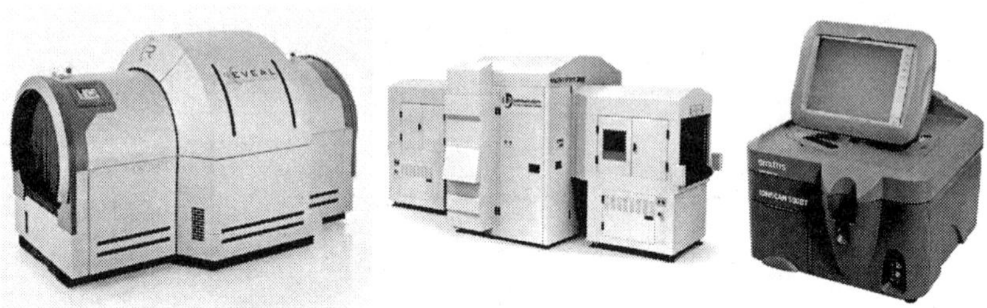

[그림 2-29] 폭발물 및 마약 탐지용

2.2 空港特殊警備裝備 槪要

2.2.1 警備 意義

경비란 국가, 사회단체, 법인 및 개인의 생명과 재산을 보호하기 위해 대상 지역이나 시설을 경계·순찰·방비하는 행위를 의미한다. 경비는 그 업무를 제공하는 주체나 수단 또는 대상에 따라 다음과 같이 여러 가지 형태로 분류할 수 있다.

1) 경비주체에 따라 공경비와 민간경비로 구분되는데

- 공경비는 국가기관이나 공공단체가 수행하는 경비활동이고,
- 민간경비는 순수 민간단체 또는 민간업자가 수행하는 경비활동이다.

2) 경비수단에 따라 인력경비와 기계경비로 구분한다.

- 인력경비는 사람이 시설물이나 물품 등에 대해 직접적으로 이루어지는 경비활동이며
- 기계경비는 각종 감지기나 폐쇄회로 TV 등의 경비기기에 의존하여 이루어지는 경비활동이다.

3) 경비대상에 따라 시설경비, 호송경비, 신변보호, 기계경비, 특수경비로 구분한다.

- 시설경비는 빌딩이나 창고 같은 시설물들을 대상으로 도난 또는 화재 예방 등의 경비활동을 하는 것을 말하며.
- 호송경비는 금괴, 귀금속 등의 고가 물품이나, 범죄자들을 다른 지역으로 안전하게 수송하는 경비활동을 일컬으며.
- 신변보호는 국가에서 보호해주어야 할 중요인물이나 개인이 신변에 위협을 느껴 이를 보호하기 위한 경호활동이고.
- 기계경비는 2001년 경비업법 개정시 추가되었으며 사람의 오감에 의한 경비가 아니라 민감하게 작동하는 각종 감지기 등의 경비기기를 활용한 경비활동이다.

- 특수경비는 국가에서 지정한 중요시설 등을 불순단체나 적으로부터 보호하기 위한 경비활동으로 보호하지 않을 경우 국가경제 및 질서유지에 상당한 혼란을 초래하는 시설들이다.

2.2.2 機械 警備

기계경비에 대해서는 앞에서 간략하게 언급하였다. 오늘날 다양한 환경에서 복잡하고 고도화된 범죄로부터 국가, 사회단체, 법인 및 개인의 생명과 재산을 보호하기 위해서는 사람에 의해서 이루어지는 인력경비로는 한계가 있다. 이러한 한계를 극복하기 위해 각종 전자장치들을 이용하여 1년 365일 24시간 잠시도 쉬지 않고 감시할 수 있는 체제가 기계경비 시스템이다.

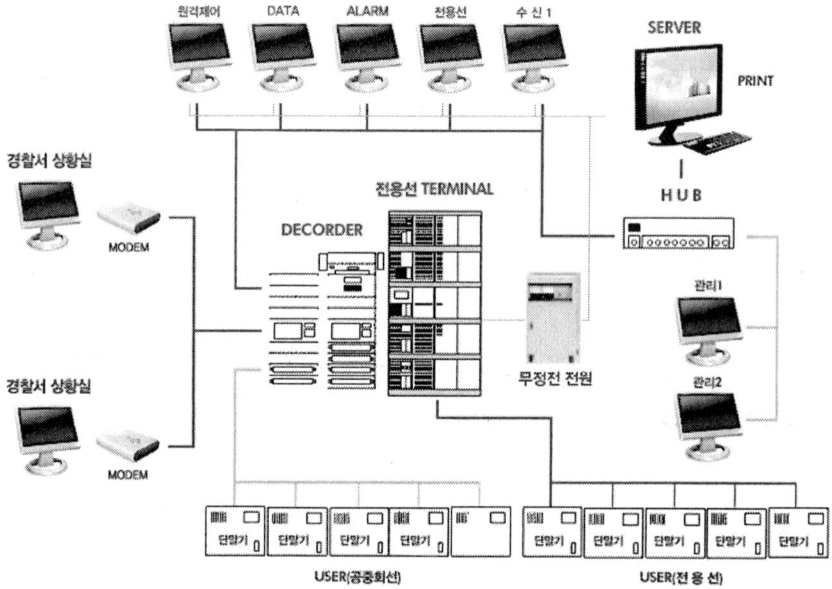

[그림 2-30] 기계경비 시스템

기계경비 시스템은 크게 침입을 감지하는 침입감지시스템, 원거리 시각정보도 제공할 수 있는 감시시스템, 출입하려는 사람이나 차량을 통제하는 출입통제시스템으로 구분할 수 있다.

1) 침입감지시스템(IDS : Intrusion Detection System)

- 인가되지 않은 사람이 무단으로 출입하는 것을 감지하여 경보신호를 보내는 시스템으로 경비원이 침입 사실을 인지하여 대응할 수 있게 한다.

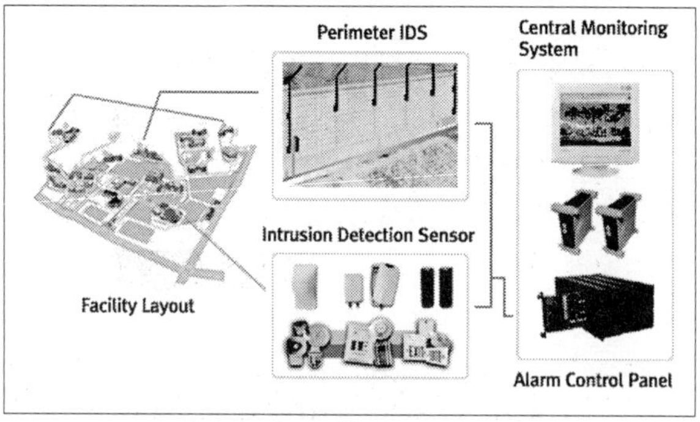

[그림 2-31] 침입감지시스템

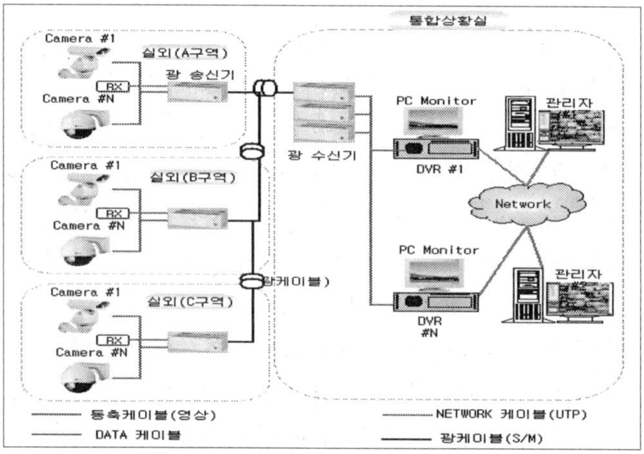

[그림 2-32] 감시시스템

2) 감시시스템(MS : Monitoring System)

- 폐쇄회로 TV 등과 같은 것을 이용하여 필요한 시각정보를 경비원에 제공하고 경계지역에서 발생하는 이상상황을 감시할 수 있게 한다.

3) 출입통제시스템(ACS : Access Control System)

- 인가되지 않은 사람의 출입을 제한하고 물품이 반입·반출 되는 것을 경보하고 통제한다.

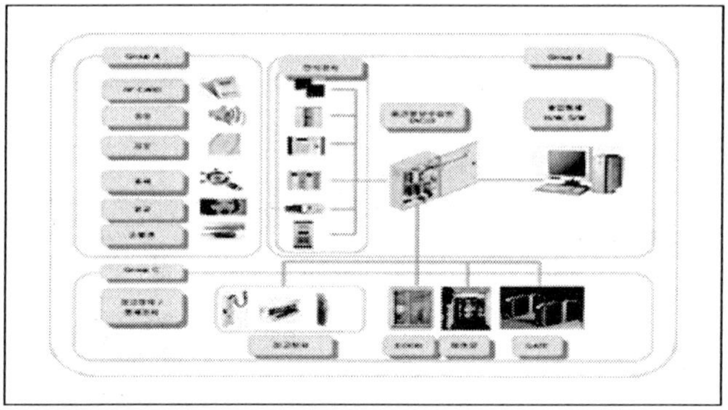

[그림 2-33] 출입통제시스템

기계경비시스템을 이용함으로써 인력경비로 운영할 때 나타나는 여러 가지 한계를 극복할 수 있지만 기계경비 역시 그 나름대로의 문제점을 안고 있다. 그러한 문제점들은 설계대로 기능을 제대로 수행하지 못하는 경우가 발생할 수 있는데, 이는 설계를 잘못했거나 시설환경에 맞지 않는 장비들을 선택한 경우이다. 다른 경우는 불필요한 경보발생으로 근무효율을 저해하는 경우로 장치의 동작조건을 잘못 설정하였거나 장치의 고장으로 오작동하는 경우와, 운용자가 경보상황에 따라 적절한 조치를 실시하지 않는 경우로 운영자의 운영미숙 등이 있다.

기계경비시스템도 여러 가지 제약점을 가지고 있지만 경비원의 인건비 절감, 생명 안전, 고객서비스 확대를 위해 지속적으로 도입이 증가되고 있고 시대적인 요구에 따라 다음과 같이 변화되고 있다.

(1) 적용개념

과거에는 건물 또는 장소에 모두 퇴근하고 아무도 없는 동안에 이를 보호하기 위해서 실시하였다. 이는 침입자가 발생하면 침입을 감지하여 경보신호를 운영상황실로 전송하면 대응요원이 현장으로 출동하는 침입감지방식으로 설치되어 운영되었다.

요즈음은 감지기를 이용한 침입감지 뿐만아니라 근무자든 방문자든 출입하는 모든 사람들에 대해 확인하여 출입을 제한할 뿐만아니라 출입시 대인·대물 검색을 실시하여 경영기밀이나 건물의 안전을 유지하며 비상시 상황을 통보하고 재난을 예방하는 업무까지 이루어지고 있다.

앞으로는 발달된 통신망을 이용하여 보다 나은 고객 서비스(경비나 방범 상황의 실시간 중계 등)를 제공하거나 네트워크를 이용한 근태 및 식수 관리도 할 수 있으며, 고령화 사회에 대한 원격 의료복지 분야(응급 호출, 원격진료, 활동상황 추적 등)로 경비범위가 확대되어 질 것이다.

(2) 경비 수준

가장 낮은 경비수준은 레벨 1로 가장 기본적이고 최소한의 보호장치만을 갖추고 있는 수준으로 물리적 장애물이나 잠금장치 등을 설치한 정도입니다.

물리적으로 미미한 레벨 1보다 조금 더 강화된 경비수준이 레벨 2로 간단한 기계경비시스템을 적용하는 단계입니다. 이 레벨에서는 보호장치를 보강하고, 장애물을 추가하며, 침입감지 시스템과 CCTV 일부를 설치 운영하는 수준입니다.

침입이 쉽지 않고 유사시 도움을 요청할 수 있는 경비수준이 레벨 3으로 다양한 기계경비시스템을 적용하고 튼튼한 물리적 방호장치를 갖추며, 침입감지시스템을 설치하고 현장상황실을 운용하며, CCTV 및 시설물 주변에 조명을 설치하고, 통신장비를 휴대한 현장경비원을 운영하며, 시스템 운용상황실을 운영하고, 유사시 유관기관의 도움을 받기 위해 유관기관과의 지원체제를 구축하고 있다.

(3) 장점

상주하고 있는 경비원이 없으므로 인건비를 절약할 수 있고 소요경비가 적어 경제적으로 운영할 수 있으며, 1년 365일 24시간 계속적인 감시를 할 수 있으므로 인력경비시 보다 안정적이며 경비원에 대한 인사

사고(부상이나 사망)가 발생할 위험이 없다.

또한, 전자 및 정보처리기술을 적용하여 운영함으로써 경비상황이 정확하게 기록되어진다.

(4) 단점

운영상황실과 경비대상이 떨어져 있어 사건발생시 현장에서 신속하고 정확하게 대응을 하지 못하고, 기기의 오작동이나 오경보 등의 문제로 불필요한 노력과 비용의 낭비를 초래할 수 있다. 또한 방범업무 이외의 역할을 기대할 수 없으며, 설치장소 이외의 지역에서 발생한 이상 현상을 알 수가 없다.

2.2.3 空港 警備

공항경비는 앞에서 설명한 기계경비시스템의 특성을 이용하여 공항에 출입하는 인력이나 차량 및 물품들에 대한 통제가 이루어져 무기, 폭발물, 폭발장치, 위험장치 등이 지상이동 차량과 인력에 의해 공항내의 통행제한 구역으로 불법 반입되지 않도록 하여야 하고, 지상서비스 인력 중에서도 통행제한구역으로 출입이 허가된 사람과 불법침입자나 출입이 허가되지 않은 자가 섞여 있을 수 있어 이를 통제해야 한다. 따라서 출입이 허가된 사람이더라도 적절히 출입이 제한되어야 하고, 불법침입자(출입이 허가되지 않은 사람)인 경우에는 철저히 출입이 저지되어야 한다.

불법침입자를 저지하기 위해서는 외곽지역과 건물의 침입을 감지할 수 있어야 하고, 근무자나 방문자 등의 사람들이 출입하는 접근지점과 물품을 실어 나르는 차량이 출입하는 지점에 대한 통제가 이루어져야 한다.

외곽지역에 효과적인 보안장치를 마련하는 것은 다소 많은 비용이 소요된다. 또, 이 장치는 위협의 정도, 장비 운영절차, 보안상의 취약정도에 맞게 설치되어야 예상되는 위협을 효과적으로 방지할 수 있어야 한다. 그러나 예산상의 문제 때문에 단기적으로는 불가능한 일이다. 제한적인 보안장치의 제공은 전혀 없는 것 보다는 낫지만, 장기적으로는 종합적인 외곽 보안장치 공급계획이 마련되어 예산이 허용하는 범위 내에서 단계적으로 실현되어야 한다. 즉, 울타리와 조명을 먼저 설치하고, 외곽 침입탐지장치, CCTV 및 추가 울타리 설치 등으로 점진적으로 증설할 수 있다. 이러한 장기적이며 점진적인 대책을 수립할 경우, 모든 보안 시설들이 설치 초기부터 상호 호환되게 설계되어야 한다.

1) 울타리(보안 장벽)

가능한 모든 경우에 있어, 랜드사이드와 에어사이드의 울타리에서 각각 3m이내에는 어떤 장애물이나 식물도 존재하지 않아야 한다. 이러한 상황이 실제적으로 실현 불가능한 경우에는 전주, 나무, 장비, 차량 등보다 훨씬 위에 있도록 울타리의 높이를 높여야 한다. 울타리의 효율성은 상당부문이 어떤 재료로 시공되었느냐에 달려있다. 예로, 금속 울타리와 울타리 벽(enclosure wall)은 나무나 플라스틱으로 만든 울타리보다 더 선호된다. 이들 울타리들은 적어도 2.13m, 이상적으로는 2.70m의 높이가 되어야 한다.

공항시설에서 가장 흔히 사용되는 외곽 울타리는 콘크리트나 강철로 지주대를 설치한 금속 체인 링크 울타리이다. 여기에 사용되는 철망은 직경이 최소 2.5mm로, 벌어진 네모 구멍이 5cm보다 적어야 하며 설치되었을 때의 모양이 비스듬한 대각선 형태로 되어 있어 울타리를 타고 오르기가 어려워야 한다. 바다, 물이 인근에 있거나, 또는 습기가 많은 곳에서는 철망을 아연도금하거나 플라스틱 피복을 씌워야 한다. 울타리의 바닥끝을 앵커로 고정시킴으로써 울타리의 성능을 높일 수 있고, 불법 침입자가 울타리를 뽑아내기가 어려워진다.

울타리를 따라 차량이 순찰을 할 수 있도록 순찰로를 만들어야 한다. 이 도로는 배수가 잘 되고 언제나 장애물이나 눈이 제거되어 있어야 한다.

조명은 에어사이드에 설치되어야 하며 울타리로부터 3m 떨어져 있어야 한다. 그리고 울타리의 양쪽을 모두 비출 수 있도록 설치되어야 한다. 이러한 조명에 대한 통제는 수동으로 또는 자동으로 될 수 있다.(즉, 특정시간이나 침입 알람이 울렸을 경우)

[그림 2-34] 울타리

2) 보행자 접근 출입 지점

접근지점은 차량 또는 보행객(또는 양자 모두)을 위해 설치된 것으로, 보초가 서서 감시할 수도 있고 무감시 상태로 둘 수도 있다. 접근지점을 선택하고 시설을 설치할 때는 다음사항을 준수해야 한다.

a) 경비가 서있는 차량 접근지점 중 하나는 보행자 접근지점으로 사용되어야 한다. 이러한 접근지점은 주접근지점(main access point)이라 불리며 특수하게 설계되어야 한다.

b) 승객 접근지점은 보행자 접근지점 중의 한 범주에 속한다. 이 접근지점은 승객, 승무원, 검색대에 배치된 보안요원, 및 다른 허용된 사람들에 한해서만 사용되도록 해야 한다.

c) 보행자 및 차량 접근지점 시설의 내구성은 영구적인 시설효율이나 유지보수 비용절감에 아주 중요하다. 접근지점은 튼튼하게 시공되어야 하고, 시설물을 열고 닫는 메커니즘은(기계, 전기, 공기역학, 수압 중 어느 방식이든지간에) 내구성이 있도록 시공되어야 하고, 잠금장치도 튼튼하고 효율적이어야 한다.

[그림 2-35] 보행자 접근 출입 지점

3) 차량 접근지점

모든 경우에, 경비원이 없어도 닫히거나 열리는 rolling gate나 double-leaf gate가 있어야 하고, 게이트 바로 뒤에는 drop-arm 장벽이 설치되어야 한다. 이러한 유형의 출입접근지점은 출입구가 한 개일 수도 있지만 드나드는 교통량에 따라 여러 개일 수도 있다. 적어도 500와트의 조명이 설치된 차량출입도로는 에어사이드 출입이 허용된 가장 큰 차량이 양쪽 모두가 폐쇄되었을 경우 sterile lock에 수용될 수 있도록 충분한 폭과 길이를 가져야 한다.

일부 차량출입접근지점은 아주 가끔씩 사용된다. 즉 화재진압차량이 사용하는 비상시 접근지점, 제설작업 차량이 이용하는 특수 계절에만 사용되는 출입접근지점, 비행장 출입이 허용된 농부 등이 이용하는 출입접근지점이 그 좋은 예이다.

[그림 2-36] 차량접근지점

第 Ⅱ 編　保安檢索裝備

3. 金屬探知機
4. 檢索機
5. X-ray 패널 操作
6. X-ray 映像 判讀

3. 金屬探知機(Metal Detector)

제3장의 목적은 金屬探知機를 처음 접하는 사람들을 위해 서로 다른 유형의 장비를 운영하는 기본원칙, 장비구성, 사용절차 및 필요한 사전 조치 등을 간단히 설명하기 위한것으로 이는 현재 시판중인 모든 브랜드, 모든 종류의 장비에 대한 설명이나 장비제조업체의 지침서나 사양서 또는 조언을 대신할 만한 자세한 설명을 하기 위한 것도 아니다.

3.1 槪要

金屬探知機는 전기 "자기장"을 이용하여 금속물체(질)를 탐지하며 탐지된 정보를 램프, 음향 또는 진동으로 탐지위치를 표시하는 장비(Metal Detector)로 항공기 탑승객의 신체검색장비이다.

金屬探知機는 탐지기 내부(송, 수신)에서 발생된 '자기장'의 흐름이 특정 금속물질에 의해 방해를 받았을 때 발생되는 방해인식을 이용한 것으로 자기장의 흐름이 금속물질의 형태, 부피 등으로 방해를 받았을 때 각 제작사가 입력한 정보에 따라 알람경보음, 진동, 금속량 LED 표시 및 방해를 받은 위치부분의 LED 표시 등으로 나타낸다. 金屬探知機에는 문 모양으로 생겨 사람들이 걸어서 통과하는 문형 金屬探知機와 손에 들고 사람들의 몸을 머리에서 발끝까지 검색하는 휴대형 金屬探知機가 있다. 이러한 金屬探知機는 공항 뿐만아니라 조금이라도 보안을 요구하는 지역에서 많이 사용되는 機器이다.

금속물질을 탐지할 수 있는 탐지기는 전형적인 金屬探知機로 문형 金屬探知機와 휴대형 金屬探知機가 있다.

3.2 門形 金屬探知機(WMD:Walkthrough Metal Detector)

[그림 3-1]는 門形 金屬探知機의 자기장 원리와 표시부의 각 위치를 나타낸 것이다.

검색대상자가 걸어서 통과하는 門形 金屬探知機(WMD)는 검색대상자가 금속

물질을 소지하고 통과할 때 급격하게 변하는 자기장이 발생한다. 자기장은 인접해 있는 금속물체에 와류전류라고 불리는 회전전류를 유도한다. 제2차 코일이 이 와류전류에 의해 발생된 2차 자기장을 감지한다. 물체를 탐지하는 門形 金屬探知機의 성능은 물체의 부피 뿐만아니라 물체의 형태 및 門形 金屬探知機 코일의 방향에 따라 달라진다. 예를 들어 가느다란 철선으로 이루어진 큰 루프는 부피가 작아도 강력한 신호를 발생시킨다. 강도는 금속종류에 따라 달라지는데 강자성을 띠는 물체는 자기장을 집중시켜 강력한 신호를 내게 된다.

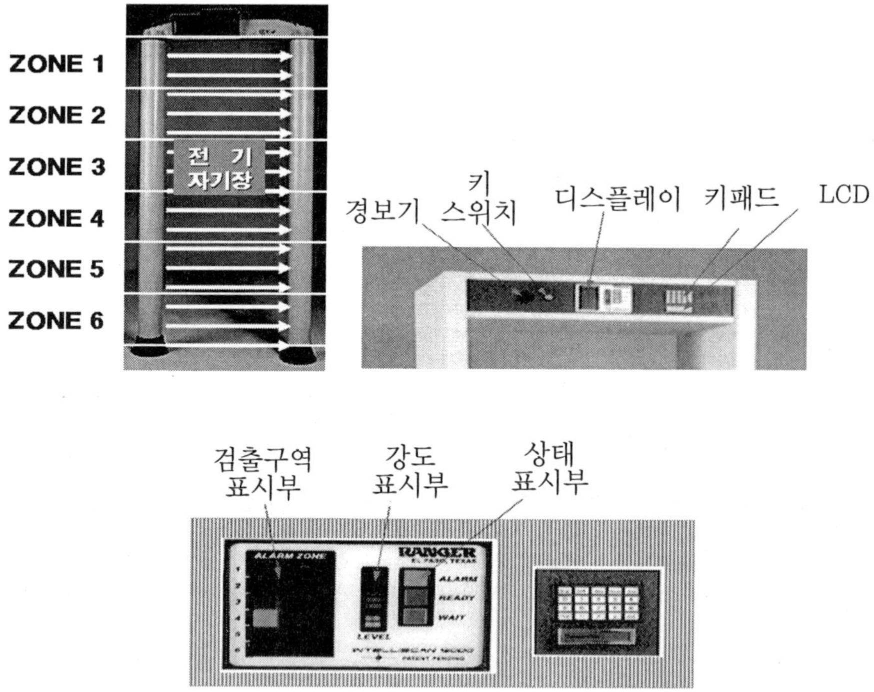

[그림 3-1] 門形 金屬探知機

門形 金屬探知機는 발신코일과 수신코일을 담고 있는 두개의 지주대, 독립된 통제장치, 비디오/오디오 경보 부품들로 구성되었으며, 문틀 형태의 구조물로 되어 있어 매우 견고하다.

門形 金屬探知機의 운영원칙은 금속질량에 의해 유도되어 발생되는 작은 소용돌이 전류가 잔여물질 자기장을 형성시키도록 한다. 이렇게 형성된 자기장은 수신코일에 의해 감지되어 신호로 변형되고, 이 신호가 다시 경보를 울리게 한다. 따라서 門形 金屬探知機를 사용할 시에는 주의를 기울여야 한다. 다음은 사용하는 절차와 사전 예방조치에 대한 설명이다.

門形 金屬探知機 사용 절차 및 사용에 필요한 사전 예방조치

자기장은 지주대의 바깥 표면에서 일정거리 이상으로 뻗어나가기 때문에 이 거리 내로 전달된 금속질량이 포착된다.

따라서 탐지기를 대형 금속물체(특히 X-ray 장비)로부터 50cm 이상 떨어져 있어야 하며, 금속물체와 마주보는 쪽이 수신측이 되도록 해야 한다. 사용자의 필요와 門形 金屬探知機의 모델에 따라 통제대의 복합운영모드는 아래와 같은 목적으로 사용될 수 있다.

- 민감성 조절(sensitivity regulation)
- 방해 차단(interference rejection)
- 오작동 알람의 구별(discrimination of the false alarms)
- 전기에 의한 탐지기 감시(electric surveillance of the detectors)
- 시간조절
- 목표 금속 또는 찾고자 하는 대상물질의 분석
- 액세스 코드(접근 암호)사용을 통한 장비보호

통제대는 알람소리의 민감도와 소리크기(또는 소리의 톤)를 조절하고 프로그램 및 디스플레이 데이터를 선택하는데 사용된다.

이러한 특징들은 대개는 잠금장치로 잠겨있어 운영자가 마음대로 조작하지 못하도록 되어있다. 승객 동선은 검색장비의 민감도, 검색대의 형태 및 의심이 가는 대상을 처리하는 방법 등에 의해 좌우된다.

국제표준에 따라 생성된 자기장은 30~60microteslas (0.3~0.6 gauss)의 강도를 가진다. 이는 자연계에서 발생하는 1mR의 방사선과 자기장 100microteslas (1 gauss)보다 낮은 것으로 장비의 방사능 또는 자기장으로부터 인체보호목적으로 설정된 국제표준의 허용치보다 훨씬 낮은 수치이다.

이 정도의 자기장은 필름, 플로피 디스크, 하드 디스크, 인슐린 펌프 및 맥박조절계 등에 아무런 영향을 끼치지 않는다.

3.2.1 送受信方式

門形 金屬探知機는 '자기장'의 흐름이 특정 금속물질에 의해 방해를 받았을 때 발생되는 방해인식을 이용하는데 이때 자기장 방식에 따라 크게 送受信 分離方式(송수신 분리방식)과 送受信 統合方式(송수신 통합방식)으로 나뉜다.

送受信 分離方式은 모든 제작사들이 기본적으로 채택하는 방식으로 가장 보편적으로 사용되는 방식이다. 이 방식은 자기장 신호를 한 쪽 판넬은 送信만 하고(送信하는 판넬) 마주보는 다른 쪽 판넬은 受信만(受信하는 판넬) 한다. 따라서 주변에 다른 기기가 설치되어 있어도 영향을 적게 받아 장애가 발생하는 경우가 적어 2대 이상을 근접하여 설치할 수 있어 공간을 효율적으로 이용할 수 있다.

送受信 統合方式은 送信하는 판넬과 受信하는 판넬이 함께 있는 방식으로 주변에 설치되어 있는 다른 기기에서 발생하는 자기장의 영향을 많이 받을 수 있다. 따라서 送受信 統合方式은 2대 이상을 근접하여 설치하고자할 경우에 1.5m 이상의 간격을 유지하여야 장애가 발생하는 경우가 적다. 대표적으로 미국 RANGER사 제품이 여기에 속한다.

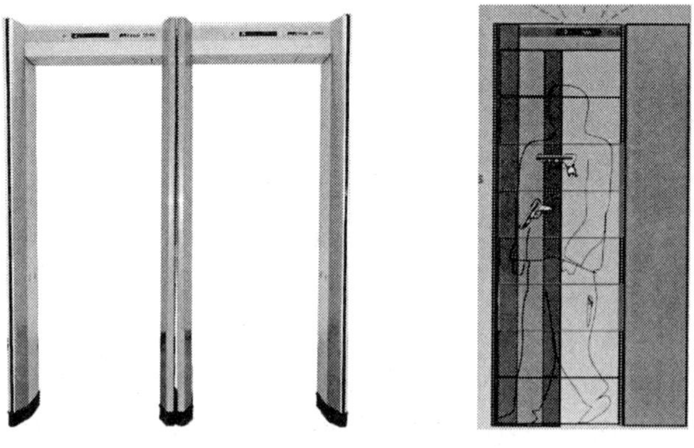

[그림 3-2] 送受信 分離方式

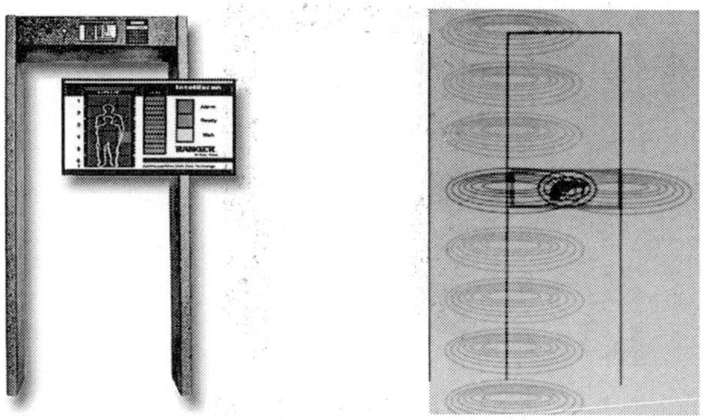

[그림 3-3] 送受信 統合方式

3.2.2 用途別 分類

가) 基本形

공항과 법원 청사 및 일반기업들이 보안용으로 보편적으로 가장 많이 사용하는 門形 金屬探知機로 주로 실내에서 많이 사용한다.

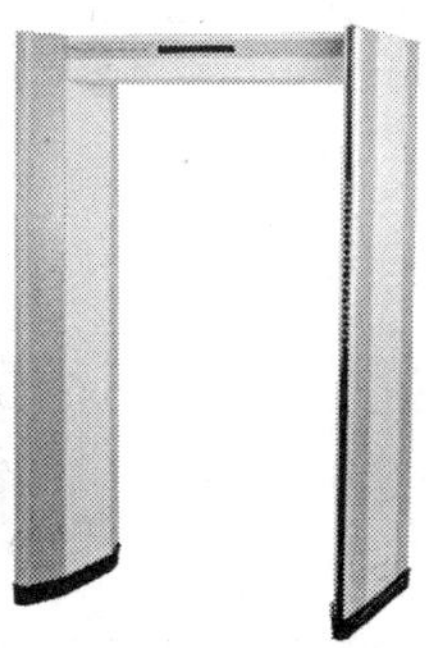

[그림 3-4] 基本形

나) 野外用

행사를 할 때 정문이나 야외에서 주로 사용한다. 여름에 비가와도 사용이 가능하게 방수 처리되어 있을 뿐만아니라 추운 겨울에 온도가 영하로 내려가도 사용이 가능하게 제작되었다.

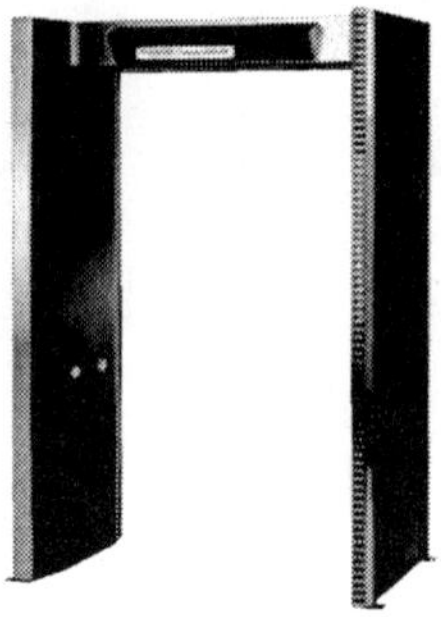

[그림 3-5] 野外用

다) 半導體, 貴金屬用

작업장에서 생산한 고가 또는 중요한 물품들이 생산현장 외부로 유출되는 것을 방지하기 위해 사용한다. 감지하는 감도가 민감하여 설치하기 위한 다양한 조건을 만족하는 장소이어야 하고 출입자들의 복장이나 소지품 등에 대한 통제가 필요하다.

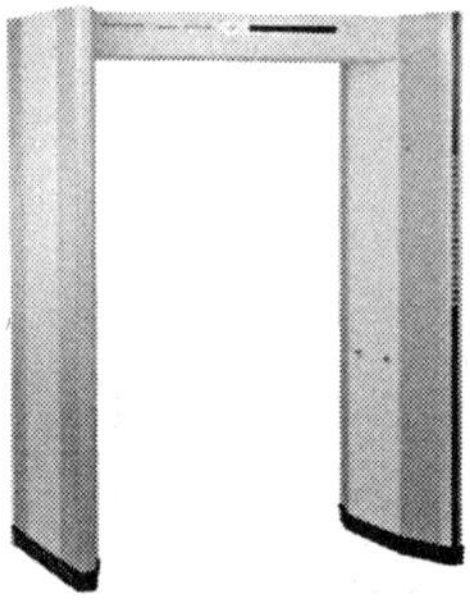

[그림 3-6] 貴金屬用

라) 行事用

행사시에 이동하여 사용할 수 있게 제작되었으며 VIP 등 귀빈들이 출입하는 장소에 위장하여 설치해 귀빈들이 있는 장소에 위해한 물품이 반입되지 않게 하여 행사에 참석한 귀빈들의 안전을 지키기 위한 용도로 사용되며 보통 기둥형태의 원형으로 제작되어 있다.

[그림 3-7] 行事用

3.2.3 性能要件 및 基準

항공안전본부(현 국토해양부 항공정책실) 고시 제2003-5호에서 지정한 항공안전보안장비 종류, 성능 및 운영기준에 따라 장비의 성능을 지정하였다.

가) 성능요건

門形 金屬探知機는 민간항공보안 프로그램을 지원하기 위해 사용되며, 검색받는 사람이 미리 설정된 한계치 보다 많은 금속물질을 갖고 있다는 것을 보안요원들에게 알려주는데 사용된다.

이러한 금속물질은 합법적(예, 열쇠, 시계)이거나 금지된(예 칼, 총) 것일 수 있다. 門形 金屬探知機에 경보를 일으키는 자에 대하여는 수(手)검색을 실시해야 한다. 門形 金屬探知機에 경보를 일으킬 수 있는 모든 금속물질을 찾아내는 것은 검색요원의 책임이다.

국가민간항공 보안프로그램을 지원하기 위해 사용되는 門形 金屬探知機는 다음과 같은 요건을 충족시켜야 한다.

1) 특이성(분류성)

門形 金屬探知機를 통과하는 금속물질들은 두 가지 부류이다. 합법적인 것과 금지된 것이다. 門形 金屬探知機는 금속성분이 동일한 경우라 할지라도 두 가지 부류를 구분할 수 있어야 한다. 테스트 목적상 합법적인 품목은 아래와 같은 물품이다.

- 금속 시계줄과 케이스로 된 아날로그 시계
- 열쇠고리 및 세 개의 큰 열쇠
- 두 개의 금속 팬
- 지정된 수량의 국가사용 동전

국가민간항공 보안프로그램에는 금지품목으로 지정된 물건들이 기술되어 있다. 이 목록에는 위험물품과 가스통과 같이 안전상의 이유로 탑재가 금지된 품목들은 포함되어 있지 않다.

2) 민감도

門形 金屬探知機의 감도에 따라 탐지할 수 있는 가장 작은 물체가 결정된다. 금지품목 종류가 너무 많아서 작은 물체 하나하나를 탐지 가능한 물품으로 지정하기는 어렵다. 가능한 물품은 소형 칼, 소형화기의 부속품 같은 것들이 있다. 사용자는 환경의 변화에 대응하기 위해 門形 金屬探知機의 감도를 조정할 줄 알아야 한다. 민간항공보안당국 및 관계 기관은 테스트에 대한 결과분석 이후 필요한 감도 값을 설정한다.

3) 통일성

門形 金屬探知機의 탐지성능은 모든 탐지문형에 동일해야한다. 특별 관심 지점은 발목 높이부터 허리높이 지점에서의 성능이며 門形 金屬探知機의 각각의 기둥 안에 설치된 발신기 및 수신기 코일이 감겨있는 문형에 관한 성능이다.

4) 통과속도

門形 金屬探知機의 성능은 장비를 통과하는 승객의 속도에 따라 달라진다. 이것은 특히 중요한데 승객의 발이 바닥을 밟지 않고 門形 金屬探知機를 통과하거나 門形 金屬探知機 기둥사이의 바닥을 밟고 통과 할 수 있기 때문이다.

5) 문형크기

문형은 최소한 높이 2m, 폭 0.76m는 되어야 한다.

6) 오경보율

어떤 門形 金屬探知機라도 합법적인 품목과 금지된 품목을 완벽하게 구별할 수 없다. 이것은 탐지대상 물품의 성분과 크기가 유사한 것이 많이 있기 때문이다. 門形 金屬探知機의 경보는 사람이 합법적인 품목만을 갖고 통과할 때에도 올릴 수 있다. 이런 사람들은 수(手)검색을 실시해야 한다. 이런 불완전성으로 인해 분류성과 민감도 간에 선택을 하여야 한다.

7) 전파장애 저항성

전력선내 또는 외부 전원에 의해 발생되는 전파간섭이 門形 金屬探知機에 오경보를 발생시켜서는 않된다. 門形 金屬探知機에 오경보를 발생하지 않고 개인 휴대무전기, 휴대폰 및 X-ray 모니터를 사용하려면 2m이상 떨어져서 이용하면 가능하다.

8) 고정된 금속보정

건물 혹은 건물의 한 부분을 구성된 고정된 판이나 금속물질 가까이에 門形 金屬探知機를 설치할 필요가 있는 경우가 있다. 門形 金屬探知機는 이런 금속에 대한 영향을 받지 않아야 하며 장비성능이 떨어지지 않아야 한다.

9) 내구성

門形 金屬探知機의 설계는 장비의 성능이 장시간 동안 일정하게 유지되도록 설계되어야 한다.

10) 경보표시

시각적으로 볼 수 있는 경보와 청각으로 인식할 수 있는 경보가 있다. 음성경보의 볼륨을 조정할 수 있어야 한다. 최고로 볼륨을 올리는 경우 공항검색시설 주변에 발생하는 주변 소음을 극복할 수 있을 정도이어야 한다.

11) 감도 조정 관련 보안

조정판은 열쇠를 넣었을 경우에만 작동되도록 하여야 한다.

12) 시운전 및 일상점검

門形 金屬探知機는 민간항공보안프로그램에 명시된 테스트 장비를 이용하여 점검하여야 한다. 필요시 OTP도 門形 金屬探知機와 함께 구매할 수 있다. 어떠한 다른 테스트 품목도 OTP를 대신하여 사용할 수 없다. 모든 테스트 품목 관련 상세사항은 민간항공 보안당국 및 관계기관이 볼 수 있도록 하여야 한다. OTP의 예는 [그림 3-8] 및 [그림 3-9]에 나타나있다.

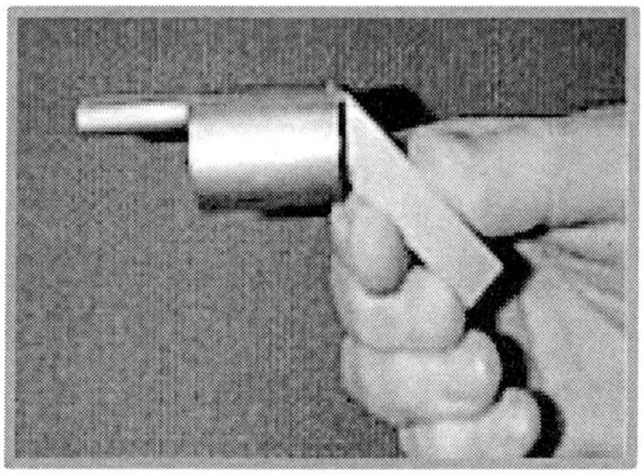

[그림 3-8] 일상점검용 운영 테스트 장비 예

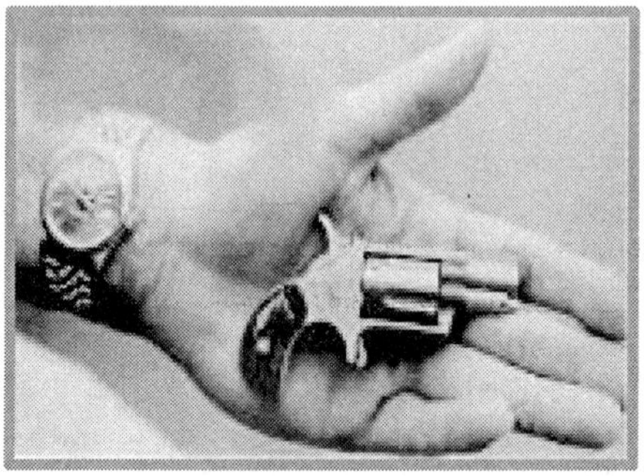

[그림 3-9] 일상점검용 대표적인 권총 예

13) 건강 및 안전

門形 金屬探知機는 적절한 보건안전 규정 및 기타 관련 기준을 준수해야 한다. 제작사는 문서로 門形 金屬探知機가 심장에 영향을 미치지 않으며, 이런 실험결과가 공신력 있는 기관에 의해 인증된 것임을 입증해야 한다.

나) 성능기준

- 작동 기준 : 24시간 연속 사용가능하여야 하며, 성능을 유지하여야 한다.
- 자가 고장진단기능과 회로보호기능 내장해야 한다.
- 탐색된 위치와 경보위치를 동일하게 표시되어야 한다.
- 감도조정기능과 표시기능이 있어야 한다.
- 감도조정에 따른 탐지가 정상적으로 작동하여야 한다.
- 주변 환경에 영향을 받지 않아야 한다.
- 시건장치 등 암호기능이 있어야 한다.

3.2.4 일상 테스트 절차

門形 金屬探知機의 시험방법 및 성능요건은 국가민간항공 보안프로그램의 매우 중요한 부분이다.

국가민간항공 보안프로그램을 뒷받침하기 위해 모든 門形 金屬探知機의 설치 및 테스트와 관련된 기준을 기술하고 있다. 門形 金屬探知機의 성능요건을 다음에 상세히 기술하였다.

민간항공 보안당국 및 관련기관은 특정장소나 조건 때문에 각각의 門形 金屬探知機에 적용되어야 하는 특정 세팅에 어려움이 있을 수 있음을 인식해야 한다. 그러므로 민간항공 보안당국 및 관련기관은 권고된 세팅 값이 오차범위를 벗어나는 승객거절 비율을 발생하는 장소에 사용하기 위한 최소한의 권고 세팅 값을 설립하고 있다.

일상점검은 門形 金屬探知機가 켜진 후 또는 사용되지 않은 기간 이후 잘 동작하고 있음을 운영자에게 증명하기 위한 것이다. 이 점검은 모든 門形 金屬探知機에 실시하는 시험이다.

만약 門形 金屬探知機가 계속해서(한 번도 끄지 않고) 사용되고 있다면, 최소 하루에 한번 점검을 받아야 한다. 스위치를 켠 이후 승객검색에 사용되기 전에도 점검을 받아야 한다.

운영자는 열쇠 및 동전 같은 門形 金屬探知機에 영향을 줄 수 있는 모든 물품을 제거해야 한다. 강철로 된 TOECAP도 점검시에 착용해서는 안된다. 그리고 몸에 많은 금속물질을 소지하고 있지 않음을 증명하기 위하여 운영자는 門形 金屬探知機를 통과하여야 한다.

OTP 몸통을 아래로 향하고 손잡이를 오른쪽으로 향하도록 하여 허리 뒷부분에 차고 승객들이 검색받는 방향으로 최소 5번 정도 門形 金屬探知機를 통과해야 한다.

때때로 OTP가 門形 金屬探知機에서 경보가 울리지 않을 가능성이 있다. 만약 門形 金屬探知機가 이전 시험에서보다 성능이 나빠졌거나 OTP를 전혀 탐지하지 못하고 있을 경우에는 문제가 된다. 만약 감독자가 테스트 결과에 만족할 경우 門形 金屬探知機를 승객검색에 사용할 수 있다. 감독자는 일상점검 결과를 매일 기록하여야 하고, 그 결과를 최소 6개월간 보관하여야 한다.

門形 金屬探知機가 이전 테스트에서 보여준 성능보다 OTP를 감지하지 못하는 것처럼 보이면 감독자는 성능이 만족할 때까지 감도를 증가시켜야 하며, 모든 시험결과는 감독자가 기록하여야 한다. 만약 문제가 해결되지 않으면 유지보수 담당자가 도착할 때까지 門形 金屬探知機의 전원을 꺼야한다. 공급자 및 유지보수 요원에게 문제점을 알려야하고 門形 金屬探知機에 계속 고장이 발생할 경우 門形 金屬探知機의 전원을 끄고 사용을 중지해야 한다.

오른쪽 팔의 아래, 오른쪽 엉덩이, 허리 뒷부분 및 오른쪽 발목안 등 신체의 4부분에 시운전할 때와 같이 OTP를 갖고 일주일에 1번씩 각 위치에서 5번씩 실시해야하고 결과를 기록하여야 한다. 그 결과로 門形 金屬探知機가 일관되게 작동되는지 여부를 알 수 있다. 운영자가 필요하다고 생각되면 이런 테스트를 자주 실시하고 결과를 기록하여야 한다.

발목부분에 있는 OTP 탐지는 여러 방법이 있는데 발이 門形 金屬探知機 내부에 놓거나 門形 金屬探知機를 통과하느냐에 따라 달라진다. 운영자는 사람의 발 위치를 변경하여 이전 테스트 결과와 비교하여야 한다.

이런 테스트 및 결과 기록방법은 민간항공 보안프로그램을 지원하기위해 사용되는 모든 門形 金屬探知機에 적용되고 있다. 기록양식은 모델명, 시리얼 번호, 위치, 설정, 측정결과, 날짜 및 관리자의 서명을 포함하여야 한다.

공급자가 門形 金屬探知機와 함께 공급하는 계량기 및 테스트 판들은 운영자나 유지보수 요원이 유용하다고 판단될 경우 OTP에 추가하여 사용할 수 있다.

3.3 携帶形 金屬探知機(Hand-held Metal Detector)

3.3.1 개념

携帶形 金屬探知機(HMD)는 손에 잡고 휴대할 수 있는 金屬探知機로 핸들과 탐침(probe)로 구성된 휴대용 장비이다. 携帶形 金屬探知機의 코일은 급격하게 변화하는 자기장을 형성하여 금속물체 표면에 와류전류라고 불리는 회전전류를 유도한다. 동일 코일 혹은 같은 장치에 감겨있는 2차 코일은 이 회전전류에 의해 형성된 제2차 자기장을 감지한다. 물체를 탐지하는 携帶形 金屬探知機의 성능은 물체의 크기와 코일 및 코일이 감긴 형태와 관련된 물체의 방향에 따라 달라진다. 얇은 선으로 구성된 큰 루프는 부피가 적어도 강력한 신호를 발생시킨다. 정보 또한 금속에 따라 달라진다. 예를 들면, 철 성분을 함유한 금속은 자기장을 집중시켜서 강력한 신호를 발생시킨다. 이 자기장의 강도는 매우 약하므로 국제기준을 전혀 초과하지 않는다.

따라서 携帶形 金屬探知機를 승객의 몸에 근접하여 금속의 소지여부를 탐지할 수 있다. 만약 탐침 주변에서 충분한 양의 금속이 탐지되면 표시계에 나타나며 경보가 울린다. 제어 기능으로 전원 켜짐/꺼짐, 알람소리 크기 및 민감도를 조절할 수 있다. 이 携帶形 金屬探知機는 대부분 건전지로부터 동력을 공급받지만, 현재 나오는 携帶形 金屬探知機는 충전이 가능한 배터리로도 동력을 공급받는다. 한번 충전시 12~15시간정도 사용할 수 있다.

携帶形 金屬探知機는 門形 金屬探知機가 경보음을 울릴 때, 보안검색요원이 필요하다고 판단될 때, 門形 金屬探知機가 작동하지 않거나 사용할 수 없는 경우에 사용하는 金屬探知機이다.

門形 金屬探知機에 비해 携帶形 金屬探知機의 주요 장점은 가격이 저렴하고, 탐지 정확성을 가지며(携帶形 金屬探知機는 금속물체의 위치를 정확하게 탐지 가능) 보다 작은 물체를 탐지할 수 있는 장점이 있다. 단점은 전체검색에 소요되는 시간이 많이 걸리며, 운영자의 능력에 대한 의존도가 높다는 것이다.

[그림 3-10] 携帶形 金屬探知機

携帶形 金屬探知機는 여러 종류가 있으며 이중 다수의 携帶形 金屬探知機는 성능이 우수하며, 사용이 용이하고 가격이 합리적이다. 대부분의 携帶形 金屬探知機는 자동감도 조정기능이 있어 수동으로 감도조정을 하는 携帶形 金屬探知機보다 더 정확하므로 선호도가 높다.

3.3.2 성능 및 안전기준

가) 성능기준

携帶形 金屬探知機의 성능 기준은 경고음이 발생하여야 하고, 시각적으로 경보를 구별할 수 있는 시청각 경보 식별기가 장착되어야 한다. 탐지할 수 있는 능력은 5cm 거리에서 5g의 금속물질인 철금속, 비철금속을 탐지할 수 있어야 한다. 충전방식의 전력을 사용할 수 있으며 사용중 방전이 되어 충전이 필요시에는 경보음이 발생하여야 한다.

나) 안전기준

1) 무해성

금속탐지기에서 방사하는 구역은 국제표준에서 설정한 값 이하로 일반인들의 신체나 몸에 심장박동조절 장치 및 아드레날린 펌프 등 생명유지장치를 지닌 사람에게도 무해하다는 것이 보증되어야 한다. 또한 이들 한계를 준수하여 컴퓨터유형 저장매체에 어떤 영향도 미치지 않아야 한다.

2) 안전성

저 전압 지침 73/23/EEC의 요건과 일치하고 개정된 93/68/EEC 지침을 따라야 한다. 또한 전자적합성(EMC) 지침 89/336/EEC의 요건에 일치하며 개정된 91/263/EEC, 92/31/EEC, 93/68/EEC 및 93/97/EEC 지침을 따라야 하고 유럽표준위원회(CEN)와 유럽전기표준회의(CENELEC)에서 제정하는 표준(ENV) 50166-1의 지침 개정안도 따라야 한다.

3.3.3 장비 점검

携帶形 金屬探知機는 처음 전원을 투입했을 때와 근무교대를 했을 때는 반드시 잘 작동하는지 점검을 하여야 한다. 점검하는 방법은 携帶形 金屬探知機의 전원 스위치를 켠 후 철판으로부터 7Cm 이격하여 검색했을 때 감지신호가 음향으로 표시되어야 하고, 처음 점검할 때는 3회 검사를 실시한다. 배터리가 모두 소모된 경우에는 작동을 하지 않아 경보음이 발생하지 않기 때문에 사용 중에 수시로 확인하여 携帶形 金屬探知機의 작동 여부를 확인할 필요가 있다.

[그림 3-11] 携帶形 金屬探知機 장비 점검

3.4 乘客檢索要領

3.4.1 정확한 자세

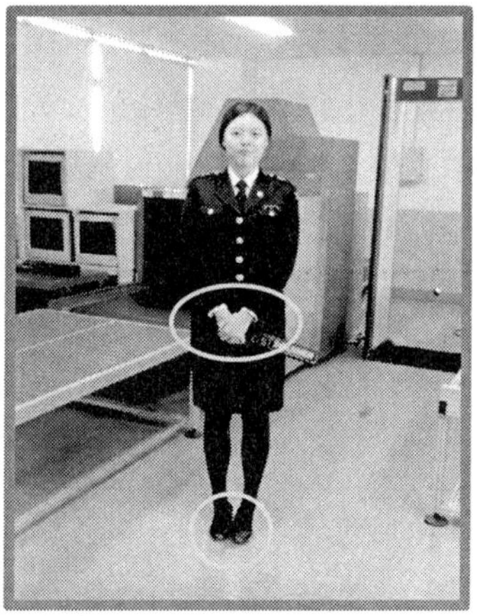

[그림 3-12] 정확한 자세

가) 중점사항

携帶形 金屬探知機를 소지하고 있을 때의 올바른 준비 자세는 [그림 3-12]에서 보는 바와 같이 발은 모은 차려 자세로 양손을 가지런히 모아 잡고 있어야 하고 시선은 전방을 주시하고 있어야 한다.

나) 유의사항

준비자세로 있을 때 携帶形 金屬探知機가 흔들리지 않게 잡고 있어 불필요하게 움직이지 않게 하여야 하며, 짝다리 등 부정확하게 서 있지 않아야 한다. 또한 시선을 이곳저곳으로 이동시키지 않고 전방에 있는 승객을 주시하여야 한다.

3.4.2 안내요령

가) 승객 등장시

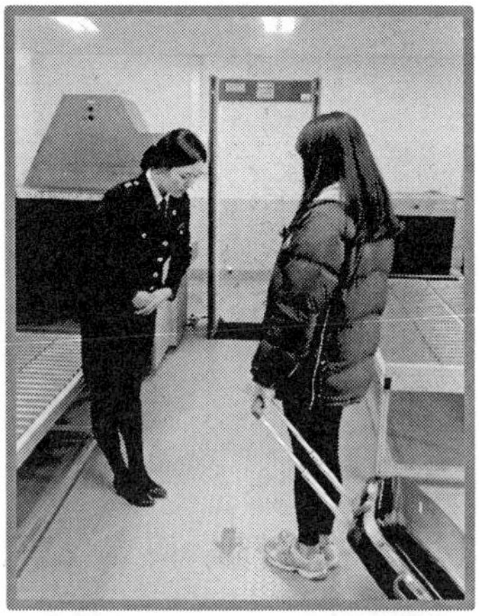

[그림 3-13] 승객 등장시

1) 중점사항

안내 보안검색요원은 승객이 보안검색을 받기 위해 대기선에서 기다리고 있을 때 두꺼운 외투나 소지품 등을 미리 벗어 보안검색 받을 준비하도록 안내하고 승객이 등장시 가능하면 정중히 인사하며 한 명씩 입장하도록 유도한다. 또한 등장시 승객의 행동이나 복장 등 의심되는 부분이 있는지 관찰한다.

2) 유의사항

안내 보안검색요원은 승객이 기다리는 동안 대기선을 준수하도록 정확히 유도하여야 하며 의심되는 부분이 있는지 세밀하게 관찰한다.

나) 가방, 외투, 소지품

[그림 3-14] 가방, 외투, 소지품

1) 중점사항

안내 보안검색요원은 X-Ray 판독이 잘 될 수 있게 승객이 가방을 X-Ray 컨베이어 벨트에 눕히도록 유도하고 두꺼운 외투는 벗어서 X-Ray 컨베이어 벨트에 올려놓고 입고 있는 옷의 주머니에 있는 지갑이나 동전 및 손에 차고 있는 반지나 시계 등의 소지품을 전부 꺼내어 제공하는 바구니에 넣어 X-Ray 컨베이어 벨트에 올려놓도록 안내한다.

2) 유의사항

안내 보안검색요원은 등장하는 모든 승객에게 정확히 설명하여 누락되는 설명이나 승객이 없도록 해야 하며 항상 미소 짓는 얼굴로 응대하여야 한다.

다) 승객 입장시

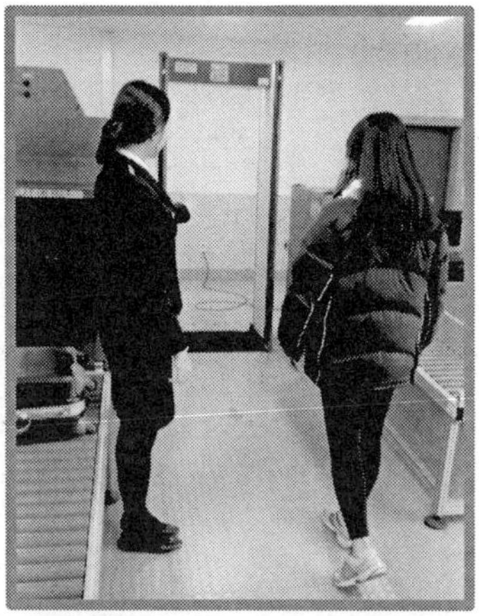

[그림 3-15] 승객 입장시

1) 중점사항

안내 보안검색요원은 승객이 등장시의 모든 절차가 끝났을 때 門形 金屬探知機로 입장하도록 안내하며 1명씩 신체검색이 실시 될 수 있도록 승객의 이동 방향을 정확하게 손으로 지시하여 입장을 유도한다.

2) 유의사항

안내 보안검색요원은 전방 뿐만아니라 후방 상황도 주시하며 근무하여 검색대 안이 혼잡하지 않게 입장을 유도해야 한다.

3.4.3 신체검색요령

가) 門形 金屬探知機 통과시

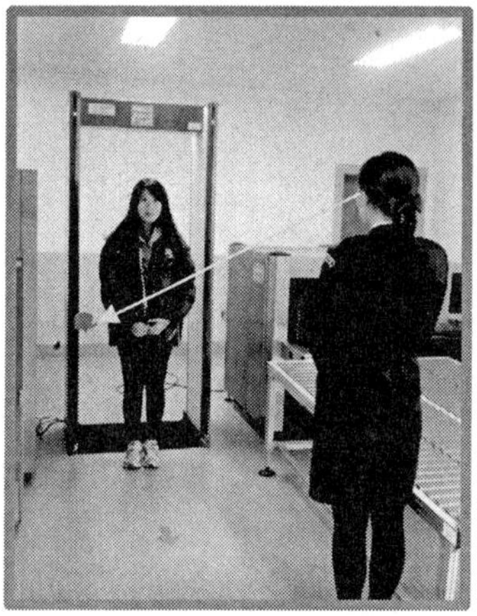

[그림 3-16] 門形 金屬探知機 통과시

1) 중점사항

신체검색 보안검색요원의 시선은 門形 金屬探知機 통과 전에는 승객을 주시하여 승객이 한명씩 입장하도록 유도하고 통과 후에는 門形 金屬探知機의 알람부위를 확인하여 검색할 위치를 파악한다. 또한 승객의 행동이나 복장 등 의심스러운 부분이 있는지 관찰한다.

2) 유의사항

신체검색 보안검색요원의 시선은 승객이나 門形 金屬探知機에서 이탈하여 서는 안되며, 의심스러운 부분은 세밀하게 관찰하여 추후에 중점적으로 의심스러운 부분에 대한 신체검색을 실시한다.

나) 인사시

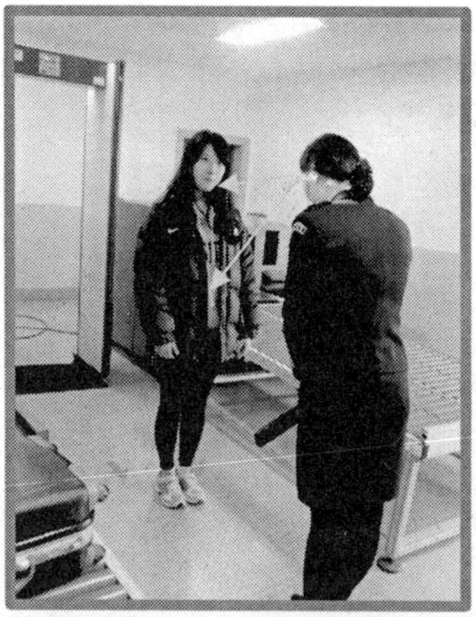

[그림 3-17] 인사시

1) 중점사항

신체검색 보안검색요원은 머리를 약간(15°정도) 숙이고 미소를 지으며 인사하는데 인사시에 시선은 승객에 고정하여야 한다. 승객이 門形 金屬 探知機의 발판이 끝나는 부분까지 나오도록 유도한다.

2) 유의사항

신체검색 보안검색요원의 시선이 승객으로부터 이탈되지 않도록 과도한 인사는 피하며 의심부분이 있을 때는 지속적으로 관찰한다.

다) 신체검색준비

[그림 3-18] 신체검색준비

1) 중점사항

신체검색 보안검색요원은 신체검색을 실시하기 위한 준비로 양팔과 다리를 벌려 줄 것을 요청하거나 정확한 시범으로 승객의 행동을 유도한다.

2) 유의사항

신체검색 보안검색요원은 승객이 정확히 팔을 벌리도록 유도하고 의심부분에 대해 지속적으로 관찰한다.

라) 신체검색시

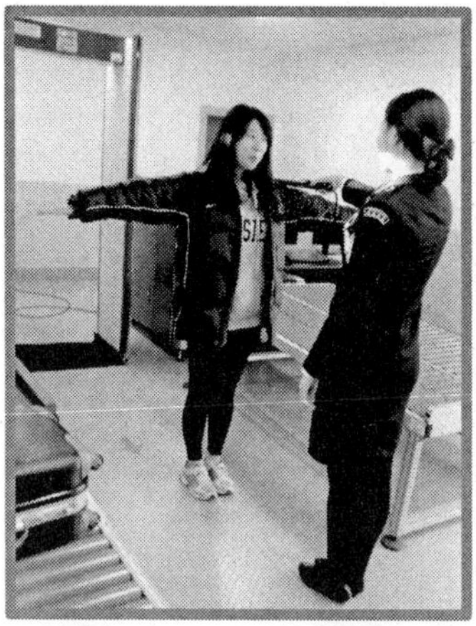

[그림 3-19] 신체검색시

1) 중점사항

신체검색 보안검색요원은 携帶形 金屬探知機를 사용하여 팔, 다리 등의 신체를 순서에 따라 검색하며 門形 金屬探知機 통과시의 알람부위는 수(手)검색을 병행한다. 검색할 때 携帶形 金屬探知機의 위치와 시선의 위치를 일치 시켜 携帶形 金屬探知機가 알람이 울렸을 때 알람이 발생한 위치의 소지품 확인 후 재검색한다.

2) 유의사항

신체검색 보안검색요원은 携帶形 金屬探知機를 과도하게 밀착하여 신체접촉이 발생하면 승객이 불쾌하게 여겨 항의하는 사태가 발생함으로 신체접촉이 발생하지 않도록 조심한다. 의심부분은 끝까지 추적하고 확인하고 携帶形 金屬探知機나 수(手)검색이 이루어지지 않는 부분이 발생하지 않도록 한다. 또한 승객이 손에 소지품 들고 있지 않게 해야 한다.

마) 검색 진행순서

첫 번째는 승객의 오른쪽 팔 어깨부분에서 시작하여 [그림3-20]처럼 오른쪽 팔 아래, 오른쪽 허리 ,오른쪽 다리, 가랑이, 왼쪽다리, 왼쪽허리, 왼쪽 팔 아래, 왼쪽 팔 위 순으로 검색한다.

두 번째는 [그림3-21]처럼 정면을 반시계 방향으로 검색하고, 세 번째는 [그림3-22]처럼 후면을 반시계 방향으로 검색한다.

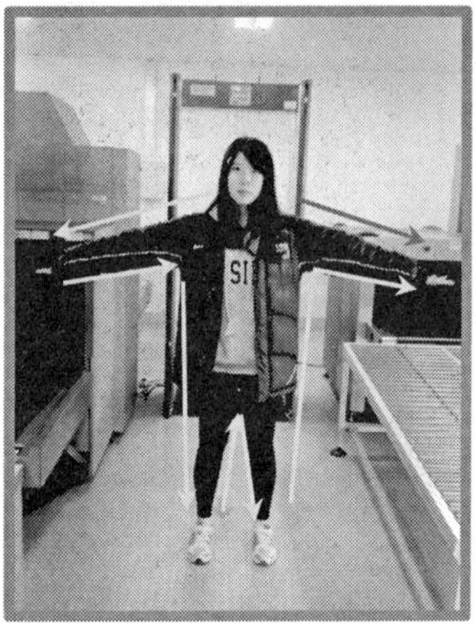

[그림 3-20] 팔, 다리 검색순서

[그림 3-21] 정면 검색순서

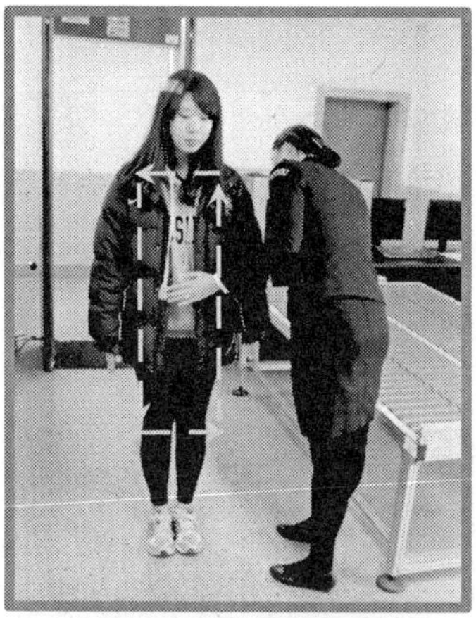

[그림 3-22] 후면 검색순서

바) 종료시

1) 중점사항

신체검색 보안검색요원은 승객에게 검색에 협조해 준 것에 대한 감사 인사를 하고 승객이 짐을 찾아가도록 정확하게 안내한다.

2) 유의사항

신체검색 보안검색요원은 승객의 차후 행동에 대해 정확히 안내하고, 시선은 門形 金屬探知機와 다음 승객을 주시한다. 신체검색완료 승객과 통과 승객과의 혼잡을 방지한다.

3.4.4 수(手)검색 요령

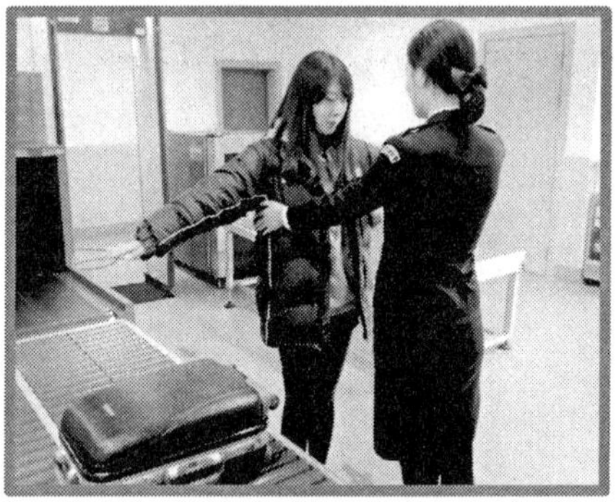

[그림 3-24] 수(手)검색

가) 중점사항

수(手)검색 요령은 携帶形 金屬探知機 검색요령과 동일하다. 다만 수(手)검색 실시 전에 승객에게 수(手)검색 실시에 대한 양해를 구한 후 검색을 실시하며 양손을 사용하여 빠짐없이 검색한다. 알람부위가 안보일 때에는 잘 보이는 위치로 이동하여 근무한다.

나) 유의사항

신체검색 보안검색요원은 반드시 승객의 동의를 받은 후 검색을 실시하며 신체의 허리 뒤, 뒷주머니 등의 의심부위를 철저히 검색한다. 과도한 신체 접촉은 하지 않도록 유의한다.

3.4.5 개장검색요령

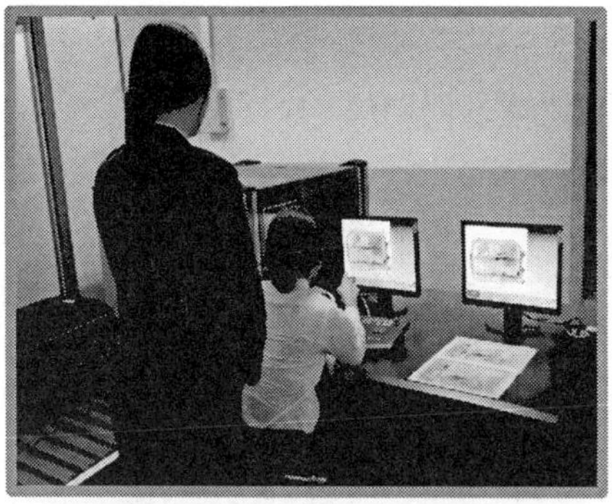

[그림 3-25] 개장검색파악시

가) 개장검색 파악시

1) 중점사항

가방개장 보안검색요원은 휴대수하물에서 개장을 원하는 물품을 정확히 파악하여 개장할 물품의 정확한 위치 숙지한다.

2) 유의사항

가방개장 보안검색요원은 판독 보안검색요원의 의도를 정확히 파악한다.

나) 승객 동의시

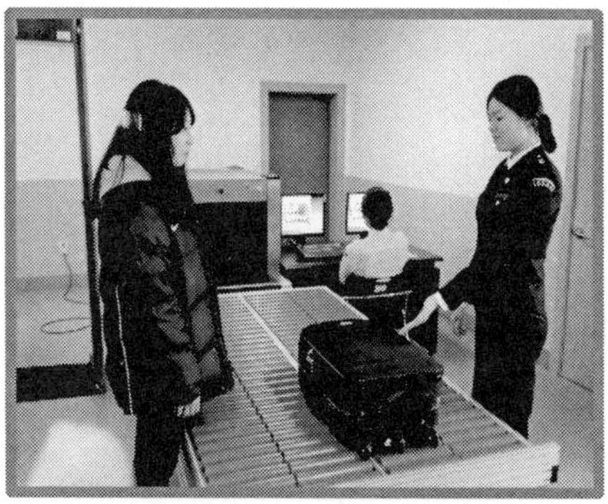

[그림 3-26] 승객 동의시

1) 중점사항

가방개장 보안검색요원은 승객에게 개장검색에 동의해 줄 것을 요청하여 승객의 동의 후 검색을 실시한다.

2) 유의사항

가방개장 보안검색요원은 승객 동의 없이 가방을 개장해서는 않되며 검색대가 혼잡하지 않도록 승객 위치를 유도한다.

다) 가방 개장검색시

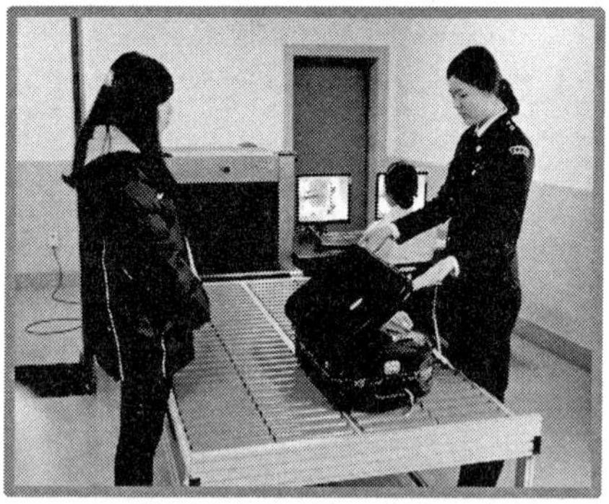

[그림 3-27] 가방 개장검색시

1) 중점사항

가방개장 보안검색요원은 개장할 물품을 반드시 눈으로 확인하며, 기타 부분도 눈으로 검색한다. 의심부분이 있으면 끝까지 추적하여 검색한다. 검색을 종료한 후에는 협조해 준 것에 대해 감사하다고 설명한다.

2) 유의사항

가방개장 보안검색요원은 승객이 가방을 만지지 못하게 승객과의 적당한 간격을 유지하고, 승객의 소지품을 함부로 다루지 않으며 물품의 파손이나 분실이 일어나지 않도록 한다.

3.5 其他 金屬探知機

3.5.1 신발 검사용

신발 속이나 발목 부위에 마약, 금괴 등의 밀수품 및 위해물품들을 숨겨 반입하는 것을 방지하기 위해 발목부위의 검색을 강화하기 위한 용도로 사용한다. 바닥으로부터 10-15cm정도 되는 신체의 낮은 부분을 효과적으로 검색할 수 있는 장비로 다음과 같은 장점을 갖는다.

- 門形 金屬探知機를 보완한다.
- 이동이 편리하다.
- 신발을 X-ray 장비에 검색할 필요가 없다.
- 효과적으로 신발 부분을 검색할 수 있다.
- 승객들을 불편하게 하지 않는다.
- 보안검색과정을 빠르게 진행시켜 병목현상을 해소할 수 있다.

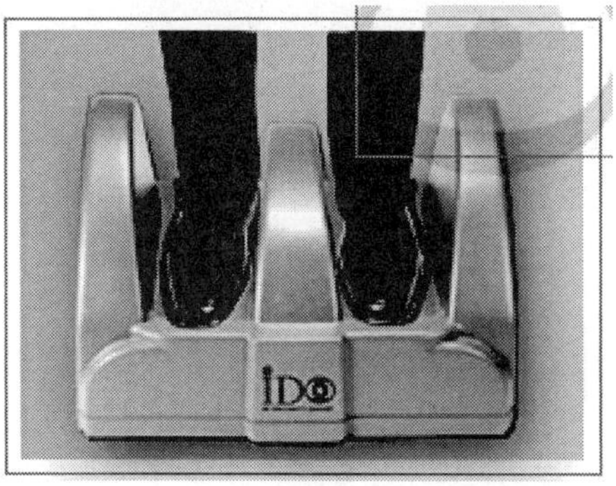

[그림 3-28] 신발, 발목 검사용

3.5.2 쓰레기 검사용

귀금속 회사 등에서 고가의 물품이나 병원에서 환자에 사용해 오염된 주사기 등이 쓰레기로 버려지는 것을 방지하기 위하여 사용한다.

[그림 3-29] 쓰레기 검사용

3.5.3 신체검사용

교도소, 세관 등에서 범죄자나 입국자들이 항문, 입안, 질 등의 인체 내에 위해물품이나 밀수품들을 은닉하여 반입할 수 있으므로 이를 검사하기 위한 용도로 사용한다.

[그림 3-30] 신체검사용

4. 檢索機

4.1 槪要

檢索機는 승객의 휴대품이나 위탁수하물 또는 항공화물들을 기기에 통과시켜 그 결과를 모니터에 영상으로 표시해 주는 장비로 승객의 생명과 안전을 위협하는 위험물품이나 위해물품들을 가방이나 화물의 속에 숨겨 기내로 반입하려는 경우 이를 직접 열어보지 않고도 보안검색요원들이 위험물품이나 위해물품들을 찾아낼 수 있게 도와주는 기기이다.

일반적으로 檢索機라 하면 X-ray 檢索機를 지칭하는데 최근에는 새로운 방식의 檢索機가 개발되고 있다.

X-ray 檢索機는 검색대상물에 X-ray 방사선을 주사하여 검색대상물의 내부를 영상이미지로 재현하여 모니터에 표시해 주는 장비로 보안검색요원이 숨겨져 있는 위해물품을 식별하는데 도움을 준다.

최근 세계 유수의 보안검색장비 제작사들은 X-ray 檢索機에서 식별해 내기 어려운 마약, 폭약, 화학적인 위해/위험물품 등 특정물질을 자동 탐지할 수 있는 중성자 및 밀리미터파에 의한 검색시스템을 개발하여 시판하고 있다

가) 檢索機 유형

1) X-ray 檢索機

X-ray 방식은 검색대상물에 전기적으로 발생시킨 X-ray 방사선을 방사하여 검색대상물을 관통하거나 반사/굴절된 X-ray 방사선을 검출기가 검출하여 검색대상물의 내부 또는 표면을 영상이미지로 재현하여 모니터에 표시해 주는 장비이다.

2) 中性子 檢索機

최근 세계 유수의 제작사들은 보안검색장비들이 마약, 폭약, 화학적인 위해/위험물품 등 특정물질을 자동 탐지할 수 있는 중성자에 의한 검색시스템을 개발하고 있다.

중성자를 이용한 검색기술은 미국 정부와 미국 ANCORE사가 공동기술

개발한 TNA(Thermal Neutron Analysis)와 PFNA(Pulsed Fast Neutron Analysis)가 있다.

3) 밀리미터파 檢索機

기존 금속탐지기로는 탐지하기 어려웠던 세라믹 제품, 플라스틱 폭발물질을 비롯해 약품, 총, 칼 등을 정확하게 찾아낼 수 있으며 전신을 스캔하는 데 수 초 정도밖에 걸리지 않으며 실시간으로 영상을 제공하여 보안검색의 효율성을 높이고 출입국 안전을 확보할 수 있다. 하지만 가슴 등 은밀한 신체 부위는 물론 각종 성형 보형물과 인공항문 등 시술 흔적까지 선명하게 드러나 사생활을 침해할 수 있다.

30GHz~300GHz대의 고주파를 이용한 밀리미터파 스캐너(millimeter wave scanner)는 밀리미터파의 특성을 가장 잘 나타내는 90GHz대를 이용한다. 대표적인 장비가 Smith Detection 사의 eqo 시스템이다.

4) 차량하부 檢索機

공항이나 국가중요시설 등에 출입하는 차량에 대하여 기존방식은 반사경을 이용하여 차량의 하부를 검색하였다. 이 방식은 반사경을 움직여 가면서 차량하부를 처음부터 끝까지 모두 검색해야하기 때문에 많은 시간이 소요되고 철저하게 확인하기가 힘들었다. 이러한 단점을 해결하기 위해 개발된 장비가 차량하부 檢索機이다. 이 檢索機는 차량의 하부를 스캐너로 스캔하듯이 촬영하여 이를 영상으로 구성하여 모니터에 보여준다. 뿐만아니라 의심나는 부분(구조가 변경되었거나 추가로 부착된 부분)이 있으면 자동으로 표시를 하여 준다.

4.2 엑스선 檢索機(X-ray Inspector)

X-ray 檢索機는 검색대상물(각종 수하물, 화물, 우편물 등)에 X-ray 방사선을 주사하여 검색대상물의 투시된 내부 이미지를 영상이미지로 재현하여 모니터에 표시해 주는 장비로 검색요원이 검색 대상물을 열어보지 않고서도 그 내용물이 무엇인지 눈으로 검색할 수 있도록 한 장비다. 이들은 무기나 위험

장치/폭발장치의 부품들을 적발해 낼 수 있다. X-ray 시스템의 폭발물 탐지 능력은 시스템마다 다르다.

검색요원은 X-ray 檢索機에 의해 검색 대상물 속의 내용물이 재현된 이미지를 통해 검색대상물 속에 ICAO(국제민간항공기구)가 지정한 위해물품(폭발물류, 총기류, 도검류, 마약류 등)이 숨겨져 있는지 여부를 판단한다.

X-ray 檢索機로 검색하는 대상물로는 항공기 탑승객이 소지하고 있는 휴대품, 항공권 발권시 항공사에 위탁한 위탁수하물, 항공화물 사업자에 위탁한 항공화물 및 국제우편물 등이 그 대상이 된다.

4.2.1 X-ray 檢索機 작동

가) 동작원칙

X-ray 檢索機는 대상물체의 구성요소에 대해 X-ray가 보이는 반응을 이용하여 대상물의 이미지를 만들어내고 이 이미지를 조작자가 관찰할 수 있도록 되어 있다. 이러한 광전자학적인 효과는 약 150KeV 정도의 낮은 에너지에서 가장 탁월한 효과를 내는 것으로 알려져 있고 현재 널리 보편화되어 있는 방법이다. 스크린에 의해 눈에 보이는 빛의 광자가 흡수되는 것과 마찬가지로 X-ray 광양자도 물체에 의해 흡수된다. Compton effect는 하중이 무거운 물체의 경우 몇백 KeV의 중간강도의 파워에서, 또 가벼운 물체의 경우 수십 KeV의 파워에서도 효과를 발휘한다. X-ray 광전자가 어떤 물체의 원자에 끼치는 영향으로 인해 새로운 저준위 광전자가 발생되고 이 광전자가 특정방향으로 흩어져 나간다. 이렇게 흩어져나가는 방향이 기존의 광전자의 방향과 반대일때 “backscattering(후방산란)"이라고 한다. 이러한 제 효과들 중 하나, 또는 이 모두를 혼합해서 이용함으로써, Single energy, Dual energy, Back-scattering (후방산란), X-ray coherent scatter radiation(X-Ray 응집산란방사) 등의 다양한 신기술이 개발되어 왔다.

몇몇 제조업자들은 two spectrum X-ray 에너지 흡수원칙에 근거하여 X-ray 장비를 개발해왔다. 이러한 원칙은 X-ray 조작자로 하여금 유기물질과 탄소에 기초한 물질(의류, 설탕, 플라스틱, 폭발물)을 구분할 수 있게 해준다. 이러한 구분은 물질의 구성성분에 따라 다른 색깔로 화상에 표시되는 방법으로 나타난다.

나) 작동

X-ray 감시는 통제콘솔에서 이루어진다. 통제콘솔에서는 조작자들이 대조(contrast), 고투시(penetration), 확대(zoom) 등 다양한 기법을 이용해 대상물체의 화상을 보다 정밀하게 분석할 수 있다. 조작자들은 가장 밝은 이미지(low grey-level layers)에서 가장 어두운 이미지(high grey-level layers)까지 다양하게 화상을 바꾸어 볼 수 있다. 화상을 어둡게 하는 것은 밀도가 높은 물체의 대조을 두드러지게 하고, 반면 화상을 밝게 하는 것은 물체를 보다 투명하게 보이게 한다.

"고투시" 기능은 최근에 시판되는 모든 X-ray 장비에 달려있는 기능이다. X-ray 에너지를 증가시켜 밀도가 높거나 두께가 두꺼운 물체를 뚫고 지나감으로써 어떤 숨겨진 물체가 있으면 이를 탐지해 낼 수 있다. "확대" 기능은 확대경과 비슷한 것으로써 물체를 확대해 볼 수 있다.

현재 시판되는 X-ray 장비들은 장비조작자나 검색되는 물체 즉 식료품, 의학품, 고속필름, 오디오/비디오 테이프, 하드 디스크 등에 전혀 무해하다. 장비외부에서 검출되는 방사능의 양은 0.25 milliREM /hour보다 낮으며, 터널 내부의 방사능 양도 극히 미미하므로 어떤 물체를 몇 번 연속 X-ray를 통과시켜도 아무런 모양의 변형이 없다.

4.2.2 구성 및 구조

가) 구성

X-ray 장비를 구성하기 위해서는 여러가지 기술과 관련부품들이 이용되고 있으나 다음과 같이 크게 5가지 부문으로 구성되어 있다. [그림 4-1]에서 보듯이 X-ray 발생부, 투시 화면부, X-ray 터널, 조작 패널, 컨베이어 벨트이다.

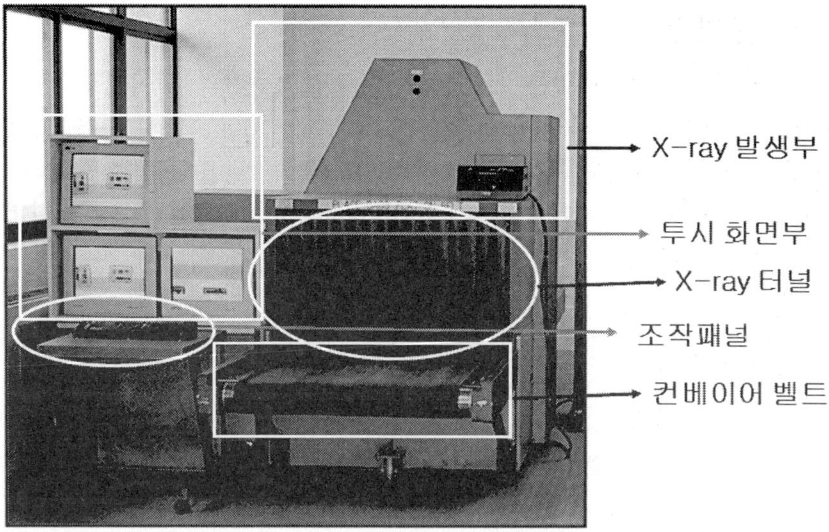

[그림 4-1] Linescan 105 X-ray 檢索機

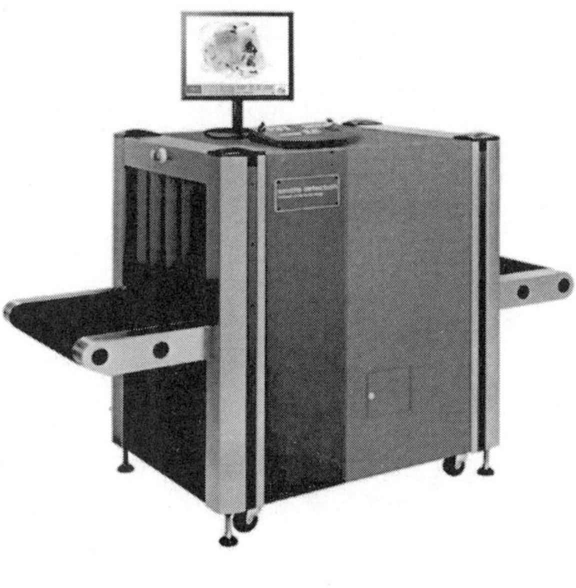

[그림 4-2] Hi-Scan 6040i X-ray 檢索機

1) X-ray 발생부

X-ray 발생장치가 있는 부분으로 X-ray 발생기와 제어기로 구분되며, X-ray 발생기는 방사선(일반적으로 140keV~160keV 사용)을 발생시켜 이를 물체의 영상화면 구성에 이용될 수 있는 정보를 생산하는 장치이며, 제어기는 이 X-ray 빔 발생을 제어하는 장치이다. [그림 4-1]에서 보이는 부분은 수직 X-ray 발생장치가 있는 곳이며, 수평 X-ray 발생장치는 사진상으로 투시 화면부 뒤쪽에 있는 곳에 있다.

2) 영상 처리부

이 부분은 여러 가지 전자제어 보드로 구성되어 검출기로부터 전달된 신호를 영상으로 변환해주는 부분과 변환된 영상을 실제 화면모니터로 표현해 주기 위한 부분으로 나누어지며, 최근에는 이 부분을 컴퓨터를 이용하여 처리하고 있다.

검색대상물에 X-ray가 투시된 후의 영상이미지가 표시되는 모니터 부분은 양방향 X-ray 檢索機(구형)의 모니터는 3개이고, 단방향 X-ray 檢索機(신형)의 모니터는 2개이다. 양방향 X-ray 檢索機의 왼쪽 2개는 수직 X-ray에서 투시된 영상으로 위쪽은 흑백으로 아래쪽은 칼라로 표시하며 오른쪽은 수평 X-ray에서 투시된 영상을 칼라나 흑백으로 표시한다. 단방향 X-ray 檢索機는 1개 모니터는 수직 투시 영상을 다른 1개는 수평 투시영상을 보여준다.

3) X-ray 터널

검색대상물이 통과하는 부분이다. 이 내부에 검색대상물이 투입되는 것을 감지하는 감지기와 X-ray 발생기에서 방사하여 검색대상물을 투시한 X-ray를 수신하는 X-ray 검출기가 있다. 이 L자형 검출기(Detector)는 듀얼 에너지 검출기로서 각각의 검출기 보드에는 고에너지와 저에너지의 검출기로 구성되며 포토다이오드를 통해 X-ray 신호를 변환하여 영상 표출을 가능하게 한다.

4) 조작패널

X-ray 檢索機를 통제하는 버튼들이 있어 이 버튼을 조작함으로써 檢索機의 동작을 통제하고 모니터에 표시되는 영상을 조정할 수 있다.

5) 컨베이어 벨트

컨베이어 장치는 검색대상물이 터널을 통과하도록 하기 위해 사용되며, 모터, 조정롤러, 가이드롤러, 벨트, 모터제어 보드로 구성되어 검사할 물품을 이송시키며 전진, 후진 및 정지가 가능하다.

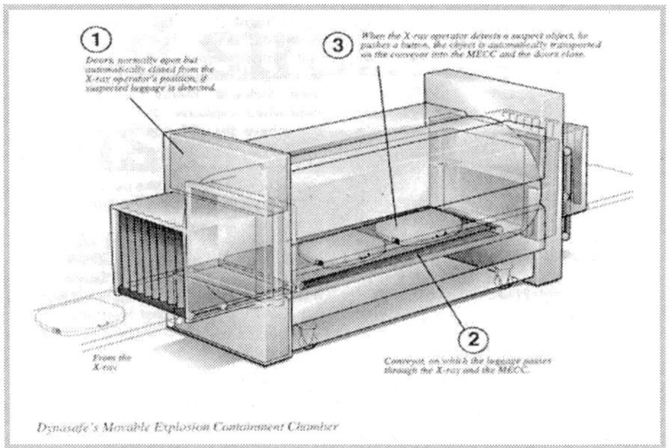

[그림 4-3] X-ray 檢索機 내부

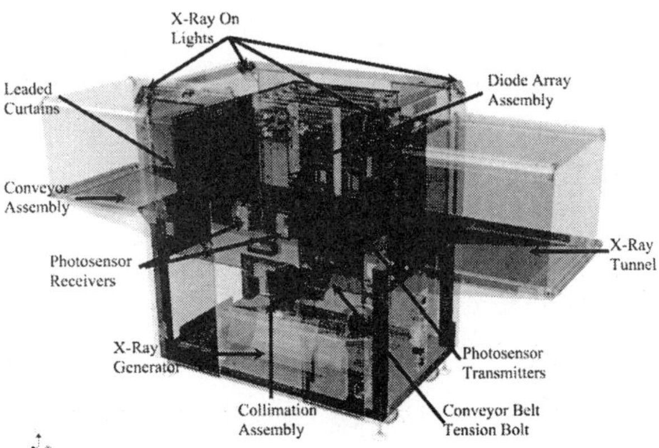

[그림 4-4] X-ray 檢索機 내부 세부구조

나) 구조

X-ray 檢索機의 개념적인 내부 구조는 [그림 4-3]와 같다. 이 X-ray 檢索機의 세부적인 기기들의 구성들은 [그림 4-4]에서 보듯이 X-ray Generator, Photosensor Transmitters, Photosensor Receivers, X-ray Tunnel, Conveyor Assembly, Diode Array Assembly, 각종 보드 등이 있다.

다) 작동

이동하는 수화물에 X-ray를 발생시켜 주사함으로써 맞은편의 감지기에서 X-ray 빔을 흡수하여 영상으로 나타내어 주는 시스템으로 설계 제작되었다. X-ray 검색장비의 일반적인 검색작동절차는 [그림 4-5]과 같다.

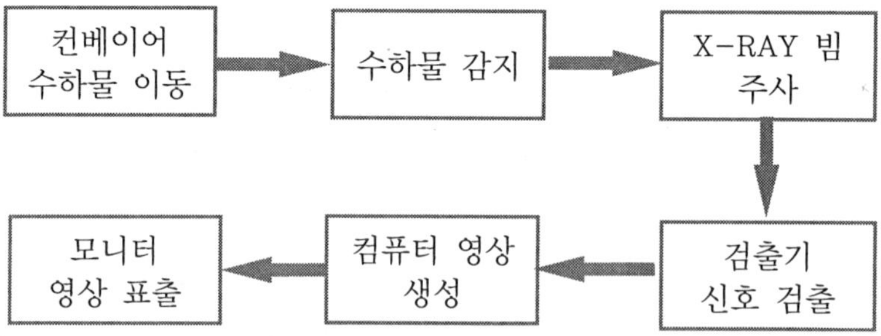

[그림 4-5] X-ray 檢索機 내 작동절차

즉 컨베이어를 이용하여 이동하는 물체를 터널의 입구에 있는 수하물 감지 센서가 이를 감지하면 X-ray 방사선이 주사되며, 이 방사선이 물체에 투과 및 산란된 신호를 검출기에서 검출하여 검출된 신호를 분석하고 이를 영상이미지로 생성하여 판독자 화면에 표출시킨다.

4.2.3 X-ray 장비 성능과 안전기준 및 점검

가) X-ray 장비 성능

2003년 4월 2일에 항공안전본부(현 국토교통부 항공정책실)에서 고시 제 2003-5호로 발표한 항공안전보안장비 종류, 성능 및 운영 기준에 따라

X-ray 검색 장비의 사양을 명시하였다.

X-ray 장비의 성능은 〈표 4-1〉, 〈표 4-2〉와 같다.

〈표 4-1〉 X-ray 장비의 성능기준

	부문	규격	비고
최소 기능	모니터크기	17인치 이상	
	모니터해상도	1024 X 1280 이상	
	영상 확대	2배~4배 이상	
	화면 저장/재생	최소 24시간 이상	
	유기물, 무기물 제거 기능	있음	
	영상표시색상	영상 4색 이상 물질(유기물-오렌지색,무기물-청색, 혼합물-녹색, 구분불가-흑색)	
	농도감멸기능	있음	
모니터 영상 표시	해상도	ASTM F792 기준 AWG24 (0.5mm) 이상 식별	
	영상표시	칼라/흑백 구분 유기물질, 무기물질, 혼합물질 구분 색상표시 동일물질 동일색상으로 표시	
가동율		24시간 연속작동, 성능유지	
X-ray 투시방향		단방향 또는 양방향(단, 사각지대 무발생)	
휴대물품 X-ray 검색장비		재검용이, 컨베이어방향 전후진 기능	
위탁수하물 X-ray 검색장비		BHS 연계성 고려	
투과력		ASTM F792 기준 최소 25mm 이상 강철 투시	
방사능 노출요건		외부누출량 0.5mR/시간 (5μSv/시간) 이하	
운영안전		잠금장치 (패스워드) 장착	
비상차단 장치		장비운영중 비상차단장치	

〈표 4-2〉 X-ray 장비의 일반적 성능

번호	구분	성능기준	일반적 장비 성능	비고
1	해상도	ICAO : AWG 25 FAA : AWG 24	통상 24 AWG 최대 35 AWG	
2	투과력	ICAO : 14mm FAA : 15mm	통상 15mm 최대 25mm	
3	X-ray 발생전압	-	통상 140kv 최대 160kv	
4	사용색상	4색(오렌지, 청색, 녹색, 흑색)	4색(오렌지, 청색, 녹색, 흑색)	
5	X-ray 방출량	0.1mR 이하	0.1mR 이하	
6	X-ray 누출량	0.1mR 이하	0.1mR 이하	
7	확대비율	2, 4, 8배	2, 4, 8, 16배	

나) X-ray 장비 안전기준

1) 건강 및 안전

- 캐비넷식 X-ray 시스템에 대한 장비와 방사선에 의한 건강기준(미연방 기준 21 CFR 1020.40)을 위한 미국 식품 및 의약품관리청을 포함한 모든 발행된 국제 기준을 이행한다.

2) 필름안전

- ISO 지정번호 ASA1600 고속 필름의 안전을 보장한다.

3) 작동기준

- 미연방항공국 기준인 X-ray 시스템의 사용(연방기준 14CFR 108.17 및 14 CFR 129.26)을 포함한 모든 발행된 국제 기준을 이행한다.

4) 한국 과학기술부 원자력법고시 기준 이행

- 외부누출량 0.5mR/시간 (5μSv/시간) 이하이어야 한다.

4.2.4 X-ray 檢索裝備 CTP(Combined Test Piece)

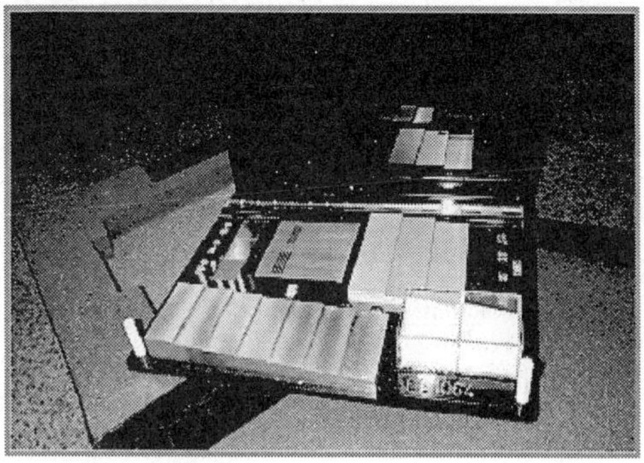

[그림 4-6] ICAO 표준 CTP kit

CTP 테스트는 테스트 1a, 테스트 1b, 테스트 2, 테스트 3, 테스트 4, 테스트 5로 구성된다. 그 중 테스트 3 및 테스트 5는 장비의 작동성능을 기록하는데 사용될 것이다.

가) 테스트 1a : 단일 선 분석

Step Wedge 단계에서 처리할 수 없는 33gauge 철선을 표시하여야 한다는 것이다.

이 테스트는 한 가닥의 가는 선 즉 33SWG(표준 와이어 게이지, 0.254㎜)를 표시할 수 있는 능력에 대한 테스트이다. 철선의 성분은 절연이 되지 않는 가는 구리선이어야 한다. X-Ray 장비 단일 철선 분석능력이 일반요구조건을 능가하는지를 증명하거나 장비의 성능이 시간이 지남에 따라 저하되는지를 테스트하기위해 25SWG(0.508㎜) 철선, 33SWG(0.254㎜), 36SWG(0.193㎜), 및 40SWG(0.122㎜)는 CTP내에 포함되어 있다. 철선은 S자의 곡선 형태이다.

나) 테스트 1b : 통과 허용범위

25SWG 철선이 제2단계 Wedge(5/16″)하에서 표시 되어야 한다.

이 테스트는 두꺼운 물체 뒤에 있을 때도 볼 수 있는지 검사하는 것이다. CTP는 두께가 여러 가지로 다른 알루미늄판 뒤에 서로 다른 철선 게이지를 내장하고 있다. 이것은 각 단계 다음에 철선들을 갖는 ASTM step wedge와 비슷하다.

다) 테스트 2 : 물질 구분

유기물과 무기물의 샘플에 대하여 서로 다른 색깔로 분류하는 것이다. 다중 에너지 X-ray로, 서로 다른 원자번호를 가진 물질들을 분류할 수 있다. 이것은 유기물과 무기물을 분류할 수 있음을 의미한다. CTP에 사용되는 다양한 물질뿐만 아니라 테스트 물품에 캡슐로 되어 포함된 설탕 및 소금 샘플에 대한 물질구분기능을 체크하는데 사용된다. 현 요건은 서로 다른 물질에 서로 다른 색깔을 할당하는 것이다. 이 테스트는 이런 기능을 갖춘 장비에 한정된다. 체크 표시는 두 개의 샘플이 서로 다른 칼라로 보여지고 있음을 의미한다.

라) 테스트 3 : 샘플 투과

14㎜ 강판 밑에 있는 납을 볼 수 있어야 한다. 이 테스트 목적은 X-ray 장비가 어느 정도의 강철 두께까지 통과할 수 있느냐 하는 것을 알아보기 위한 것이다. CTP에 강철 step wedge는 12㎜의 깊이부터 단계당 2㎜씩 증가하고 24㎜까지 있다. 납띠는 장비의 성능 점검을 위해 wedge의 길이방향으로 들어간다. 체크표시는 납띠가 보이는 것을 의미 한다.

마) 테스트 4 : 근접 해상도

수직 및 수평 격자가 볼 수 있어야 한다. 이 테스트는 서로 아주 가까이 있는 물체를 표시하고 구별하는 시스템의 성능을 테스트하는 것이다. CTP내 서로 직각을 이루는 16개의 구리막대 격자를 사용하여 해당 성능을 시험한다. 기록부상의 체크표시는 격자 내에서 틈이 보인다는 것을 의미한다.

바) 테스트 5 : 가는 금속 형상화

0.1㎜강철 두께를 이미지로 표시하는 것이다. 이 테스트는 가는 강판을 이미지로 만들 수 있는지 여부를 테스트하는 것이다.

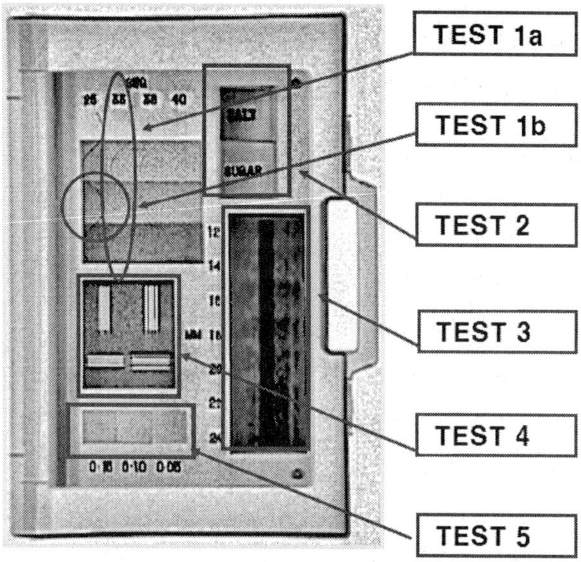

[그림 4-7] 투과된 CTP kit 영상

4.2.5 X-ray CTP를 이용한 日常點檢 節次

X-ray 검색장비의 일상점검에 대한 세부사항을 기술하고 있으며, CTP 검사에 대한 내용을 설명하고 있다. CTP는 국가 민간항공보안 프로그램을 지원하기 위해 사용되는 X-ray 장비에 대한 성능요구사항들을 충족시키고 유지될 수 있도록 하기 위해 제작되었다.

가) CTP 설명

CTP는 장비운영자가 수하물 X-ray 시스템이 민간항공보안 정책과 감독기관의 요구사항을 충족시키고 있는지의 여부를 확인 할 수 있도록 지원한다. CTP의 정기적인 사용은 이런 성능이 제대로 유지되도록 하는데 도움을 준다. X-ray 장비 제작사는 장비의 개발기간동안 CTP의 도움을 받았다.

CTP는 유기물과 무기물 샘플들을 포함하였으며 A4용지보다 작은 선명한 플라스틱 종이가 포함되어져 있어 분석 및 관통시험을 할 수 있다. CTP 사진이 [그림 4-6]에 나타나 있다.

CTP는 CTP 시험요건과 관찰된 내용을 기록하기 위해 사용되는 CTP 기록부에 의거 사용되어져야 한다. X-ray 장비 성능저하는 이전의 결과와 비교하여 보면 선명하게 나타나게 된다.

나) 사용 방법

CTP는 만족할 만한 영상이 나오는지 그리고 장비가 정상적으로 동작하고 있음을 증명하기 위해 신속한 일상점검을 수행하는데 사용된다.

비록 테스트 항목에 대한 상세한 관찰내용을 기록할 필요가 없다고 해도 시험결과는 기록 유지하여야 한다. 그러나 CTP 장비 사용에 대한 상세한 보고서를 매주 작성하여야 한다. 여기에는 X-ray 이미지상에 운영자들이 본 것들을 기록부에 기록하는 것을 포함한다. CTP 상의 전형적인 X-ray 이미지가 [그림 4-7]에 나타나 있다.

CTP를 사용하고 시험내용을 기록할 필요가 있는 직원들은 적절한 교육을 받아야 한다. X-ray 장비 성능 시험은 보안관리자 또는 운영자들에 대한 정기적인 기초 및 신규 교육에 포함이 되어져야 한다.

장비가 정상적으로 동작하고 있는지 확인하기 위해 CTP는 최소한 하루 한번 X-ray 장비를 작동시키고 난 후 또는 검색에 사용되기 전에 벨트 위에 올려놓고 기계 속으로 통과시켜서 한다. 이미지가 만족스럽게 나오면 장비는 사용 가능한 상태인 것이다.

주간 점검실시 중 CTP 영상은 X-ray 장비상에서 사용 가능한 이미지 향상장치를 이용하여 보게 될 것이며 운영자의 판단에 따라 여러 번 장비를 통과하게 될 것이다. 기록부는 운영자가 사용된 이미지 향상장치와 나타난 이미지를 신속히 기록할 수 있도록 도와준다. 이러한 시험 장비를 보기 위하여 흑백 또는 컬러디스플레이가 사용될 수 있다.

CTP를 놓는 최적의 위치는 X-ray 발생기 및 탐지기의 배열에 따라 달라진다. X-ray 장비운영자들은 항상 CTP 영상뿐만 아니라 검색 물체에 대한 최상의 X-ray 이미지를 얻기 위한 최적의 위치를 알고 있어야 한다. 이 목적은 가능한 한 최상의 이미지를 얻기 위한 것이다. CTP을 어떤 장소에 놓아야 할지 잘 모른다면 장비 유지보수 기술자나 제작사에 문의하여야 한다. 일부 장비에서 장비를 통과할 때X-ray 빔이 작동하여 이미지를 얻기 위하여 CTP의 뚜껑을 오려야 하는 경우가 있다.

다) 시험 결과

흑백과 컬러 이미지에 대한 해당 장비 시험시 가장 잘 된 결과가 기록 되어야 한다. CTP의 최적의 위치 또한 기록 되어야 한다.

감독자는 일일 점검된 사항을 기록부에 기록하여야 한다. 주간 점검결과는 점검표에 체크하여 기록하며 날짜, 시간, 장비형태, 시리얼번호, 세팅내용, 감독자를 포함하여야 한다. 각 점검에 대한 의견도 기록되어야 한다. 필요하다고 판단될 경우 점검결과에 대한 세부사항이 더 자주 기록되어져야 한다.

시험대상 X-ray장비는 CTP의 모든 요건들을 충족시켜야 한다. 비디오 모니터, 비디오 신호 혹은 X-ray 장비 고장으로 인해 모든 시험을 통과하지 못하였거나 일부를 통과하지 못하였을 경우가 발생 할 수 있다.

모니터 수리 후에도 결과가 만족스럽게 나오지 않는 다면 기술자를 불러야 한다. 만약 감독자가 장비의 성능에 만족감을 느끼지 못 할 경우 장비의 사용이 중단되어야 한다. 이런 사항들은 기록부에 기록되어야 한다.

이전의 점검과 비교하여 장비의 성능이 더 나빠졌다거나 장비필요 요건들이 충족되고 있지 않다고 생각되면 기술자를 불러야 한다. 이런 사항들은 성능 향상을 위해 취해야 할 조치들과 함께 기록부에 기록하여야한다. 만약 감독자가 장비의 성능에 만족할 경우에는 장비사용이 가능 할 수 있다.

장비운영자는 기록을 최종 기록 후에 최소 2년간 유지하여야 한다. 제작자 혹은 유지보수 기술자는 이런 기록들을 좀 더 오래 유지하기를 원할 수도 있다. 이런 기록들은 민간항공 보안당국 및 관련기관에서 요구할 수 있다.

라) CTP 요건을 충족시키는 장비

X-ray 장비 제작자들은 CTP를 제공하여야 한다. 운영자들은 필요로 하는 CTP의 수를 결정해야 하고 제작사와 협의 하여야 한다. X-ray 장비 구매

시 CTP 옵션을 구매하여야 한다. 테스트장비는 공급자 코드 및 시리얼 번호가 표시되어져 있어야 한다.

구매전 장비공급자에 특정장비 요건을 충족하고 있다는 사항을 증명하는 문서를 제출하도록 요청 되어져야 한다. 장비인수는 장비 설치시 각종 요구조건을 충족하는지의 여부에 달려 있다.

대형렌즈가 장착된 일부 모델은 소형렌즈 구경이 장착된 기계들보다 낮은 품질의 화면이미지가 생성 될 수 있다. 벨트 속도의 증가 또한 X-ray 화면의 질을 저하 시킬 수 있다. 장비는 가능한 한 최상의 이미지를 얻기 위해 검색받은 수화물 및 화물의 형태에 맞는 가장 작은 렌즈 구경을 갖는 장비를 구매해야 한다. 검색율을 높이기 위해 벨트 속도를 증가시 이에 대한 결과에 대하여 고려해야 한다.

이런 일상적인 점검은 자동으로 폭발물 장치의 부품이나 폭발물질을 탐지할 수 있는 X-ray 장비에 사용하기 위한 것은 아니다. 이런 장비 구매 고려 시 해당 장비가 관계기관의 요구사항들을 충족시키는지 그리고 어떻게 사용되어야 하는지 관련하여 민간항공 보안당국 및 관련기관에 자문을 요청해야 한다.

마) X-ray 검색장비 성능 요건(예)

구 X-ray 장비는 수검색과 더불어 국가민간항공 보안프로그램을 지원하기 위해 승객, 휴대 수화물, 위탁수화물 및 화물에 대한 검색에 사용되고 있다. X-ray 기술을 이용한 장비는 가까운 미래에 검색장비의 기본으로 자리잡을 것이다.

X-ray 장비를 이용한 폭발물탐지의 어려움과 향후 있을 수 있는 비금속 총기류에 대한 탐지의 어려움 때문에 X-ray 장비의 개선이 필요하다.

1) 탐지 요건

X-ray 검색장비는 금속 및 비금속 물체의 탐지에 사용할 수 있도록 하여야 한다. 이런 물체들은 수화물에 은닉되어 항공기에 탑재되거나 기내로 반입될 수 있다. 탐지해야 할 물품은 다음과 같다.

① 금속 및 비금속 총기류

② 총기류 부품
③ 모든 구경의 총알
④ 소형 칼, 큰 봉, 큰칼
⑤ 군용 및 상업용 폭발물
⑥ 기폭제 및 시한장치
⑦ 전기 및 전자물품
⑧ 전원

2) 성능요건

X-ray 장비 성능은 CTP를 이용하여 측정하여야 한다. 이런 테스트를 통하여 영상의 품질에 관련한 민간항공 보안당국 및 관련기관들이 요구하는 사항들을 충족시키는 지의 여부를 결정할 수 있다.

3) 표시 요건

대부분의 현대 장비들은 다음 기능들을 갖고 있다.

① **탐지기 위치**

검색대상 물체의 상단과 옆면이 나타낼 수 있도록 탐지기가 위치해야 한다. 이런 배열을 일반적으로 접힌 배열이라 한다.

② **흑백 이미지 표시**

물체들은 다른 회색의 그림자를 다르게 하여 구별한다. 이런 그림자들은 목표물체를 관통하는 X-ray 양의 변화에 의해 생기게 된다. 이미지를 역상으로 볼 수 있어야 한다. 민간 항공보안당국 및 관련기관은 흑백 이미지로만 표시되는 모든 장비들은 국가민간항공 보안프로그램에서 요구하는 요건들을 충족시키지 못한다고 간주한다.

③ **칼라 이미지 표시**

다중 에너지 파장의 X-ray 사용 시 서로 다른 칼라들을 금속 재질과 유기물질 표시에 사용되어야 한다. 또한 제3의 색깔을 이용하여 관통할 수 없는 물체를 표시하여야 한다. 다음과 같은 칼라 들이 사용 될 수 있다. (오렌지) : 원자번호가 낮은 물질(예; 유기물질), (청색) : 금속,

(검은색) : X-ray가 관통할 수 없는 지역. 이런 이미지 형성 방법으로 폭발물과 같은 고농도의 유기 물질을 찾아내는 것이 가능하다. (이러한 색깔은 하나의 예로써 제시한 것이며, 상업적으로 사용되고 있는 장비에 이러한 색깔이 사용되고 있다.

④ **유기물질 칼라표시**

유기물질만을 단일 색상으로 표시할 수 있어야 한다. 이런 단순화된 이미지는 폭발물을 보다 쉽게 탐지할 수 있게 한다.

⑤ **이미지 확대**

운영자는 이미지의 일부분을 선택하여 확대할 수 있어야 한다.
완성된 이미지 내에서 최소한 9군데의 확대가능 영역이 존재해야한다.

⑥ **명암 식별**

사람의 눈은 밝기 변화에 있어 12가지 이상을 구별 할 수 없지만 컴퓨터는 이런 한계가 없다. X-ray 검색이미지는 최소 256개의 밝기를 구분 표시하여야 한다. 이런 256개 밝기는 그림자의 전 영역에 대하여 인접영역의 그림자들이 한 그룹이 연결되어 차례로 연결 표시될 수 있다. 분류되어진 그룹들은 시각적으로 구별이 가능하도록 하여야 한다. 이런 방식으로 보다 상세한 화면표시가 가능하다.

⑦ **모서리 향상**

물체의 이미지 중 모서리 부분을 조정하여 화면상에서 물체가 좀 더 잘 보이도록 한다.

⑧ **표시시간**

모든 검색 물품은 5초 이상 표시 되어야 한다. 이미지가 burn-in되는 것을 방지하기 위하여 사용하지 않을 경우, 마지막 가방 이미지가 제거되거나 화면보호기가 사용되어져야 한다.

⑨ **운영자 확인**

표시된 이미지가 운영자 고유 식별번호, 날짜 및 시간을 표시하는 것이 가능해야 한다.

⑩ **자동탐지**

자동으로 폭발물질이나 폭발물 구성요소를 탐지할 수 있는 X-ray 장비가 있다. 그런 장비들은 완전 자동 모드로 작성될 경우 이미지를 제공할 필요가 없다. 만약 이런 장비들이 운영자가 표시된 이미지를 보고 결정을 내려야 하는 방법(지시모드)으로 사용된다면, 이런 이미지들은 현재의 X-ray 장비와 동일한 기준을 적용 받아야 한다. 이런 장비를 사용하고자 하는 운영자는 민간항공 보안당국 및 관련기관 함께 적용을 위한 협의를 해야 한다.

4.2.6 X-ray 檢索機 類型

X-ray에서 제공하는 영상화면은 판독자가 그 영상을 이용하여 검색하고자 하는 수하물의 내용을 파악할 수 있는 정보를 제공하는 장치임을 주지하여야 한다. 대부분의 장비들은 크기에 상관없이 line-scan 원리에 의해 이미지가 생성되며 검색할 물품이 X-ray 터널 속을 통과할 때, 센서가 X-ray 발생장치를 작동시키면 부채꼴 모양으로 X-ray 빔을 방사시켜 감지장치에서 이를 감지하게 된다. X-ray 컨베이어는 일정한 속도(예.0.2m/sec)로 움직이며 X-ray 빔을 통과하는 물체의 각 부분에 대한 영상이미지가 모니터에 표시된다. 지금까지 사용해 왔던 단일에너지 전송방식은 자동으로 폭발물을 탐지하기 위한 충분한 정보를 제공하지 못하여 다음과 같은 기법들이 등장하게 되었다. 이중 에너지, 이중 축, 후방산란(Back Scatter)은 물체의 부피흡수 계수 및 원자번호를 파악할 수 있으며, 컴퓨터 단층촬영기법(CT)은 물체의 부피흡수계수 및 밀도를 계산하는데 필요한 정보를 얻을 수 있다.

보안검색장비 제작사들은 X-ray 檢索機를 앞에서 언급한 다양한 기술들을 사용하여 여러 가지 형태로 개발하였다. 그 중 기술적인 유형에 따라 X-ray 檢索機를 구분해 보면 E-SCAN, 형광투시경, 이중에너지(Dual Energy X-ray) 원리 (AUTO SCAN), 후방산란(Backscatter X-ray), CT, 3D, 기타 등으로 구분할 수 있다.

가) E-SCAN 방식

기본방식으로 검색 대상물에 X-ray 발생기가 X-ray를 방사하여 위 또는 아래에서 투시된 영상을 모니터에 영상이미지로 재현하여 표시해 주는 방식이다. 또한 2개 이상의 X-ray 발생기를 사용하는 경우에는 검색대상물의 측면이 투시된 영상을 모니터에 영상이미지로 재현하여 표시해 주기도 한다.

나) 형광투시경

이 기법은 주로 소형화물(예. 우편물, 소형 소포 등)의 검색 및 폭발물 탐지용으로 간단한 X-ray 장비를 제작하는데 이용된다. 이 방법을 이용하여 생산하는 장비들은 그 무게가 6파운드 정도로 가벼워 사진을 찍을 수 있는 휴대용 장비와 실시간으로 검색이 가능한 데스크탑 장비가 있으며, 검색시간은 수 분정도가 소요된다.

검색 원리는 원뿔모양의 방사패턴을 검색물체에 방사하여 그 흡수정도를 가지고 물체의 형태를 표시한다. 즉 금속과 같은 물체는 다른 물체보다 X-Ray 흡수율이 높아 빛을 덜 발산하게 된다.

다) 이중에너지(Dual Energy X-ray) 원리 (AUTO SCAN)

Z-SCAN 방식으로 많이 불리는데 E-SCAN 방식보다 한 단계 발전된 방식이다. 이 탐지기술은 일반 X-ray(또는 단일 에너지 장비)를 변형시킨 것으로 장점은 저에너지 X-ray 감소부분을 고에너지 X-ray와 비교함으로서 물질을 구별하는 것이다.

낮은 Z값(유효 핵 전하; an effective atomic number) 물질에 대한 이중에너지 신호를 얻는데 2가지 방법을 이용하는데, 첫 번째는 표준 X-ray 튜브에서 발산하는 빔은 넓은 스펙트럼을 가지고 있다. 필터가 빔내의 낮은 에너지 파장들을 제거하여, 결과적으로 필터링되지 않는 빔보다 높은 에너지를 갖는 빔이 나오게 된다. 검색대상 물품을 넓은 스펙트럼 에너지에 노출시킨 후, 해당물품의 선형의 형태를 판독하고, 두 번째 필터링된 선형 형태를 판독함으로서 이중에너지 정보를 얻을 수 있다. 이 방법의 주요 장점은 에너지 분리가 상대적으로 적다는 것이다.

두 번째 방법은 이중에너지를 제공하기 위하여 두 개의 X-ray 튜브전압을 사용한다. 이런 방법으로 가능한 많은 에너지 분리를 얻을 수 있다. 고압이 150keV 저압은 75keV를 이용하며, 저밀도 폭발물과 플라스틱 무기들의 이미지화 하는데 사용된다.

이미지 생성과정을 저압 및 고압 에너지에서 각각의 이미지가 생성되고, 이 이미지를 판독용 워크스테이션에 제공하면, 컴퓨터가 두 영상화면을 맵핑하여 하나의 이미지 영상을 생성하여 판독자의 영상화면에 나타나게 한다.

이러한 장비들은 어느 정도의 폭발물과 기타물질을 구분하여, 여러 시각적인 기법을 이용하여 판독자에게 정보를 제공한다. 특히 이러한 장비들은 공항의 위탁수하물을 검색하는데 유용하며, 주로 자동으로 운용된다. 폭발물과 유사한 물품탐지시 자동으로 경로를 변경시켜 판독자가 검색할 수 있도록 하며, 판독영상이미지에 폭발물일 가능성이 높은 물질에 별도로 표시 한다. 즉, 영상이미지를 표시할 때 위해물품이나 위험물품으로 의심되는 물품이 있는 위치를 타원이나 사각형으로 표시해 준다.

현재 이중에너지 원리 방식을 이용하여 장비를 생산하는 제작사는 미국 L3 Communication사의 VIS-108, MVT, MVT-HR, 독일 Smiths Heimann사의 Hiscan-10080EDS, Hiscan-10065EDS, Hiscan10080EDS-2is, Hiscan10080-EDX가 있으며, 중국 Fiscan사의 EDS-T10065, EDS-T10080 등이다.

[그림 4-8]은 EDS가 만들에 내는 영상이미지 사진들이다.

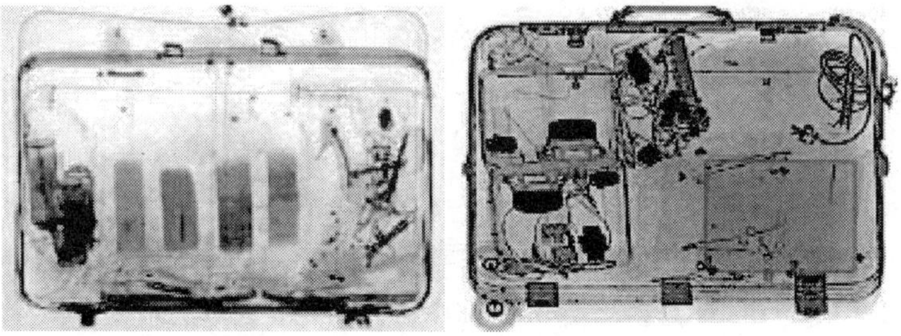

(a) (b)

[그림 4-8] 이중에너지 영상화면

[그림 4-8]의 (a)는 ICAO에서 나타내고 있는 이중에너지 원리를 이용한 사진으로 적색에 가까운 색상을 가진 물질일수록 폭발물에 가까운 물질을

의미하며, 그림(b)은 현재 한국공항공사에서 도입한 EDS 장비의 영상화면으로 폭발물로 의심되는 물질에 적색 마킹을 실시한다.

현재 생산되고 있는 장비의 대부분은 그림(b)의 방식을 채택하고 있으며, 폭발물 이외에 물질(예: 마약 등)은 별도의 색상(예: 녹색)으로 표기하고 있다.

이들의 오경보율은 일반적으로 50%이하를 기준으로 하고 있다.

라) 후방산란(Backscatter X-ray)

이 방법은 Z값이 작은 물질이 Z값이 큰 물질보다 방사선 산란을 많이 일으키는 원리를 이용하는 것으로 이 특징을 이용하면 판독자의 모니터 화면에 플라스틱 무기, 폭발물, 유기물처럼 일반 X-ray 화면에 흐리게 나오는 영상들은 후방산란 X-ray를 이용하는 이미지 영상에서 밝은 흰색으로 보이며 별도로 모니터에 표시된다.

기존 X-ray이미지와 시각적으로 비교하여 보면 간섭이 없으며, Z값이 적은 물질이 더 잘 보인다.

단일 빔 후방산란 이미지의 단점으로는 밀도가 아주 높은 물체가 있는 경우 탐지가 제한될 수 있는데 이는 밀도가 높은 물질 뒤에 있는 Z값이 낮은 물질이 있는 경우 보이지 않을 수 있다는 것이다. 이러한 상황을 대처하기 위해 이중 빔 후방 산란방식을 이용하는데 이러한 장비는 두 개의 단일 후방산란장치가 서로 마주보고 있어 물품을 양 쪽에서 동시에 검색할 수 있다. 위험물 자동경보기능은 선택사항으로 낮은 Z값을 가진 물체의 부분을 표시할 수 있다.

이 기법은 주로 대형 화물컨테이너 檢索機에 주로 이용되고 있으며, 공항에서 운영이 가능한 장비는 미국 Invision(현재 미국 GE : General Electronic 회사 합병)사에서 생산하고 있는 Xylon300과 3500, 미국의 AS&E에서 생산하고 있는 6Zplus, 101GT, 101Z, 101ZZ101Xl 등이 있다.

[그림 4-9]는 후방산란 방식을 이용한 영상화면(왼쪽)과 일반영상화면(오른쪽)의 이미지를 비교한 사진이다.

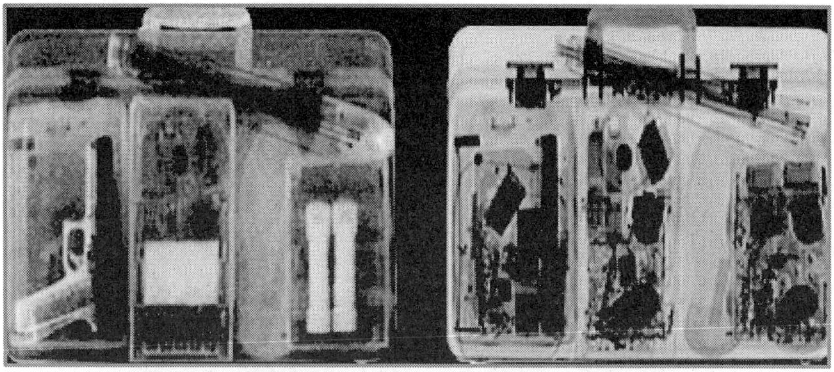

(a) 후방산란방식 (b) 관통방식

[그림 4-9] X-ray 이미지영상

[그림 4-9]에서 보는 바와 같이 후방산란을 이용한 방식이 일반 X-ray 화면에 비해서 훨씬 물품의 형태를 알아보기가 편리함을 알 수 있다. 또한 이미지 영상부분에서 Z값이 낮은 물질이 흰색으로 표기되어 판독하기에 용이하게 표시되어지고 있음을 볼 수 있다.

이 방식은 주로 검색단계 중 3단계에서 이루어지는데 대표적인 이유는 낮은 검색률이다. 이 방식을 이용하고 있는 제작사들은 일반적으로 표기하는 화물검색처리속도가 약60개/시간 정도이다. 이는 일반 X-ray의 1/20정도이며, 검색률이 비교적 낮은 CT급 장비의 1/10정도이다.

또한 이 방식을 이용해 제작된 全身檢索機가 [그림 4-10]이다. 全身檢索機는 탑승객 또는 출입자가 인체에 은닉 휴대한 총기, 폭약 및 마약 등을 金屬探知機를 이용하지 않고 X-ray 檢索機처럼 신체를 검색하여 영상으로 볼 수 있게 개발된 장비들이다. 이 장비는 관통방식과 산란방식이 있는데 관통방식은 의료용 X-ray 사진과 같은 원리로 X-ray 빔을 승객의 신체에 투과시켜 영상으로 얻는 방식이고 산란방식은 X-ray 빔을 방사하여 승객의 신체에서 반사되어 오는 것으로 영상을 얻는 방식이다. 이 방식으로 얻어지는 영상들은 승객의 신체 특히 전신에 대한 영상으로 중요 부위가 그대로 보일 수 있다.

이 장비들은 최근에 개발된 기기로 업무의 효율성을 증가 시킬 수 있지만 가격이 매우 고가이다. 9.11 테러 이후 매우 공격적이고 강화된 검색기로 일부 국가에서 설치 및 시범 운영하고는 있지만 승객 및 인권 단체로부터 개인 프라이버시 침해 문제가 제기되고 있다.

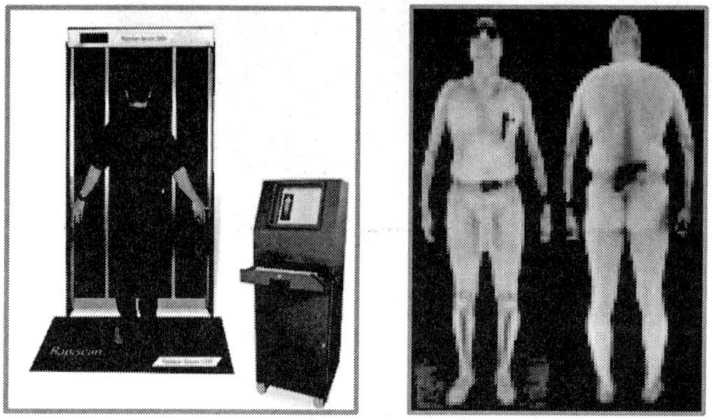

[그림 4-10] 후방산란방식의 전신검색기 및 영상

마) 컴퓨터 단층촬영기법(CT : Computed Tomography)

컴퓨터 단층촬영기법은 물체의 횡단면을 보여주는 기술이다. 터널 속을 통과한 물체의 영상을 일반 영상화면으로 보여줌과 동시에 직선(3차원) 횡단면 영상을 컴퓨터가 처리한다. 이러한 정보를 얻기 위해서는 X-ray 빔은 반드시 검색물체를 관통하여야 한다.

이 기술을 사용한 장비는 EDS(Explosives Detection System) 장비로 CT(Computed Tomography) 기술을 바탕으로 폭발물류를 탐지하는 폭약자동탐지 檢索機로 X-ray 투시 및 폭발물 탐지를 겸해서 할 수 있다. 이 방식을 이용한 검색기는 공항의 위탁수하물 EDS(폭발물 검색) 3단계용으로써 폭발물 검색 전용으로 사용되고 있다.

[그림 4-11]는 이미지 영상을 얻기 위한 원리와 이미지 생성과정을 도식화 한 것이다. [그림 4-11]에서 보는바와 같이 이 기법은 물체를 중심으로 타원형을 그리며 검색을 실시하므로 미탐지 부분이 존재하지 않으며, 1도씩 투과하여 얻은 영상을 컴퓨터가 처리하여 전체 이미지를 생성한다. 이미지 재구성 시간은 보통 1분미만이 소요된다.

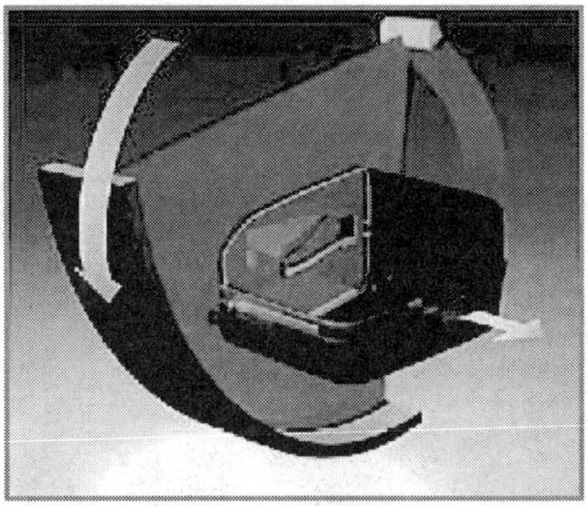

[그림 4-11] CT 이미지 생성방법

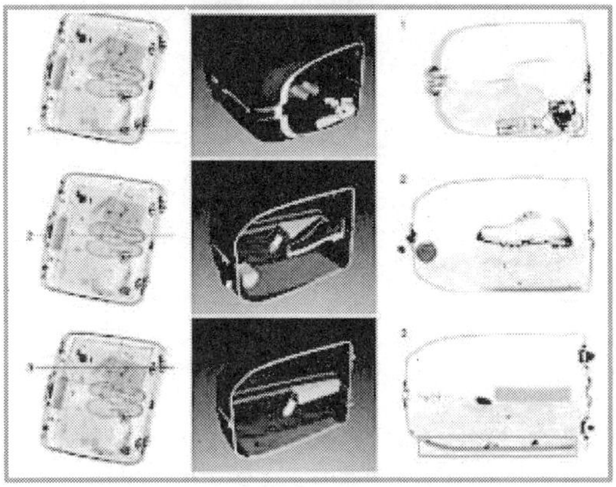

[그림 4-12] CT촬영기법의 단면도

[그림 4-12]은 일반영상 이미지를 실제 검색물체와 비교하여 3등분한 그림을 단층 촬영기법으로 표시한 것이다. 왼쪽은 일반화면이고, 중앙은 실제 검색물체의 단층 단면, 오른쪽은 CT이미지 화면이 표시되는 단면도이다. 오른쪽 하단에 의심되는 물체를 적색으로 표시됨을 알 수 있다.

CT기술의 가장 큰 장점은 일반 물질과 검색하고자 하는 물질의 구분이 가능한데, 이는 검색대상이 되는 물체로부터 직접 X-ray 전달 측정계수 및 흡수계수를 얻을 수 있다는 것이다. 일반적으로 CT급 X-ray는 공간 해상도면에서는 일반 X-ray보다는 다소 미흡하지만 밀도 해상도는 훨씬 뛰어나다.

이 기술을 적용한 장비의 가격은 상당히 고가이지만 단위시간당 처리하는 검색속도가 떨어지고, X-ray 사용량이 너무 과다하다는 문제를 안고 있다.

그러나 9. 11 테러 이후 전 세계적으로 매우 강화된 검색장비로 수요가 급증하고 있다.

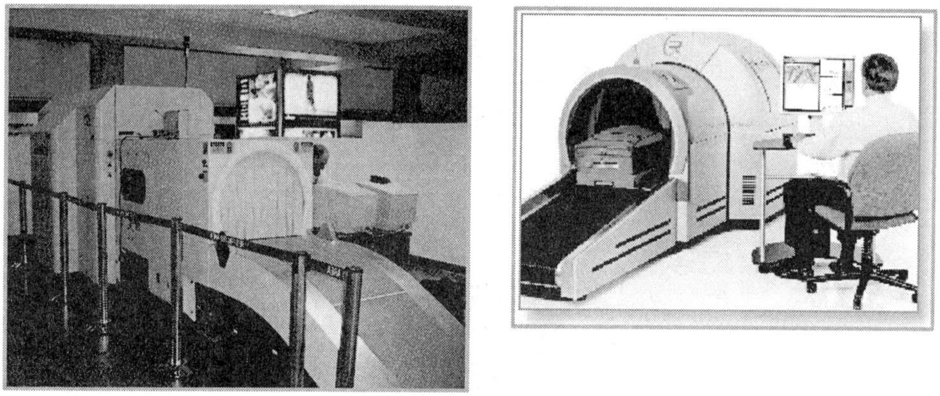

[그림 4-13] CT 방식

바) 3D 방식

제작사에서 단방향 검색기의 단점을 보완하기 위하여 여러 각도에서 영상을 볼 수 있도록 제작하였다.

검색물품을 360° 회전시키며 매 10° 회전시 마다 영상을 추가로 생성할 수 있다는 장점이 있으나 검색시간이 많이 소요된다는 단점이 있다.

이 방식은 검색시간이 많이 소요되므로 검색물품이 많지 않은 곳에서 정밀 검사용으로 사용하는 것이 바람직하다.

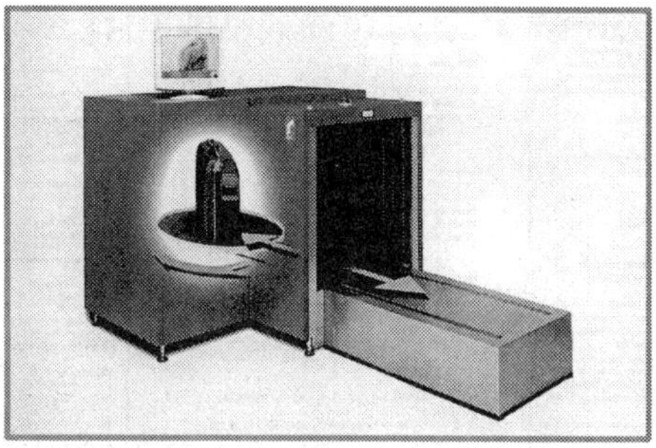

[그림 4-14] 3D 방식

4.2.7 X-Ray 映像處理

가) 영상이미지 생성 형태

[그림 4-15]에서 가방이 컨베이어 벨트 위에 놓인 후 이동하다가 Detector Line을 통과할 시 X-ray 발생기에서 방사된 X-ray 빔이 가방을 관통하여 맞은편 'L'자 타입의 검출기(Detector)에 도달하면 실시간으로 검출된 X-ray 빔은 영상이미지로 변환되어 모니터에 표시된다.

나) X-ray 작동원리

X-ray 檢索機에 올려진 검색대상물품은 컨베이어 벨트의 작동으로 터널 내로 투입된다. 터널 내부에 위치한 센서(송·수신)에 의해서 검색대상물품이 감지되며, 감지된 신호에 의해 메인 컨트롤 보드에서 X-ray 발생기로 하여금 X-ray 빔을 발생하도록 지시한다. 이때 방출된 빔은 검색대상물품이 통과할 때 수화물의 물질구성에 의해 고 밀도의 물질은 X-ray 빔을 차단하고, 저 밀도의 물질은 X-ray 빔을 통과한다.

통과된 X-ray 빔은 반대편에 위치한 'L'자 타입의 검출기(Detector)의 감지소자에 검출되어진 수화물의 신호는 X-ray 빔의 밝기에 따라

아날로그 신호로 입력되어 증폭되고 디지털 변환기에 의하여 디지털신호로 변환된다. 변환된 디지털신호는 檢索機 내부에 장착된 컴퓨터 시스템에 의하여 영상 이미지로 생성되어 모니터로 보내진다.

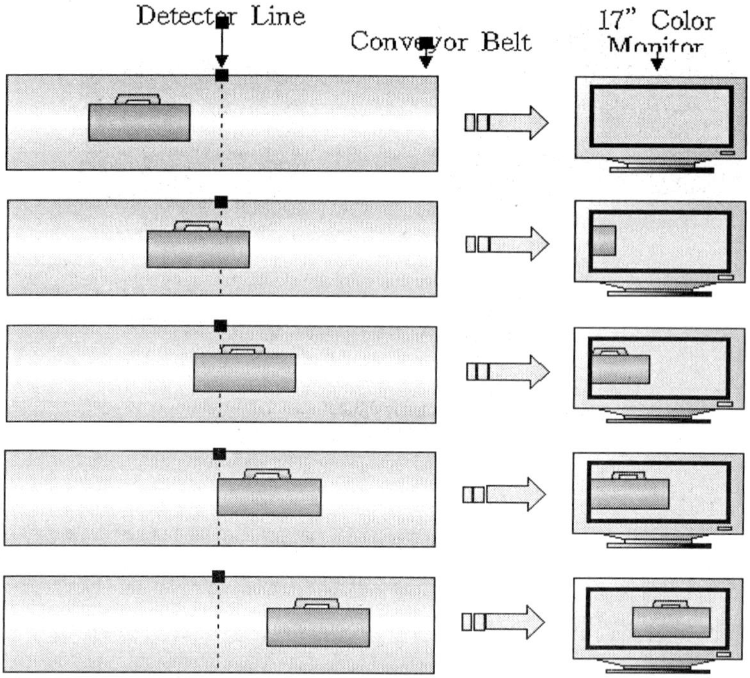

[그림 4-15] X-ray 영상이미지 생성 형태

다) 물질의 구분

감지된 수하물을 모니터에 흑백과 칼라로 표출하기 위해서는 두개의 영상이 동시에 획득되고 처리되어진다. 즉 고 에너지 영상과 저 에너지 영상이다. 두개의 영상을 위해 검출기의 감지소자는 두개로 구성되어 있다.

고 에너지의 감지소자는 140kV의 X-ray 빔을 받으며, 저 에너지의 감지소자는 30~80kV의 X-ray의 빔을 받는다. 검색되어진 수하물의 실질적인 원자형태인 두 개의 영상의 처리를 디지털화하여 결정하고 유기물과 무기물로 분류되어지며, 물체의 밀도는 색채와 채도를 결정한다. 저밀도의 유기물/무기물은 희미하고 불포화된 색으로 보이며, 고밀도의 유기물/무기물은 어둡고 포화되어진 색으로 보인다. 유기물과 무기물의 두 개의 등급사이에서 제일 중요한 것을 X-ray를 쪼일 때 반응하는 방법이다.

라) 흑백영상 및 칼라영상

모니터에 표출되는 흑백영상 및 칼라영상을 [그림 4-16]과 [그림 4-17]과 같다.

1) 흑백영상

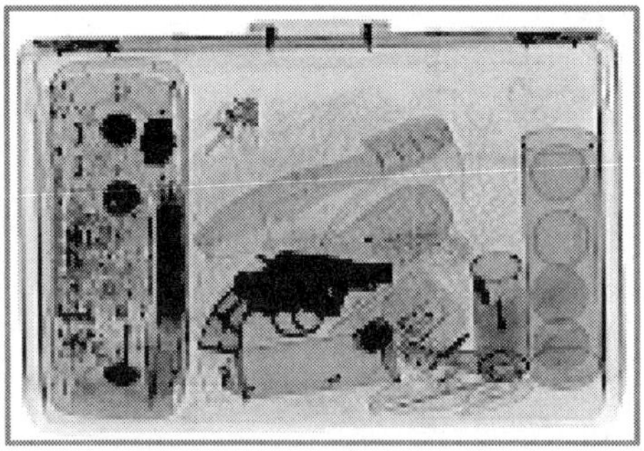

[그림 4-16] 흑백 검색 영상

흑백영상은 X-ray가 투과되는 물체에 따라 그레이 레벨 값으로 나타나며, 물체에 따라 다음과 같은 색으로 표시된다.

① 고 밀도 물체 (예, 철판 등) : 검정색

② 저 밀도 물체 (예, 종이 등) : 흰색

2) 칼라영상

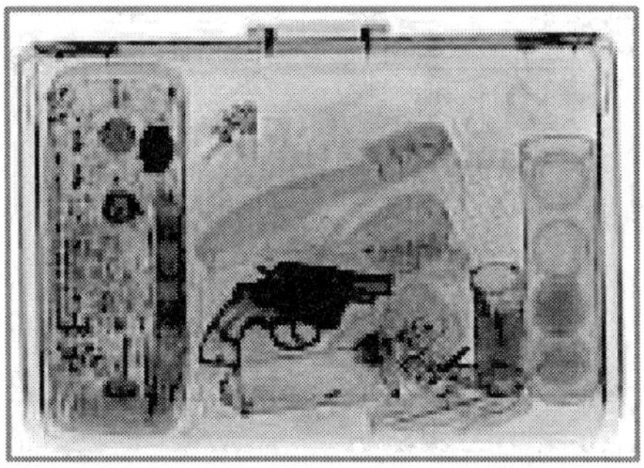

[그림 4-17] 칼라 검색 영상

칼라영상 표시는 기본적으로 3가지 그룹으로 나누어진다. 유기물질(오렌지색), 유기물과 무기물의 혼합물질(녹색), 무기물질(청색)로 나누어진다. 이 3가지 그룹 외에 두께와 밀도가 초과하여 투과하지 못하는 모든 물질은 검정색으로 표시된다. 유기물과 무기물은 다음과 같이 분류된다.

① **유기물질 : 오렌지색**

유기물질의 범위는 원자번호 10이하의 가벼운 요소이다. 공통 원소에는 수소, 탄소, 질소, 산소 등이 있으며 화학적 결합에 관계없이 오렌지색으로 표시된다. (예: 폭발물, 아크릴성 물질, 종이 직물, 물, 나무 등)

② **무기물질 : 청색**

무기물질의 범위는 원자번호 11 이상의 무거운 요소이다. (예: 금속, 소금, 철, 니켈, 아연, 주석, 납, 금, 은 등)

③ **혼합물질 : 녹색**

혼합물질은 유기물과 무기물의 혼합된 물질이다. (예: 캔 음료, PCB 기판 등)

마) X-ray 일반형 장비

현재 국내에서 사용하고 있는 일반형 장비는 단방향(수직 또는 수평)과 양방향(수직, 수평) 장비로 구분할 수 있다. 단방향과 양방향 구분의 기본원리는 X-ray를 발생시키는 발생장치가 몇 개인가 하는 것이다.

1) 단방향

단방향 장비라 함은 수하물이 인입되는 터널을 기준으로 해서 수평 또는 수직방향 중 어느 한 부분에만 X-ray 발생기가 있어 검색물체의 수평 또는 수직 영상이미지를 얻을 수 있는 장비를 말한다.

[그림 4-18]에서 보듯이 X-ray 발생기가 1개만 있어 수평 영상만 볼 수 있다.

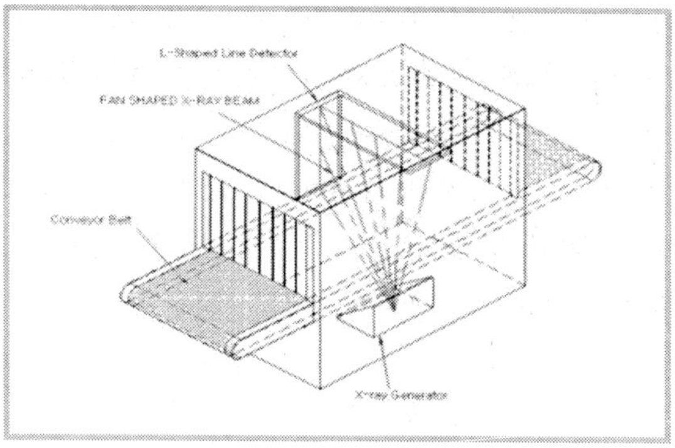

[그림 4-18] 단방향

2) 양방향

양방향 장비는 수직과 수평쪽 모두에 X-ray 발생장치를 가지고 있어 검색물체의 수평과 수직 영상이미지 모두를 얻을 수 있는 장비를 말한다. [그림 4-19]와 같은 구조를 가지고 있다.

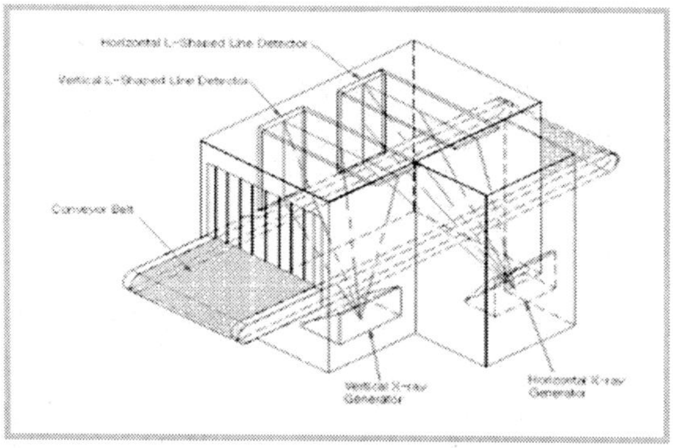

[그림 4-19] 양방향

4.2.8 X-ray 檢出方式別 分類

가) 관통방식 X-ray (Transmission X-ray)

X-ray 빔이 검색대상물품을 관통하여 반대편에 있는 검출기에 도달하면 이 신호를 컴퓨터 처리과정을 거쳐 영상으로 표현하는 방식이다. [그림

4-20]은 관통방식 X-ray 檢索機의 작동 원리를 보여주고 있다. 영상표현은 물질을 구분하기 위한 칼라영상과 흑백영상으로 표시한다. 유기물은 오렌지색, 무기물은 청색, 혼합물질은 녹색, 물질을 투과하지 못하는 경우는 흑색으로 나타낸다. [그림 4-21]과 [그림 4-22]는 여행자 가방을 관통방식 X-ray 檢索機로 검색한 영상이고 [그림 4-23]은 45피트 적재 컨테이너 화물차량을 관통방식 X-ray 檢索機로 검색한 영상이다.

또한, 9.11 테러 이후 매우 공격적이며 강화된 보안검색 방식이 全身檢索機이다. 이 방식은 [그림 4-24]에서 보듯이 의료용 X-ray의 원리를 그대로 이용하여 승객 신체의 은밀한 부분에 은닉한 위험 및 위해물품을 편리하게 검색할 수 있는 全身檢索機이나 승객의 신체가 그대로 노출되므로 프라이버시 문제가 제기되고 있다.

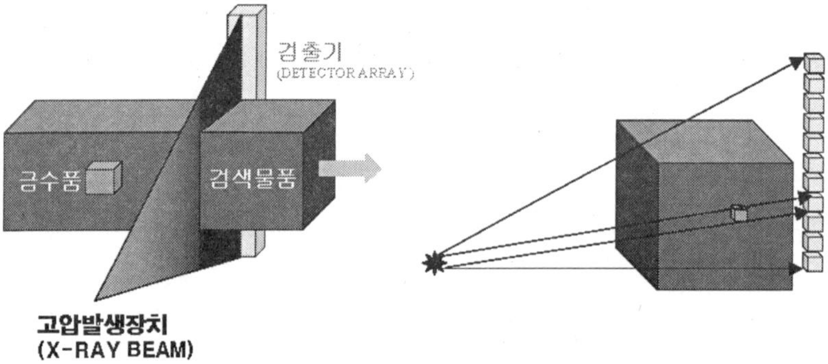

[그림 4-20] 관통방식 검색기 작동원리

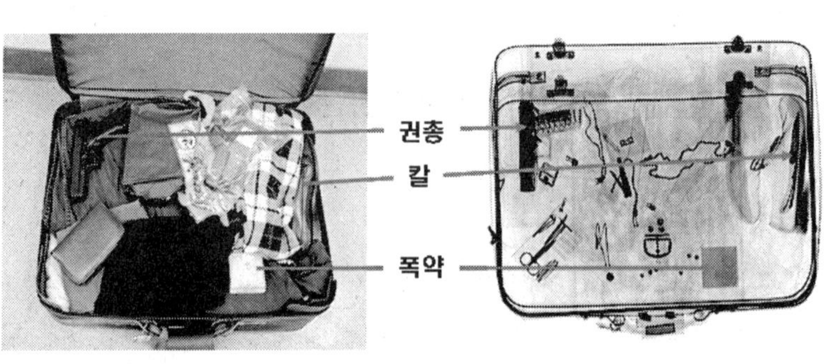

[그림 4-21] 여행자 가방의 관통방식 검색 영상

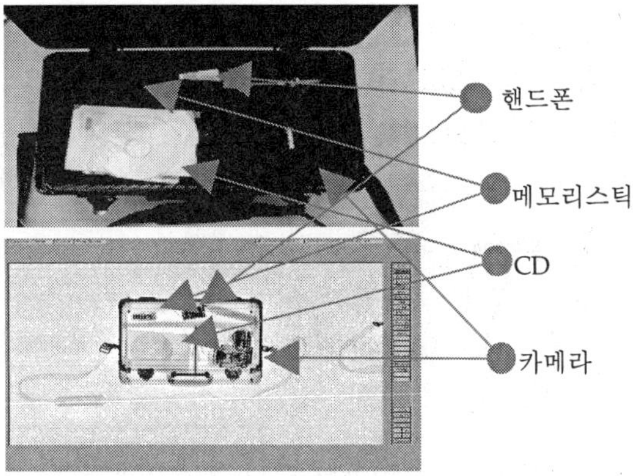

[그림 4-22] 관통방식 검색기 영상

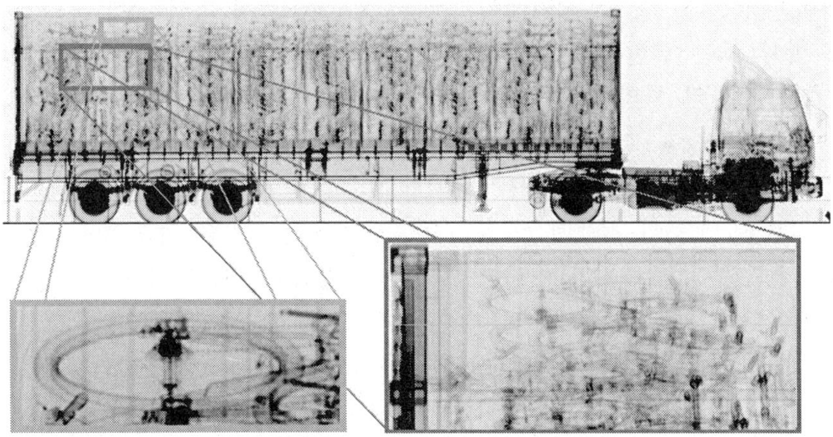

[그림 4-23] 컨테이너 화물차량 관통방식 X-ray 검색 영상

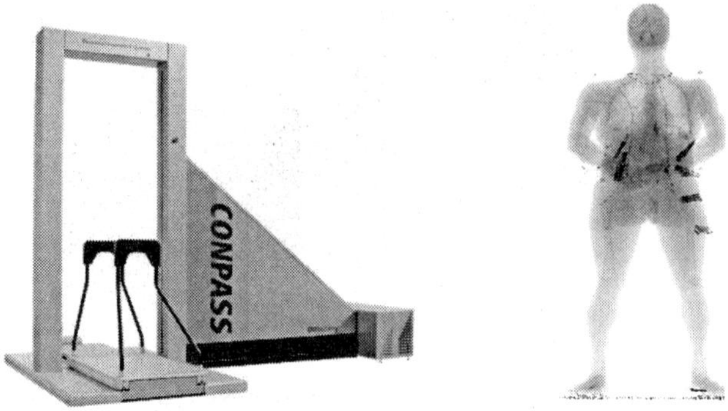

[그림 4-24] 관통방식 全身檢索機

나) 후방산란방식(BackScatter X-ray)

이 방식은 X-ray 발생기에서 방사한 X-ray 빔이 검색대상물품의 표면에서 반사 또는 산란되어 발생기와 같은 방향에 있는 검출기에 도달하여 이 신호를 컴퓨터 처리과정을 거쳐 영상으로 표현하는 방식이다. [그림 4-25]는 후방산란방식 X-ray 檢索機의 작동원리를 보여주고 있다. 영상표현은 밀도를 구분하여 흑백영상으로 나타내 준다. 도식화 하여 표현한 [그림 4-26]에서 보듯이 검색대상물품의 내부 깊숙이 은닉된 위험 및 위해물품이 있는 경우는 식별하기가 어렵다. [그림 4-27]는 여행자 가방을 후방산란방식 X-ray 檢索機로 검색한 흑백영상이고 [그림 4-28]은 20피트 적재 컨테이너 화물차량을 후방산란방식 X-ray 檢索機로 검색한 영상이다.

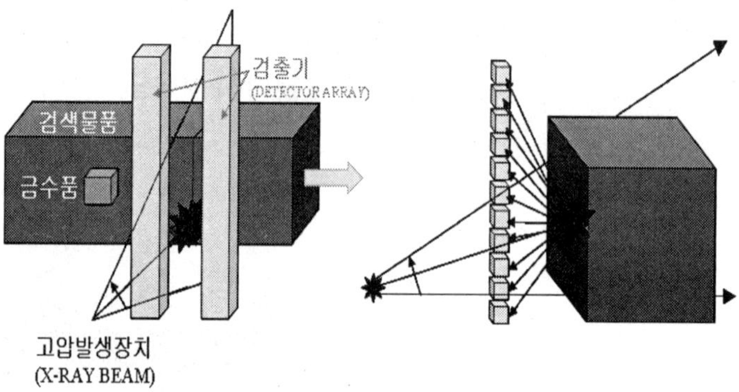

[그림 4-25] 후방산란방식 X-Ray 작동원리

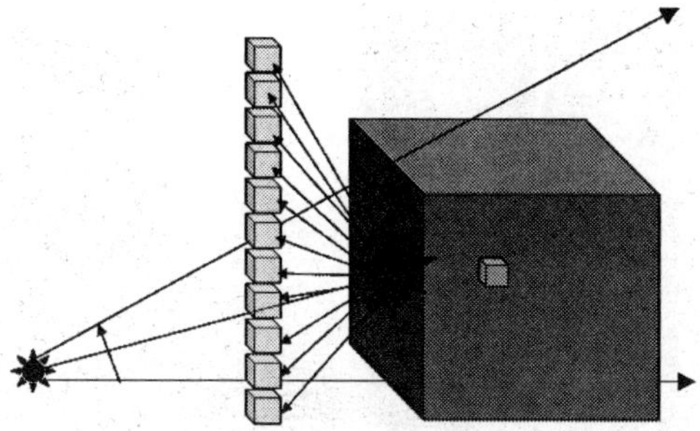

[그림 4-26] 후방산란방식 단점

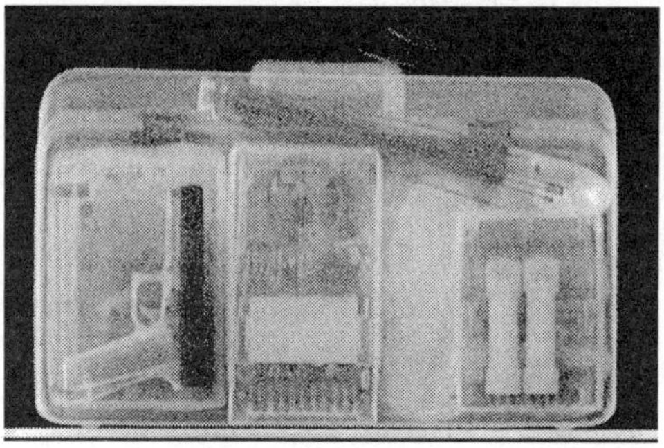

[그림 4-27] 후방산란방식 영상

[그림 4-28] 컨테이너 화물차량 후방산란방식 검색 영상

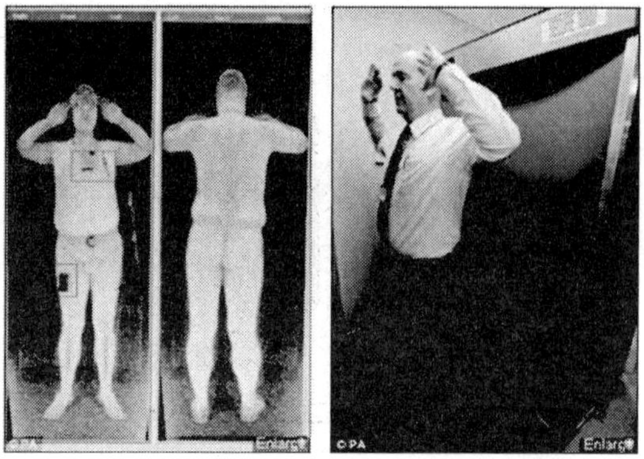

[그림 4-29] 후방산란방식

이 방식은 관통방식과 달리 방사한 X-ray가 반사 및 굴절되어 온 것을 검출하여 영상으로 표시해 주는 방식의 90년대 장비로서 [그림 4-29]에서 보듯이 승객 신체의 피부에 은닉된 위험 및 위해물품을 편리하게 검색할 수 있는 檢索機이나 승객의 신체가 그대로 노출되므로 프라이버시 문제가 제기되고 있다.

9.11 테러 이후 일부 공항에서 운영되고 있으나 개인 사생활 침해 및 인권문제로 많은 논란이 야기되고 있다. 그러나 항공안전을 위하여 많은 국가에서 도입하려는 움직임이 있고 일부 국가에서는 부분적으로 운영을 하고 있으며, 우리나라도 4개 국제공항(인천(3), 김포(1), 김해(1), 제주(1))에서 6대가 운영되고 있다.

4.2.9 注射方式 變遷過程

검색 대상물에 X-ray 발생기가 X-ray 빔을 방사하는 위치, 방향, 수량에 따라 표시해 주는 영상이미지의 형태가 다르다. 더 좋은 영상을 얻기 위해서 이렇게 X-ray 빔의 주사하는 위치나 방향 및 개수가 변화되어 왔는데 이를 주사방식의 변천과정이라 한다.

가) 수직상향 대각선 주사

초기에 사용된 대표적인 주사방식으로 X-ray 檢索機 제작사들이 기본주사방식으로 사용하고 있는 수직상향 대각선 주사방식이다.

X-ray 발생기가 아래쪽에 있고 위쪽 대각선으로 주사하므로 물건을 위쪽에 올려놓는 구조로 주로 가벼운 소형의 물품을 처리할 수 있는 장비이다. 즉, 휴대품, 소포(삼면의 합 110cm 이내)를 검색하는데 사용되며, 초기 투시된 영상이 크게 나타나고, 철판 26mm 이상을 투과할 수 있는 능력이 있고, 36AWG 이상의 해상도를 갖으며 다른 주사방식보다 매우 우수하다는 장점이 있다.

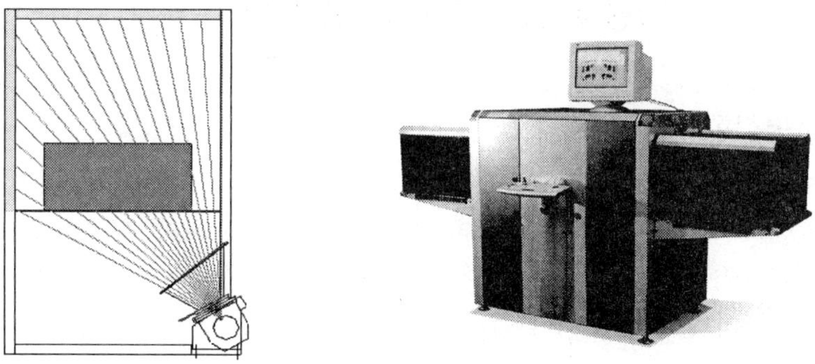

[그림 4-30] 수직상향 대각선 주사 방식

나) 수직하향 대각선 주사

X-ray 발생기가 위쪽에 있어 아래쪽 대각선으로 주사하므로 물건을 아래쪽에 올려놓는 구조로 조금 무거운 물품을 처리할 수 있는 장비이다. 제작사들이 수하물용 X-ray 檢索機의 기본주사방식으로 많이 채용하고 있다.

중형으로 터널의 기본규격이 높이 80cm x 폭 100cm 이상이다. 주로 공항 위탁수하물용으로 기존의 낮은 컨베이어 벨트 시설과 연계하여 사용한다. 장점으로는 컨베이어 벨트의 높이를 조절이 가능하여 공항의 기존 컨베이어 벨트시설에 쉽게 적용할 수 있지만, 수직상향대각선 주사방식에 비해 터널의 크기가 커서 영상크기나 투과력 및 해상도가 상대적으로 떨어진다.

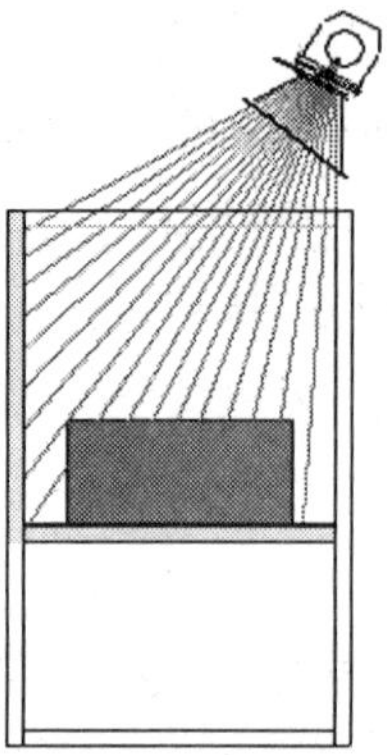

[그림 4-31] 수직하향 대각선 주사 방식

다) 수평상향 대각선 주사

터널의 기본규격이 높이 150cm x 폭 150cm 이상인 중·대형 화물용 X-ray 檢索機에서 기본주사방식으로 사용된다. 따라서 항공화물 검색용으로 많이 사용되는데 화물을 세워서 투입하고 검색하여야 하므로 불편하며, 고압발생장치의 전압을 높일수록 높은 투과력을 보장 받을 수 있다.

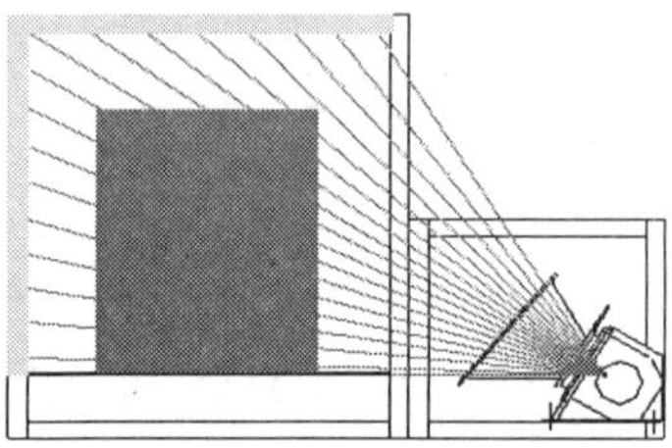
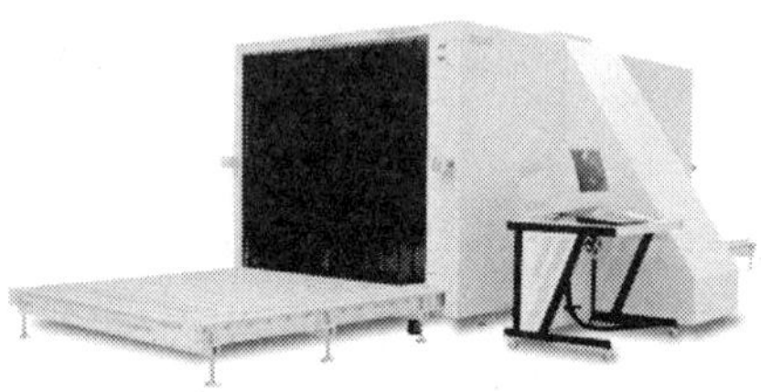

[그림 4-32] 수평상향 대각선 주사 방식

라) 수직, 수평 부채꼴 주사 (양방향)

이 주사방식의 검색기는 1984년부터 생산하였으나 단방향 檢索機의 단점을 보완하기 위하여 2001년에 단종 시켰다. 이 방식은 한국형 X-ray로써 휴대용, 위탁수하물용, 화물 검색용으로 주로 항만에서 사용한다. 장점은 단방향 檢索機의 사각지대인 눕히거나 세워진 물건의 검색이 불가능 한 경우가 발생하는데 이를 보완하였다. 그러나 터널 내의 사각지대가 발생하는 문제점이 발생되어 생산이 중지되었다. 이 문제점은 "I"자 타입 검출기를 사용함으로서 주사 폭이 좁아 터널 내에 [그림 4-33]과 같이 X-ray가 주사되지 않는 부분으로 인해 생긴 것이다.

영상크기 및 투과력, 해상도가 수직상향 대각선 방식보다 떨어진다. 터널의 기본규격은 높이 80cm x 폭 100cm 이상이다.

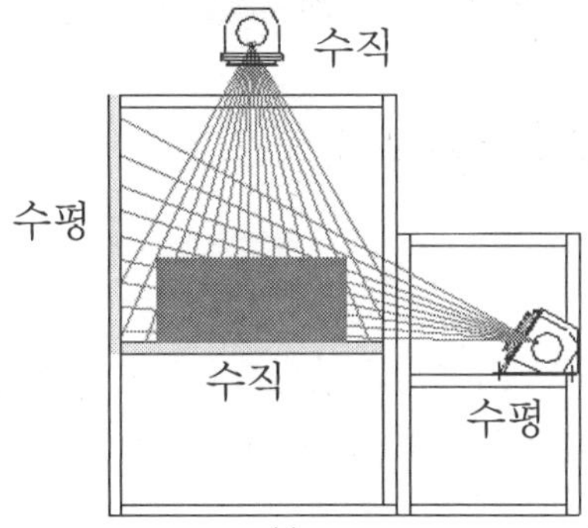

[그림 4-33] 수직, 수평 부채꼴 주사 방식

마) 수직하향, 수평상향 대각선 주사

수직, 수평 부채꼴 주사방식의 양방향 檢索機의 단점인 터널 내 사각지대가 발생하는 문제점을 보완하기 위하여 2001년부터 생산하기 시작하였다. 중형으로서 개량된 양방향 檢索機로 주로 공항 위탁수하물용으로 기존의 낮은 컨베이어 시설과 연계하여 사용할 수 있다. "I"자 타입 검출기 대신 "L" 타입 검출기를 사용함으로서 터널 내 사각지대를 없앴으며, 컨베이어 벨트의 높이를 공항의 시설에 맞춰 조절할 수 있다는 장점이 있으나 수직상향대각선 주사방식에 비해 터널 기본규격이 높이 80cm x 폭 100cm이상으로 터널의 크기가 크고 주사범위가 넓어 영상크기 및 투과력, 해상도가 떨어진다.

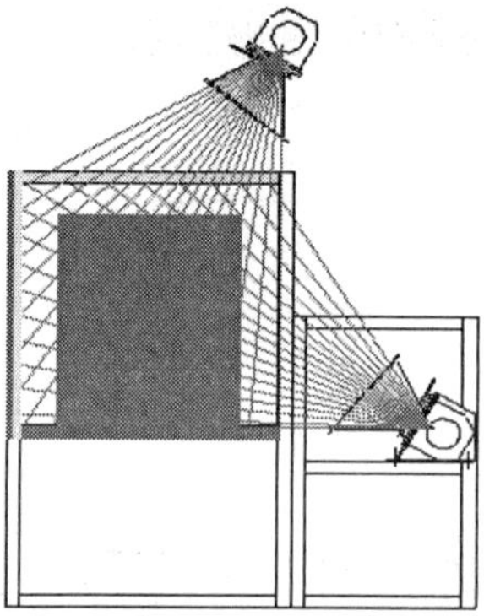
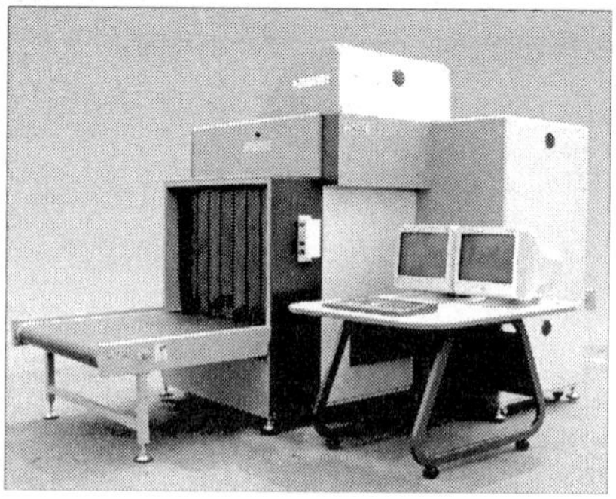

[그림 4-34] 수직하향, 수평상향 대각선 주사 방식

바) 수직, 수평 상향 대각선 주사

개량형 양방향 檢索機의 단점을 보완하여 2004년도부터 생산하기 시작하였다. 소형은 휴대품 검사, 중형은 공항의 위탁수하물용으로 주로 공항만에서 사용하고 있다.

"L" 타입 검출기로 터널내 사각지대가 없으며, 기본영상이 커지고, 투과력, 해상도가 다른 주사방식보다 매우 우수한 것이 장점이다.

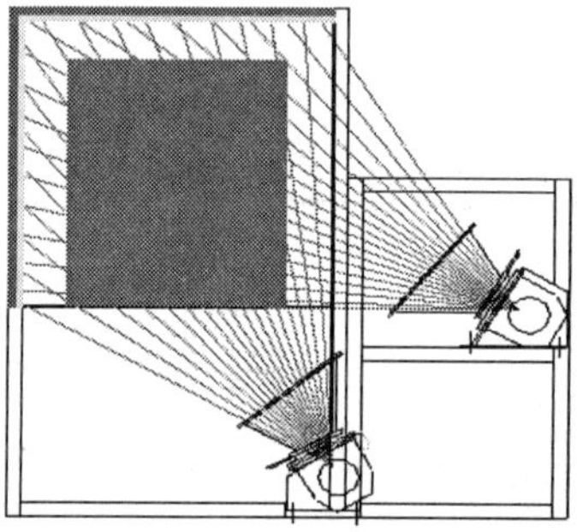

[그림 4-35] 수직, 수평 상향 대각선 주사 방식

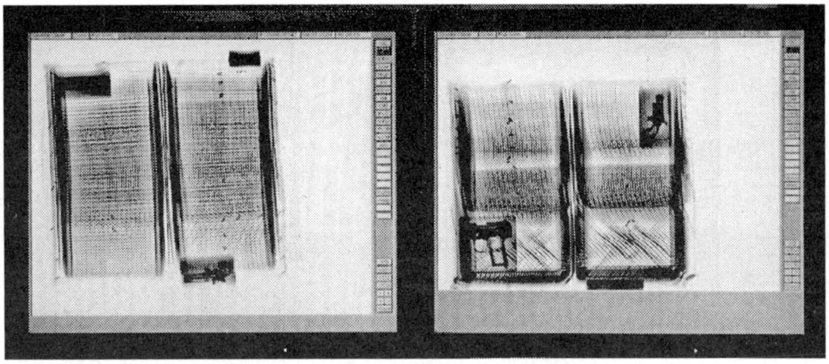

[그림 4-36] 수직, 수평 영상

사) 다방향 대각선 주사

9.11 테러 이후 강화된 보안검색에 맞춰 다방향 檢索機를 제작 생산 중이다. 이 방식의 檢索機는 공항의 위탁수하물의 EDS(폭발물 검색) 1단계용으로 사용하고 있다.

자동검색처리되므로 검색능력이 향상되었다는 이점이 있으나 장비가격이 고가이고 공항시설물을 변경하여야 한다는 단점이 있다.

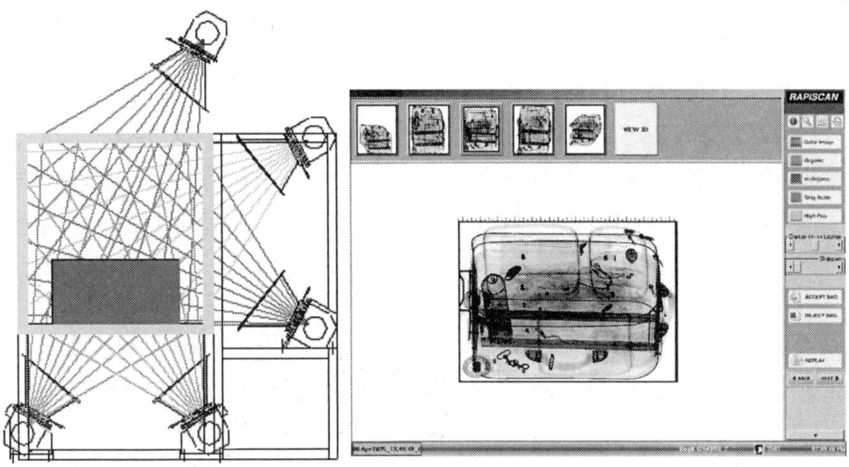

[그림 4-37] 다방향 대각선 주사 방식

4.3 中性子 檢索機

4.3.1 槪要

中性子는 뛰어난 투과력을 가지고 있음과 동시에 폭발물에 주로 함유하고 있는 질소와 상호반응을 한다. 상호반응은 열중성자들이 질소와 반응하여 원자에 의해 흡수가 이루어지고, 이때 광자가 이탈된다. 이는 형광체가 자외선에 노출되었을 때 눈으로 볼 수 있는 광자를 발산하는 것과 유사하다.

최근 세계유수의 보안검색장비 제작사들이 마약, 폭약, 화학적인 위해/위험물품 등 특정물질을 자동 탐지할 수 있는 中性子에 의한 검색시스템을 개발하는데 전력하고 있다.

中性子를 이용한 검색기술은 열 中性子 활성화방식(TNA; Thermal Neutral Activation), 펄스파 고속 中性子 분석방식(Pulsed Fast Neutron Analysis), 4극 핵공명방식, 핵자기 공명방식, 감마 후산란 탐지방식 등이 있다.

4.3.2 熱 中性子 活性化方式(TNA : Thermal Neutral Activation)

열 中性子 활성화방식은 저 에너지 中性子(Low Energy Neutrons)를 사용하는 것으로 광자의 파장이 특이하여 열 中性子를 흡수할 때 질소에 의해 방출된 광자의 파장이 탐지될 경우 이것은 질소가 있다는 것을 의미한다. 즉 탐지되는 광자의 세기는 질소의 량을 의미한다. TNT, C4 등은 다량의 질소를 함유하고 있고 열 中性子 방식을 이용하는 경우 다량의 광자를 발생시킨다.

열방식의 中性子 분석으로 [그림 4-38]에서 보듯이 실내온도에서 中性子가 물질에 의해 완전히 흡수되어 성분을 식별하는 특유의 감마선을 배출한다.

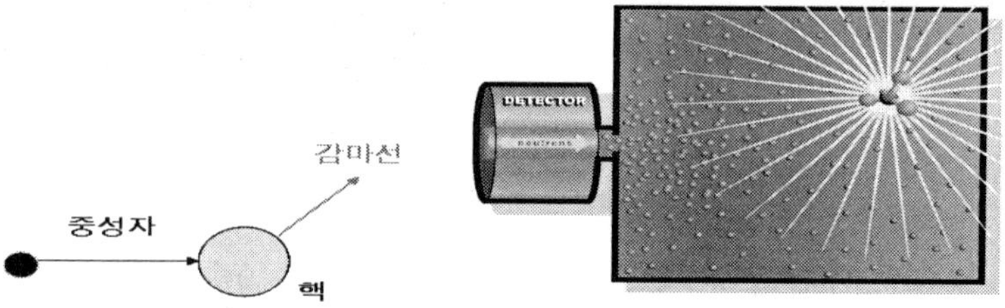

[그림 4-38] TNA 원리

이 방식은 폭발물 탐지, 작은 포장물, 차량에 의한 폭탄, 마약탐지 등을 할 수 있으며 장비를 생산하는 업체는 미국의 Ancore이다. 주로 차량용에 이 방식을 이용하나, 위탁하물용으로는 SP-EDS가 있다.

4.3.3 펄스파 高速 中性子 分析方式(Pulsed Fast Neutron Analysis)

펄스파 고속 中性子 분석방식은 파동방식의 中性子 분석 방식으로 [그림 4-39]에서 단일의 효과적인 고에너지 中性子가 물질에 부딪치면 파동을 일으키는데 10억분의 1초 동안의 中性子 파동은 3차원의 높은 분해능을 제공하고 독특한 감마선을 배출하여 성분을 식별하게 한다.

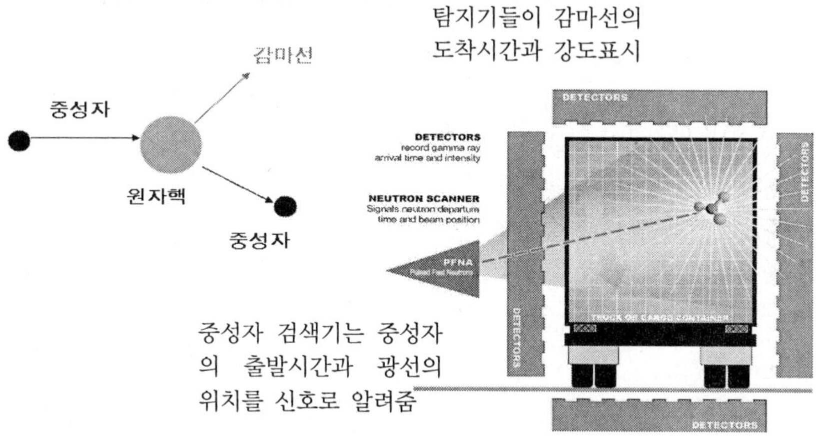

[그림 4-39] PFNA 원리

3차원으로 물질을 식별하는 방식으로 [그림 4-40]에서 보듯이 의료진단에 사용되는 MRI(Magnetic Resonance Imaging)와 유사하다.

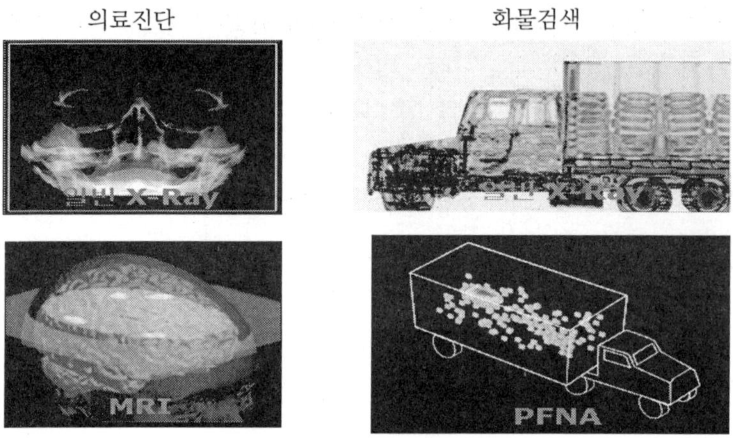

[그림 4-40] PFNA 영상

PFNA 고에너지 中性子 검색방식은 형태 또는 은닉장소와 관계없이 위해물품을 탐지한다. 위해물품 식별을 자동으로 3-D 방식의 영상을 제공하여 조작자의 영상판독이 필요 없다.

[그림 4-41]에서 보듯이 육상, 해상 및 항공화물 컨테이너 및 트럭에 적재된 물품 중에서 마약류, 폭발물 및 밀수품의 자동탐지용으로 사용하면 효율적으로 작업을 할 수 있다.

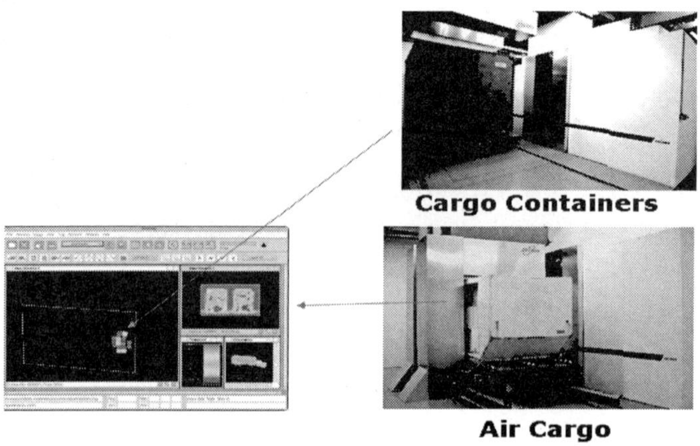

[그림 4-41] 컨테이너 검색

가) PFNA / ACI 물질별 특성 및 표시 기호

원소의 신호들이 유일한 물질표시기호를 제공하기 위한 결합으로 [그림 4-42]의 물질별 특성 및 표시 기호를 참고하기 바랍니다.

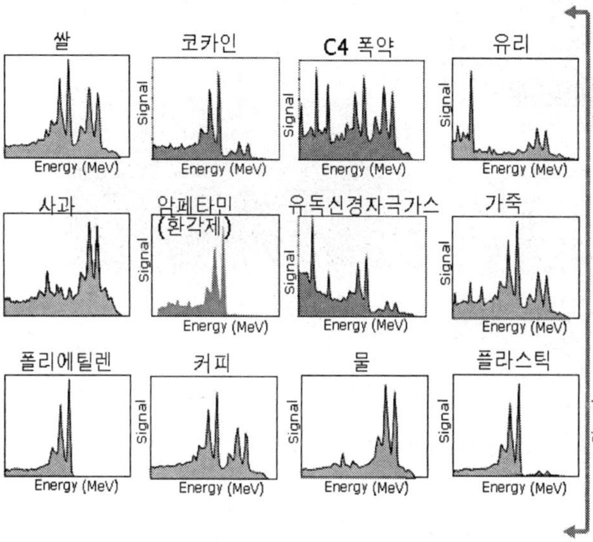

[그림 4-42] 물질별 특성 및 표시 기호

나) PFNA 항공화물 검사

PFNA는 X-ray로는 식별이 불가능한 혼적된 항공화물 안에 있는 위험한 물질을 자동으로 탐지한다.

[그림 4-43]은 항공화물 컨테이너 안에 위험물질이 실려 있는 예를 PFNA 방식의 검색기와 X-ray 검색기로 투시한 영상을 보여주고 있다.

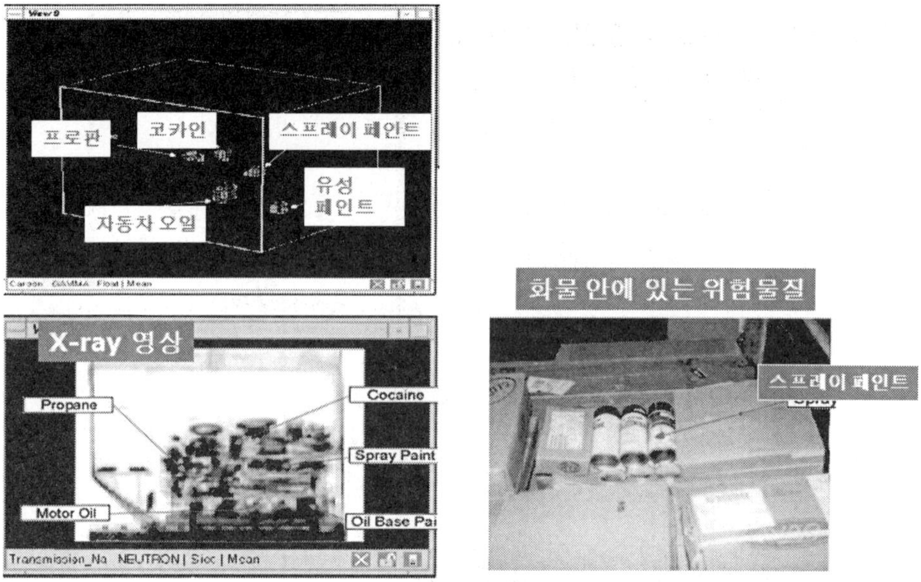

[그림 4-43] 항공화물 안에 있는 위험물질

[그림 4-44], [그림 4-45]는 LD3형 항공화물 컨테이너 안에 실린 컴퓨터 모니터 내부에 은닉한 폭발물을, [그림 4-46]는 화물에서 탐지된 꽃에 은닉된 화폐를 PFNA 방식의 검색기로 투시한 영상을 보여주고 있다.

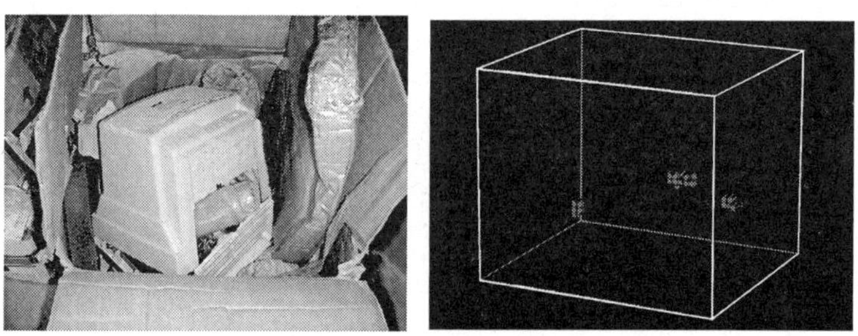

[그림 4-44] 모니터 내에 은닉된 폭약의 3D 영상

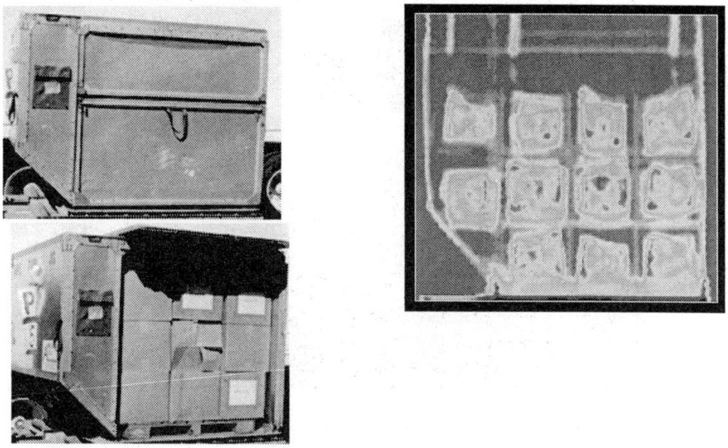

[그림 4-45] 컨테이너 속 모니터 내부에 은닉된 폭발물

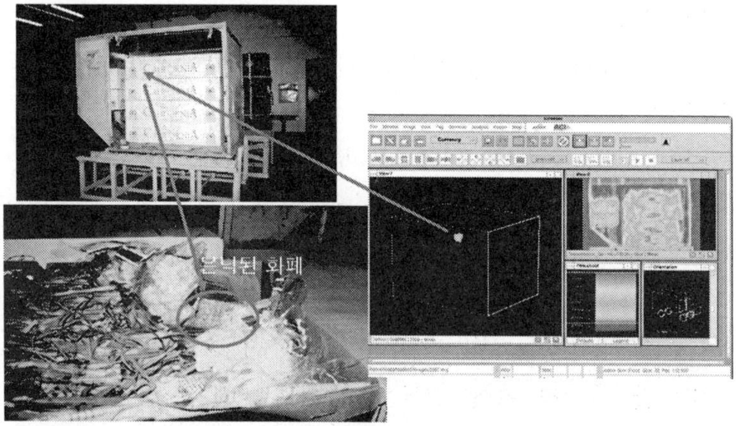

[그림 4-46] 꽃에 은닉된 화폐

[그림 4-47]은 Rapiscan사의 PFNA™ ACIS 장비로 LD3 컨테이너용으로 설계되어 항공화물 컨테이너를 자동으로 검색할 수 있으며 위해물질을 자동으로 탐지하여 3차원으로 위치를 알려준다. 이 장비는 현재 휴스턴 국제공항에 설치되어서 운영되고 있다.

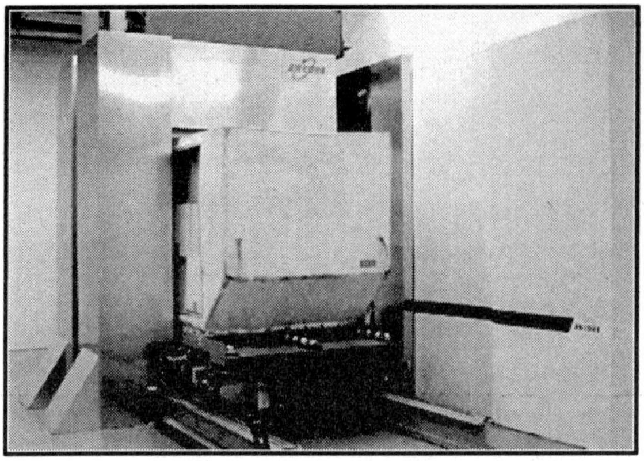

[그림 4-47] Rapiscan PFNA^{TM} ACIS

4.3.4 4극자 核共鳴(QNR: Quadrupole nuclear resonance)

핵공명이란 원자핵에 감마선이 입사될 때 감마선의 에너지가 알맞게 적당한 값이 되면, 공명흡수에 의해 원자핵은 들뜬상태로 되었다가, 거기서 다시 감마붕괴나 내부전환에 의해 낮은 상태로 떨어지는 현상이다.

현재 병원에서 사용되고 있는 의료용 MRI 시스템의 관련 기술을 이용한 장비로 대형화물 보다는 소형 화물의 탐지에 이용되며 아직까지는 이미지를 생성하지 않고 있다.

4.3.5 核磁氣 共鳴(NMR: nuclear magnetic resonance)

핵자기공명이란 자기장 속에 있는 원자핵에 전파를 보내면 특정 주파수의 전파만을 흡수하는 현상을 말한다.

현재 병원에서 의료용으로 사용 중인 NMR 시스템을 폭발물 탐지장비에 적용하기 위해 연구 중에 있다.

4.4 밀리미터파 檢索機

밀리미터파는 주파수가 30~300GHz대로 파장이 밀리미터(㎜)단위이다. 이 밀리미터파의 가장 효율성이 높은 주파수대는 90GHz대로 이 주파수대를 이용한 연구가 많이 이루어지고 있으며, 밀리파 또는 EHF(extremely-high-frequency)로 약칭한다. 이 파장의 전파는 현재 사용되고 있는 무선 주파수대와 적외선(파장 약 0.1mm)의 중간에 있으며, 빛에 아주 가까운 전파로서, 고해상도 레이더나 마이크로파 분광학 등에서 많이 이용되고 있다.

밀리미터파를 발생시키려면 마그네트론이나 클라이스트론과 칼시노트론(후진파관), 자이로트론 등 특수한 발진장치(發振裝置)가 필요하다. 이를 이용한 檢索機는 탑승객 또는 출입자가 인체에 은닉 휴대한 총기, 폭약 및 마약 등을 X-ray를 사용한 전신검색기처럼 신체를 검색하여 영상으로 볼 수 있게 개발된 장비들이다. 이 장비는 밀리미터파를 승객의 신체에서 방사하여 반사되어 오는 밀리미터파를 분석하여 실시간 영상으로 만드는 방식이다. 이렇게 밀리미터파를 생성하여 방사하는 방식을 능동형(Active style)이라고 하는데 이러한 방식을 적용한 시스템에는 Smiths Detection 사에서 개발한 eqo 시스템이 있다. 이 방식으로 얻어지는 영상들은 승객의 신체 특히 전신에 대한 영상으로 중요 부위가 그대로 보인다. 이 장비들은 최근에 개발된 기기로 업무의 효율성을 증가 시킬 수 있지만 가격이 매우 고가이다. 또한 eqo 시스템처럼 밀리미터파를 생성하여 방사하지 않고 인체에서 방사되는 미약한 밀리미터파를 감지하는 방식으로 이 방식을 수동형(Passive style)이라고 하는데 이는 신체에 은닉한 물체가 있음을 알려주는 방식으로 Brijot 사에서 개발한 GEN 2 시스템이 있다. 9.11 테러 이후 매우 공격적이고 강화된 檢索機로 일부 국가에서 설치 및 시범 운영하고는 있고 많은 국가에서 항공안전을 위해 도입하려고 있지만 승객 및 인권 단체로부터 개인 사생활 침해 문제가 제기되고 있다.

가) 장점

기존 탐지기로는 탐지하기 어려웠던 세라믹 제품, 플라스틱 폭발물질을 비롯해 약품, 총, 칼 등을 정확하게 찾아낼 수 있으며 전신을 스캔하는 데 3초 정도밖에 걸리지 않아 기존의 수(手)검색으로 할 때보다 보안검색의 효율성을 높이고 출입국 안전을 확보할 수 있다.

나) 문제점

가슴 등 은밀한 신체 부위는 물론 각종 성형 보형물과 인공항문 등 시술 흔적까지 선명하게 드러나 사생활을 침해할 수 있다.

다) 종류

1) eqo

Smiths Detection 사에서 최근 개발한 능동형 실시간 全身檢索機로 [그림 4-48]와 같다. 한국공항공사에서 운영하는 김포국제공항, 김해국제공항, 제주국제공항에 이 장비를 설치하여 운영하고 있다.

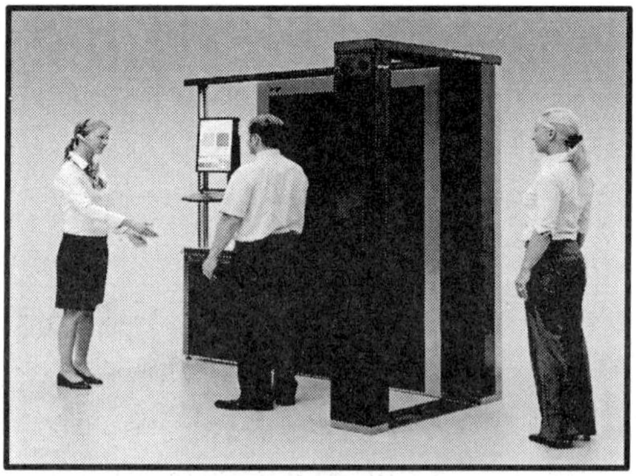

[그림 4-48] eqo

2) GEN 2

Brijot 사에서 개발한 수동형 全身檢索機로 [그림 4-49]와 같다.

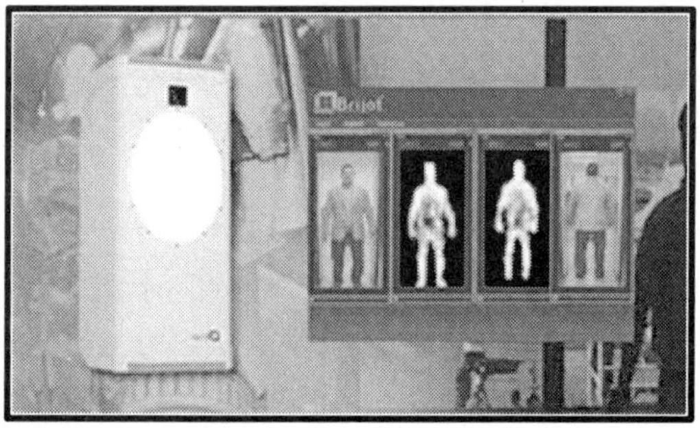

[그림 4-49] GEN 2

4.5 可視光線 檢索機

공항이나 국가 중요시설 등에 물건을 실어 나르기 위해 차량들이 출입한다. 이 차량들에 대한 보안검색을 실시하기 위해 기존에는 반사경을 이용하여 차량의 하부를 검색하였다. 이 방식은 보안요원이 반사경을 움직여 가면서 차량 하부를 처음부터 끝까지 모두 확인을 해야 하기 때문에 시간이 많이 소요되고 철저하게 확인하기 위해서는 차량들의 각 모델별 하부구조를 숙지하고 있어야 하는데 모든 차량들에 대한 하부구조를 숙지한다는 것은 거의 불가능하다. 이러한 단점을 해결하기 위해 개발된 장비가 차량하부 檢索機이다. 이 檢索機는 [그림 4-50]에서 보는 바와 같이 차량의 하부를 스캐너로 스캔하듯이 촬영하여 이를 영상으로 구성하여 모니터에 보여준다. 뿐만 아니라 차량의 하부를 사전에 촬영하여 데이터베이스로 제작하였다면 하부의 구조가 변경되었거나, 추가로 장착된 것으로 의심되는 부분을 [그림 4-51]에서와 같이 자동으로 검색하여 표시하여 줌으로서 차량출입통제 및 보안검색의 효율성을 높여준다.

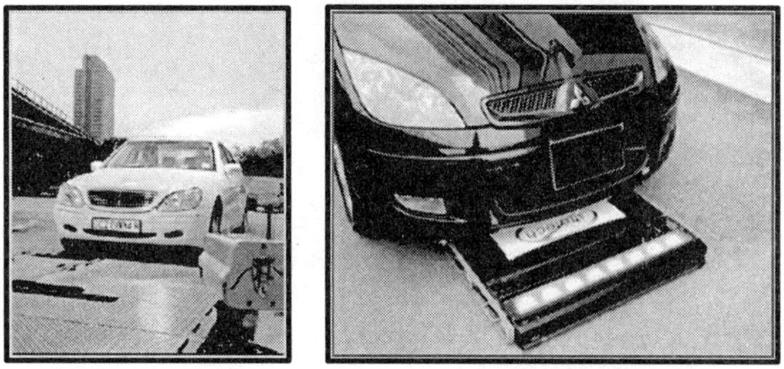

(a) 이동 매립형　　　(b) 이동형

[그림 4-50] 가시광선 檢索機

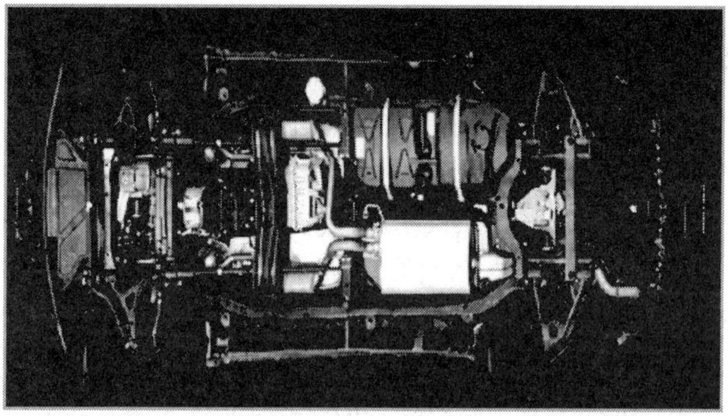

[그림 4-51] 가시광선 검색기 촬영 영상

5. X-ray 檢索機 패널 操作

5.1 Hi-scan 6040i

[그림 5-1] Hi-scan 6040i 키보드

5.1.1 電源

전원 키

Hi-scan 6040i X-ray 유니트를 동작시키기 위해 전원을 켜고, 끄는 키 스위치이다.

① 키를 꽂는다.

② 우측으로 돌린다.(Ⅰ 위치에 있게 한다.)

③ 우측으로 Ⅱ 위치까지 돌렸다 놓으면 전원이 공급되면서 키의 위치가 Ⅰ 위치로 되돌아간다.(자동차 시동 걸 때와 같다.)

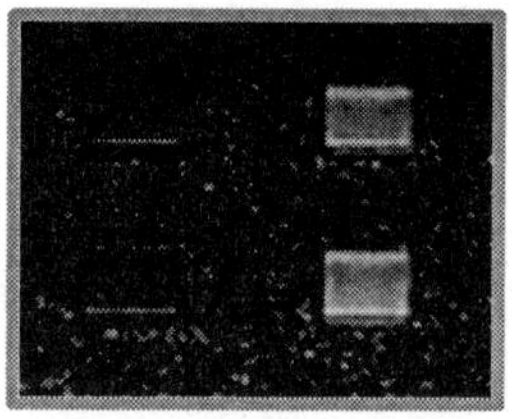

[그림 5-7] 인디케이터

파워-온 인디케이터(Power-on indicator)

X-ray 장치의 전원이 켜져 있음을 나타낸다.
전원 키를 꽂고 돌리면 이 인디케이터가 점등된다.

웨이트 인디케이트(Wait indicator)

X-ray 장치를 운영하기 위한 준비가 되어 있지 않으므로 기다리라는 것을 나타낸다.

방사선 인디케이터

X-ray 발생기가 작동하므로 인해 X-ray가 발생하고 있음을 경고한다.

비상정지 버튼

비상시의 경우에 컨베이어, X-ray 발생기, 모니터를 신속히 끄기 위한 비상 정지 스위치 이다.
X-ray 검색기 터널 상단과 키보드의 우측 상단에 위치해 있다.

조사 인디케이터(radiation indicators)

X-ray 발생기의 동작으로 X-ray의 발산을 경고한다.
검색기 상단의 4개 모서리 부분에 위치해 있다.

5.1.2 映像디스플레이

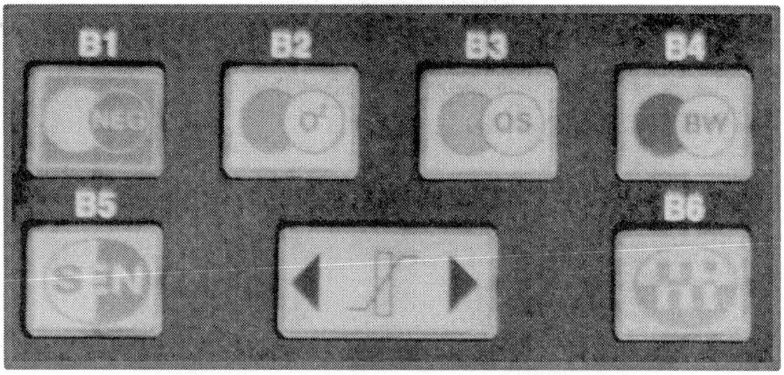

[그림 5-3] 키보드의 영상디스플레이 부분

B1　반전영상(NEGATIVE)

화면상의 바탕부분의 색상과 물건을 나타내는 부분의 색상을 서로 반전시켜 표시한다.

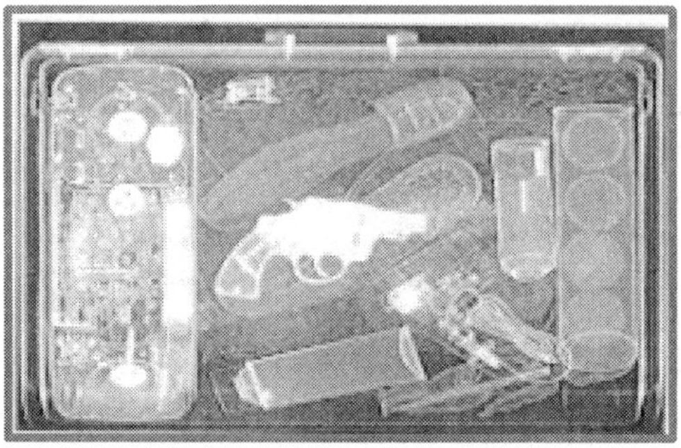

[그림 5-4] 반전 영상

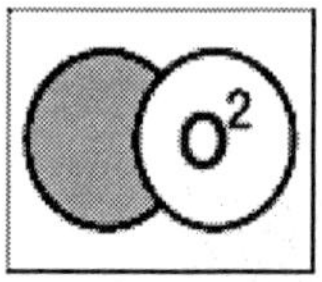

B2 유기물만 (ORGANIC ONLY)

소금, 금, 은, 동, 철 등의 무기물(밀도가 높은 물체)을 영상에서 안보이게 함으로서 유기물만 보이게 하여 식별을 명확하게 할 때 사용한다.

[그림 5-5] 무기물 제거 영상

B3 유기물 제거(ORGANIC STRIPPING)

종이, 나무, 플라스틱류의 유기물(밀도가 낮은 물체)을 영상에서 안보이게 함으로서 무기물만 보이게 하여 식별을 명확하게 할 때 사용한다.

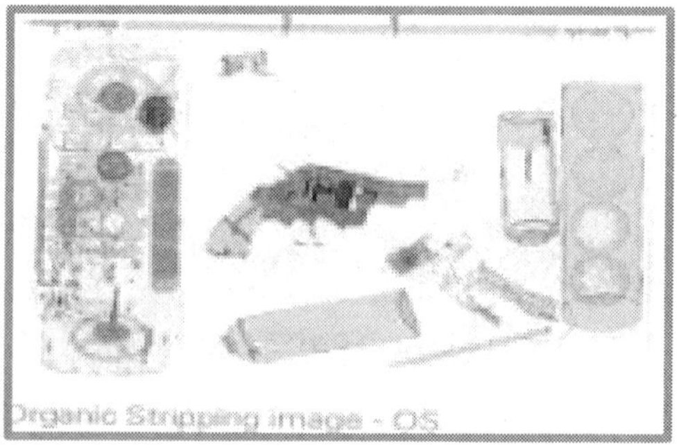

[그림 5-6] 유기물 제거 영상

B4 BLACK & WHITE

컬러영상을 흑백으로 변환하여 표시해 준다.

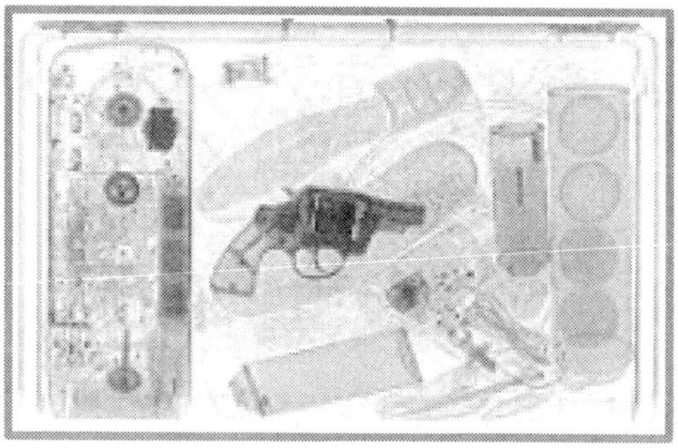

[그림 5-7] 흑백으로 변환한 영상

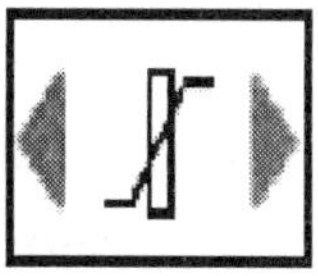

VARI-MAT

운영자가 검색된 물체의 밝기를 원하는 수준으로 조정하여 볼 수 있다.

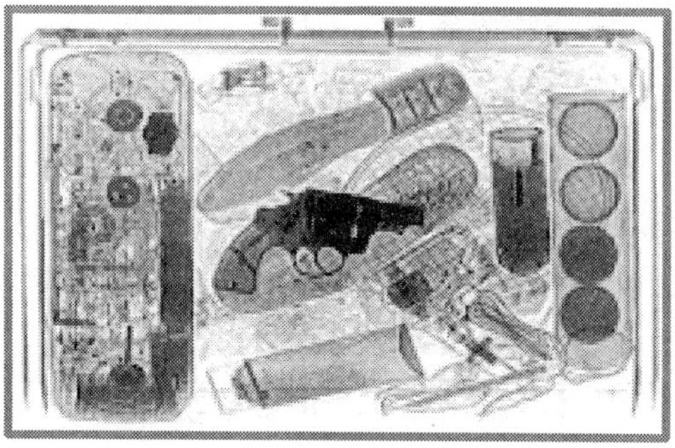

[그림 5-8] 어둡게 조절한 영상

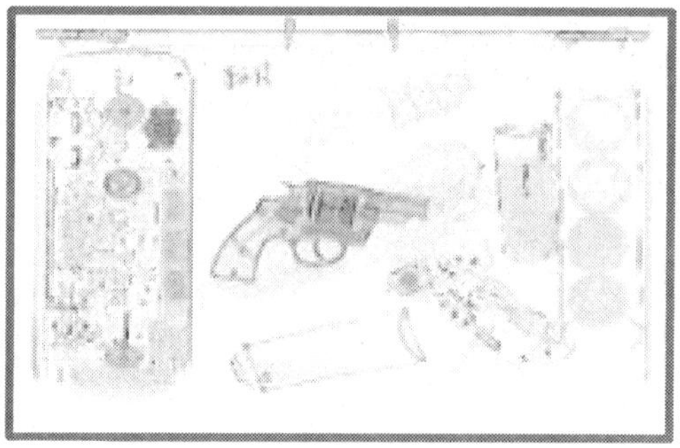

[그림 5-9] 밝게 조절한 영상

B5 HIGH-PENETRATION

밀도가 높은 경우 화면에 너무 어둡고 밀도가 낮은 물체의 경우 화면이 너무 밝게 나타나 식별이 불가능하다. 이 경우 어두운 부분을 밝게, 밝은 부분은 어둡게 나타내어 물체의 확인을 용이하게 해 주는 기능이다.

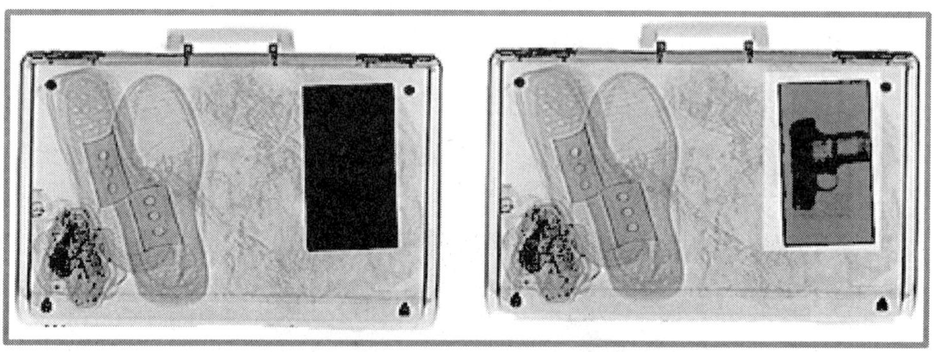

[그림 5-10] HI 기능 영상

B6　수퍼 엔핸스먼트(SUPER ENHANCEMENT)

물체를 선명하게 볼 수 있게 하는 기능이다.

X-ray 영상은 높은 투과력을 요구할 때 가는 선 및 밀도가 낮은 물체는 보이지 않게 된다.

이러한 단점을 보안하고자 개발된 기능이다. 즉 밀도가 높은 곳은 투과를 강화시켜 더욱 더 잘 보이게 하고 가는 선들은 더욱 더 선명하게 보여 주도록 프로그래밍한 기능이다.

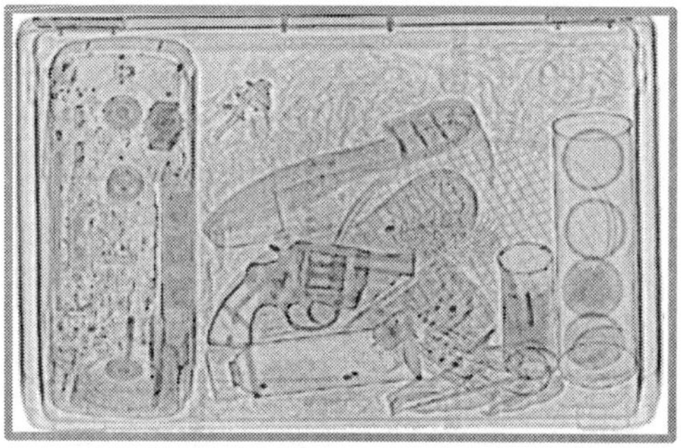

[그림 5-11] SEN 기능 영상

5.2.3 技能 키

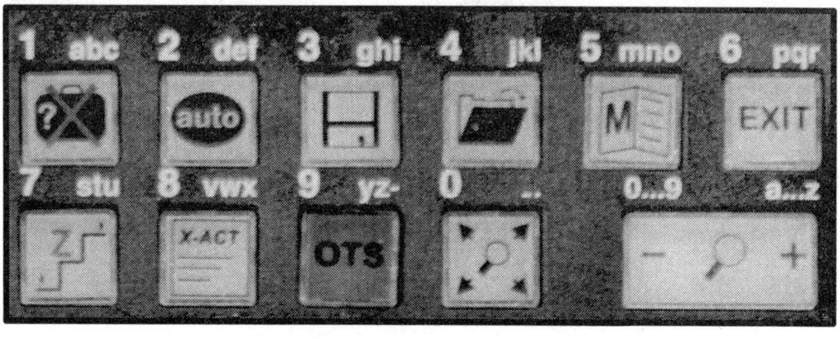

[그림 5-12] 기능 키

1 abc

리체크스테이션에 반응하는 X-ray 영상의 동시 전송을 해주는 의심 화물 혹은 수하물 아이템들의 전기적인 표시를 한다.

HI-TIP plus 또는 스탠다드 HI-TIP 시스템에 의해서 투사되는 위협 영상 그리고 인식된 가상의 위협 물체인식 및 제거 오퍼레이터 트레이닝 시스템(OTS XTrain)에 의해서 투사되는 위협 영상과 인식된 가상의 위협 물체를 인식 및 제거한다.

2 def

X-ACT, HDA, 그리고 HI-SPOT 같은 자동 감지 기능 표시의 삽입 스위치를 켜고 끄는 것.

아래 그림은 auto 기능에 의해 어두운 지역의 Automatic detection과 부분적인 highlighting 기능을 보여주고 있다.

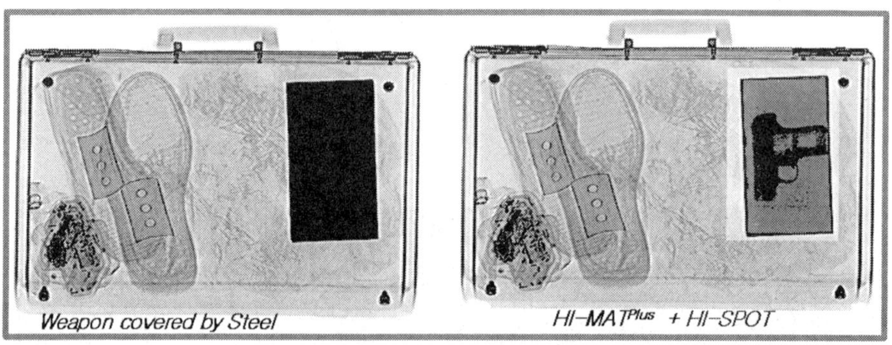

[그림 5-13] auto 기능

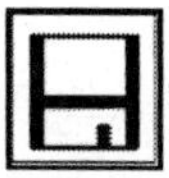

3 ghi

IMS 영상 저장 시스템에 의해서 X-ray 이미지를 저장하는 용도에 적절한 버튼이다.

4 jkl

IMS 영상 저장 시스템의 영상 리콜과 조작을 위한 메뉴를 선택하는 버튼이다.

5 mno

메인 메뉴를 선별하는 버튼이다.

6 pqr

잘못된 영상 표시로 이전으로 되돌아간다.

7 stu

X-Plore 영상 디스플레이 모드를 불러내는 버튼이다.

8 vwx

X-ACT 메뉴를 선택하는 버튼이다.

9 yz-

운영자 교육 시스템(OTS XTrain)의 훈련 세션을 시작하거나 종료시키는 버튼이다.

0 　 _ _

현재의 X-ray 이미지를 출력하는 버튼이다.

0...9 　 a...z

확대/축소 기능으로 확대/축소 대상을 선택 후 버튼의 +쪽을 누를 때마다 영상이 점진적으로 확대되고 버튼의 -쪽을 누를 때마다 영상이 점진적으로 축소된다. 알파벳 순서대로 입력시키기 위한 전환을 한다.

5.2.4 擴大 映像 移動 버튼

확대/축소 기능을 위한 영상 섹션의 선택과 스크린 메뉴와 창에서 기능의 선택을 위한 네비게이터이다. 모니터 화면과 버튼의 영역을 가로와 세로로 각각 3등분하여 9등분하였을 때 버튼의 각 부분을 누를 때마다 X-ray 영상의 해당하는 방향으로 점진적으로 이동한다.

5.2.5 制御 키

[그림 5-14] 제어 키

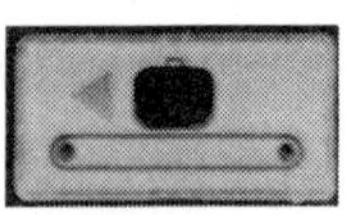

컨베이어를 역방향(좌)으로 동작하도록 한다.
IMS 영상 저장 시스템에 의해서 리콜을 위해 선택된 다음 영상을 불러온다.

컨베이어를 정방향(우)으로 동작하도록 한다.
정지한 후에, 운영자 교육 시스템(OTS XTrain)의 훈련 세션동안 다음 이미지를 불러온다.

컨베이어를 멈춘다.(장비 안의 터널을 깨끗이 제거하는 동안, 컨베이어는 자동으로 제어된다)IMS 영상 저장 시스템의 영상의 리콜을 중단 혹은 멈춘다.

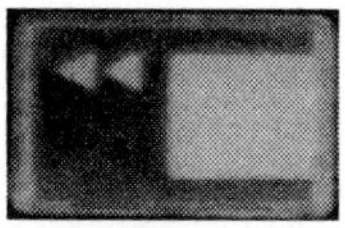

운영자 교육 시스템(OTS XTrain)의 훈련 세션동안 영상 스크롤을 멈춘다.
리뷰 기능을 남겨둔다.

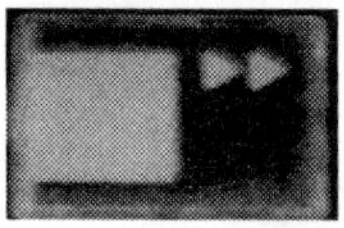

앞의 X-ray 영상을 불러온다.
Review 기능을 선택한다.

5.2.6 우선 키

더 상위의 접근 레벨을 가진 사용자에 의해 영상 디스플레이 기능과 더 나아간 개별 기능이 결합된 3개의 우선키에 있다. 프로그램된 기능들은 스크린 인디케이션 필드에 표시되어 있다.

[그림 5-15] 우선 키

기능키 1, 결합 설정되어 있는 기능을 동시에 수행한다. 예로 BW+HI 이면 컬러영상이 흑백으로 전환되는 BW기능과 HI기능이 수행된 영상이 화면에 나타난다.
메시지의 인식
입력 인식 및 상위 메뉴로 되돌아가는 것

기능키 2, 결합 설정되어 있는 기능을 동시에 수행한다. 예로 OS+SEN 이면 유기물 제거(OS) 기능과 SEN 기능이 수행된 영상이 화면에 나타난다.
기능의 활성화
제안된 기능을 받아들이는 것.

기능키 3

입력의 취소 및 상위 메뉴로 돌려보내는 것
제안된 행동의 거절

5.2.7 스크린 인디케이터

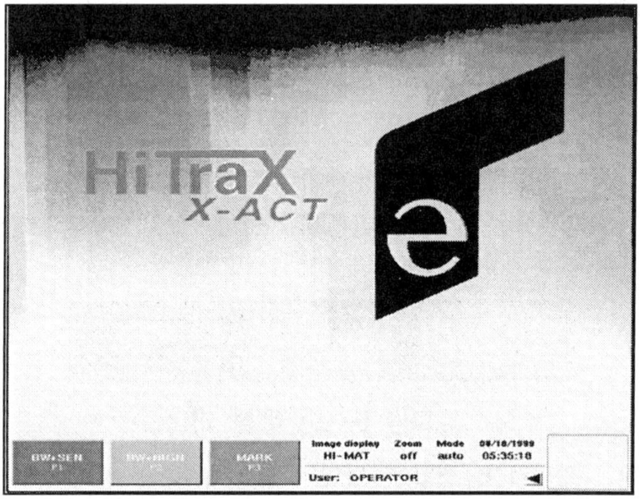

[그림 5-16] 스크린 인디케이터

"P1", "P2" 그리고 "P3"를 통해서 소환된 기능들의 결합 또는 기능의 디스플레이

〈표 5-1〉 기능 디스플레이

디스플레이	기 능
--	기능이 없음
ACCEPT	검색된 아이템을 의심스럽지 않은 것으로서 분류
Alarm	조용한 음성을 전송함
Alarm ON	조용한 알람이 활동 중임
AUTO	자동 탐지 기능의 마킹의 삽입을 껐다 켜는 것
BW	흑백영상
BW&HIGH	더 높은 투과력을 지닌 흑백영상이미지
BW&LOW	더 낮은 투과력을 지닌 흑백영상이미지
BW&NEG	네거티브 영상 디스플레이속의 흑백영상이미지
BW&NEG&SEN	슈퍼인핸스먼트를 가진 네거티브 이미지 디스플레이 속의 흑백영상이미지
BW&SEN	슈퍼인핸스먼트를 가진 흑백영상
EXIT	잘못된 영상 디스플레이
HI-CAT 1...8	HI-CAT image 1.....8
HI-MAT+	HI-MAT plus 컬러 이미지
HIGH	더 높은 투과력을 지닌 HI-MAT plus 컬러 이미지
HIGH&NEG	네거티브 이미지 디스플레이에서 더 높은 투과력을 가진 HI-MAT plus 컬러 이미지
IMS MENU	영상리콜메뉴의 소환
LOW	더 낮은 투과력을 가진 HI-MAT plus 컬러 이미지
MARK	수하물 아이템 표시, 인식된 위험 물체 그리고 이미지의 인식 및 제거
NEG	네거티브 영상 디스플레이에서 HI-MAT PLUS 영상
NEG&SEN	네거티브 영상 디스플레이에서 수퍼인핸스먼트를 가진 HI-MAT plus 컬러 이미지
NO STOP	감지기능의 자동 컨베이어 멈춤 시스템을 피함
O2	오로지 유기물만의 영상
O2+	오로지 유기물만의 영상
O2&SEN	슈퍼인핸스먼트를 가진 오로지 유기물만의 영상
O2+&SEN	슈퍼인핸스먼트를 가진 오로지 유기물플러스 영상
OPTI-ZOOM	최적으로 전시된 아이템을 확대하시오
OS	오르가닉 스트리핑 영상

OS+	오르가닉 스트리핑 플러스 영상
OS&SEN	슈퍼인핸스먼트를 가진 오르가닉 스트리핑 영상
OS+&SEN	슈퍼인핸스먼트를 가진 오르가닉 스트리핑 플러스 영상
PRINT	현재 영상 프린트
REJECT	의심스러운 것으로 검색된 아이템을 분류
SEN	슈퍼인핸스먼트를 가진 HI-MAT plus 컬러 영상
STORE	현재 영상의 저장
X-ACT	X-ACT menu를 불러올리는 것
X-PLORE	X-PLORE 영상
X-PL&SEN	슈퍼인핸스먼트를 가진 X-PLORE영상 *흑백모니터상에 귀하는 흑백영상에 반응하는 디스플레이를 볼 수 있다.

User: OPERATOR

Image display HI-MAT

HI-SCAN X-ray 검색기에 사용자 로그인의 이름 혹은 사용자 아이디 코드이다.
현재 영상 디스플레이 모드를 나타낸다.
"P1", "P2", "P3"와 동일한 약자를 사용하면서 [표 5-2]의 사항들을 추가한다.

〈표 5-2〉 현재 영상 디스플레이 모드의 추가 기능 디스플레이

디스플레이	기 능
VARI-BW	다양한 흡수 범위를 가진 흑백영상
VARI-BW&NEG	네거티브 영상 디스플레이에 다양한 흡수 범위를 가진 흑백 영상
VARI-CAT 1.....9	다양한 컬러/흡수 할당을 가진 HI-CAT 영상 1....9
VARI	다양한 흡수 범주를 가진 HI-MAT plus 컬러 이미지
VARI-NEG	네거티브 영상 디스플레이에서 다양한 흡수 범위를 가진 HI-MAT plus컬러 영상

VARI-SEN	다양한 흡수 범위 그리고 슈퍼인핸스먼트를 가진 HI-MAT plus 컬러 영상
VARI-O2	다양한 흡수 범위를 가진 오로지 오르가닉만의 영상
VARI-O2+	다양한 흡수 범위를 가진 오로지 오르가닉 플러스 영상
VARI-OS	다양한 흡수 범위를 오르가닉 스트리핑 영상
VARI-OS+	다양한 흡수 범위를 가진 오르가닉 스트리핑 플러스 영상
X-PLORE Z7....9	X-PLORE 영상 Z = 7....9
X-PL Z7...9&SEN	슈퍼인핸스먼트를 가진 X-PLORE 영상 Z = 7....9 * 흑백모니터에서 귀하는 흑백영상에 반응하는 디스플레이를 볼 수 있다.

Zoom off	확대/축소 기능을 위한 확대 요소의 디스플레이
Mode auto	HI-SCAN X-ray 검색기의 현재 활동적인 운영 모드 디스플레이

〈표 5-3〉 현재 활동적인 운영 모드 디스플레이

디스플레이	기 능
----	보통
Auto	한 개 혹은 그 이상의 자동 감지 기능(X-ACT, HDA, and HI-SPOT)의 표시
IMS	IMS 영상 저장 시스템에 저장된 영상
(IMS)	IMS 리콜을 일시적으로 멈춘다.

IMS&auto	자동 감지 기능의 표시를 가진 IMS 리콜
OTS	OTS 훈련 세션이 운영중이다.
(OTS)	OTS 훈련 세션이 일시적으로 멈추었다.
OTS&auto	OTS 훈련 세션은 자동 감지 기능들의 표시를 가지고 운영한다.
REVIEW	선행하는 X-ray 영상들이 리뷰된다.
REV&auto	자동 감지 기능의 표시를 가진 영상의 리뷰

날짜와 시간 디스플레이

운송방향 디스플레이(자동 컨베이어 제어가 없는 스탠다드 장비)

〈표 5-4〉 운송방향 디스플레이

디스플레이	기 능
◀ ▶	활동적인 검색 방향. 이 방향으로 스캐닝 과정이 수행된다. 컨베이어를 멈추기 위해서는 "STOP" 버튼을 계속해서 눌러야 한다.
◁ ▷	이 방향으로 물체는 계속 역회전한다. 키는 반드시 눌러진 상태를 유지하여야 한다.
	이 방향으로 물체는 역방향으로도 스캔이 가능하다(기능 역회전 스캐닝). 키는 반드시 눌러진 상태를 유지하여야 한다.

자동 컨베이어 제어를 갖추고 있는 X-ray 장치 안에서는 〈표 5-5〉와 같이 준비 및 남은 시간을 디스플레이 한다.

〈표 5-5〉 준비 및 남은 시간을 디스플레이

디스플레이	기 능
ready	X-ray 장치는 X-ray 검색을 수행할 준비가 되었다.
199	수하물 혹은 화물 아이템이 스캔되어 왔다. 남은 평가시간은 1 - 99초이다.
99	수하물 혹은 화물 아이템이 스캔되어 왔다. 남은 평가시간은 99초 이상이다.

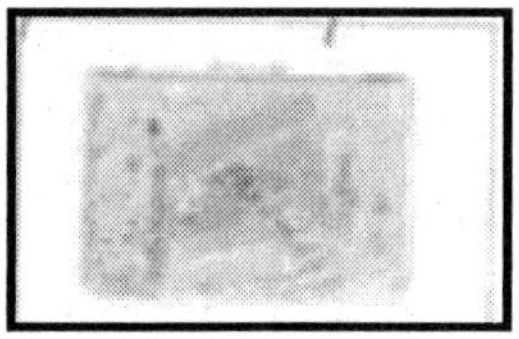

완벽한 X-ray영상의 최소 디스플레이 및 스크린에서 확대된 영상의 섹션이 최소 디스플레이에서 프레임으로 공급이 된다.

6. X-ray 映像判讀

6.1 映像判讀 槪要

6.1.1 物質에 의한 表示

X-ray는 물질에 X 광선을 투사하여 디지털 영상화하는 과정에서 얻어지는 원자번호를 결정하고 이것을 두개의 그룹, 즉 유기물과 무기물로 나눈다.

유기물은 10보다 낮은 원자번호로 구성된 물질로 수소(1), 카본(6), 질소(7), 산소(8)가 주 구성 원소들이고, 나머지 원자번호인 헬륨(2), 리튬(3), 베릴륨(4), 붕소(5), 플루오르(9), 네온(10)들은 유기물 내에 상대적으로 드물게 구성되는 원소들이다.

무기물은 10보다 큰 원자번호로 구성된 물질로 나트륨(11), 알미늄(13), 칼슘(20) 등으로 〈표-6-1〉 탐지 원자량에서 보듯이 대체로 원자량이 커서 유기물에 비해 무게가 무겁다.

혼합물은 유기물과 무기물들이 섞여 있는 물질이다.

〈표 6-1〉 탐지 원자량표

원자번호	원소기호	원소명	영어명	원자량
1	H	수소	Hydrogen	1.0079
2	He	헬륨	Helium	4.00260
3	Li	리튬	Lithium	6.941
4	Be	베릴륨	Beryllium	9.01218
5	B	붕소	Boron	10.81
6	C	탄소	Carbon	12.011
7	N	질소	Nitrogen	14.0067
8	O	산소	Oxygen	15.9994
9	F	플루오르	Fluorine	18.998403
10	Ne	네온	Neon	20.179

11	Na	나트륨	Sodium	22.98977
12	Mg	마그네슘	Magnesium	24.305
13	Al	알루미늄	Aluminum	26.98154
14	Si	규소	Silicon	28.0855
15	P	인	Phosphorus	30.97376
16	S	황	Sulfur	32.06
17	Cl	염소	Chlorine	35.453
18	Ar	아르곤	Argon	39.948
19	K	칼륨	Potassium	39.0983
20	Ca	칼슘	Calcium	40.08

6.1.2 密度에 의한 表示

원자번호가 클수록 또는 물질의 양이 많을수록 X-ray가 투과되는 양은 적어진다. [그림 6-1]에서 보듯이 Book은 주 구성 물질이 탄소, 질소, 산소 등으로 구성되어 X-ray 투과량이 많고, Aluminium은 원자번호가 10보다 큰 무기물질로 X-ray 투과량이 적으며, Steel은 원자번호가 아주 높은 물질로 X-ray 투과량이 매우 적다.

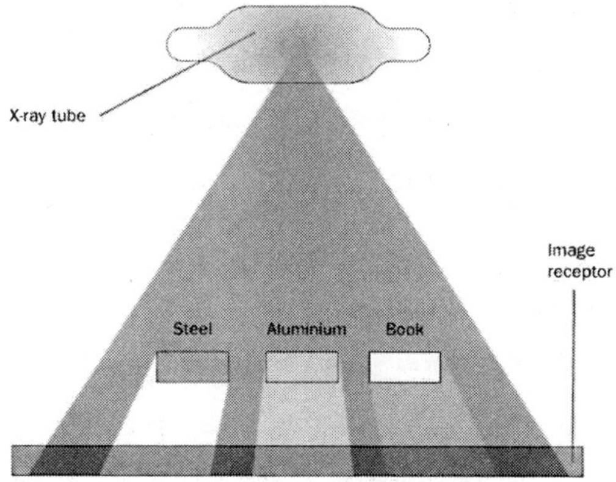

[그림 6-1] X-ray 투과량

6.1.3 模樣에 의한 表示

디지털 영상화되어 모니터에 나타나는 이미지는 투시대상 물품이 고체인 경우 그 물품의 외곽 형태를 그대로 보여준다. 다만 투과되는 X-ray의 량에 따라 밝기가 달라지는데 [그림 6-2]에서 보듯이 투과량이 많은 때는 밝기가 밝고, 적을 때는 어둡게 표시된다.

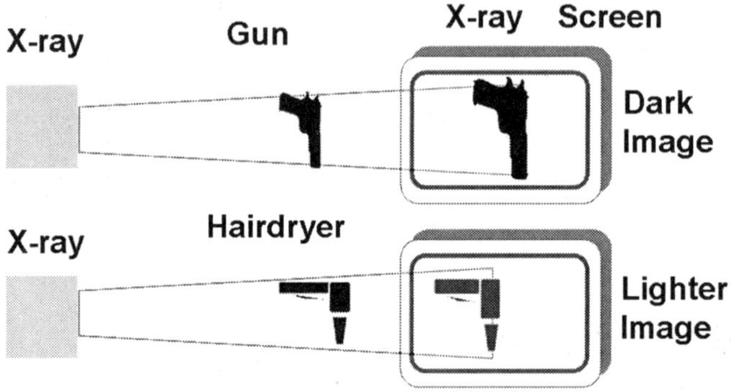

[그림 6-2] X-ray에 투과된 물체의 모양

6.2 映像判讀 要領

1) 유기물질 : 오렌지색

폭발물, 마약, 플라스틱, 의류, 설탕, 가죽제품, 음식물, 화장품 등은 X-ray 검색기 컬러모니터 상에 오렌지색으로 표시되며, 밀도가 낮을수록 엷은 오렌지색으로 표시되고, 반대로 밀도가 높을수록 짙은 오렌지색으로 나타난다.

2) 무기물질 : 청색

금속류(권총, 도검류, 배터리 등), 천연 소금류, 기타 귀금속류, 유리 등은 X-ray 컬러모니터 상에 청색으로 나타나며, 밀도가 낮을수록 연한 청색에 가까워지고, 반대로 높으면 높을수록 짙은 청색으로 나타낸다. 검색대상 물체의 모양과 함께 판독한다.

3) 혼합물질 : 녹색

알루미늄, 유리제품, Gas가 들어있는 Gas통 등 유기물질과 무기물질이 혼합된 물질로 색상과 검색대상 물체의 모양을 고려하여 판독한다. 예로 캔에 든 음료, 유리병에 든 음료 등이다.

4) 밀도가 높아 물질구분이 안 되는 물질 : 흑색

주철, 두꺼운 금속류 등 대부분 X-ray 투과 불가 또는 납이나 납 성분을 포함하고 있는 물질인 흡수 물질로 밀도가 높아 물질 구분이 불가능한 밀도 높은 물품은 유기 및 무기물질을 불문하고 X-ray 검색기의 컬러모니터에 흑색으로 나타난다. 단, 흑색영상인 경우는 밀도차에 의한 형태가 나타난다.

〈표 6-2〉 X-ray 판독 참고 표

물질구분	영상색상	판독기준	종류
유기물	오렌지색	색상/밀도	폭약, 마약, 플라스틱, 의류, 설탕
무기물	청색	모양	총기, 실탄, 도검, 소금 등 금속물질
혼합물	녹색	색상/모양	유기물, 무기물의 혼합물, 가스성분이 들어있는 혼합물
밀도가 높은 물질	흑색	모양/색상	주철 등 금속물질, 두꺼운 금속, 납 또는 납성분 포함물질

5) X-ray 영상이미지

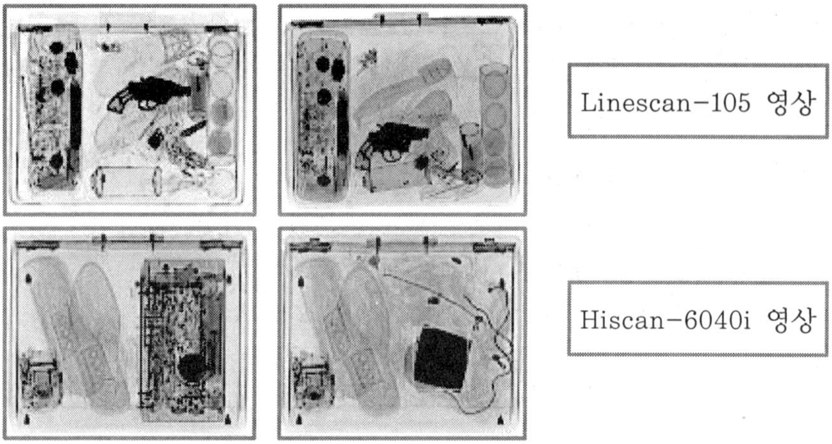

[그림 6-3] X-ray 영상이미지 비교

6) 주의해야 할 사항

(1) X-ray 장비가 가동(전원스위치 on)하여 장비가 정상적으로 작동되기 전까지 컨베이어 벨트 위에는 아무것도 올려놓지 말아야 한다.

(2) 정상적으로 작동중인 X-ray 터널의 커턴 내부로 신체일부가 들어가지 아니하도록 하여야 한다.

(3) 모니터를 이용한 물품을 검색하고 있을 때 X-ray 장비가 작동하지 않거나 이미지 판독시 에러가 발생하면 신속하게 검색감독자에게 보고하여야 한다.

(4) 아래 물품들은 X-ray에 절대 통과시켜서는 안된다.

○ 사람의 신체, 살아있는 동물

○ 혈액, 장기 등 생명체 물품

○ 유골, 유해품

○ 고감도 카메라 필름(1000 이상) : 마이크로필름 등

○ 다량의 비디오테이프 (다큐멘터리 제작)

6.3 裝備別 映像比較

6.3.1 E-SCAN X-ray

E-SCAN X-ray 방식의 검색기는 생산되기 시작한지 오랜된 장비로 판독요원이 [그림 6-5]에서 보듯이 모니터에 나타난 컬러 또는 흑백 영상을 보고 직접 위해한 물품을 판독해야 한다.

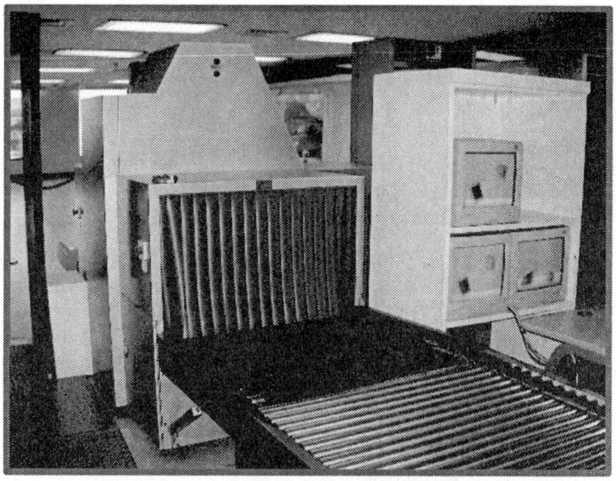

[그림 6-4] E-SCAN 방식 X-ray 검색기

[그림 6-5] E-SCAN 방식 영상

6.3.2 Auto scan X-ray

Auto scan X-ray 방식의 검색기는 모니터에 나타난 영상을 보면 위해한 물품의 위치에 사각형이나 타원으로 표시하여 판독요원이 판독하기 쉽게 해주는 물체식별 및 감지센서에 의한 자동판독 기능이 있으며, 근래에 생산되기 시작한 장비로 여러 분야에서 사용되고 있다.

가) 휴대품 검사용(hand carrier baggage)

휴대품 검사용 장비는 승객들이 항공기에 탑승할 때 소지하고 있는 휴대물품을 대상으로 검색하는데 사용하는 장비로서 터널의 크기가 60㎝×60㎝ 내외이다. [그림 6-6]은 독일의 Himann사 제품으로 이 장비로 투시한 영상을 [그림 6-7]에서 보여주고 있다. 투시된 영상들을 보면 위해한 물품이라고 추정되는 위치에 사각형이 그려져 있다. [그림 6-7]의 (a) 영상에서 전자제품 오른쪽에 그려진 사각형 위치에 폭발물로 의심되는 물품이 있음을 나타내 주고 있다.

[그림 6-6] 휴대품 검사용 X-ray 장비

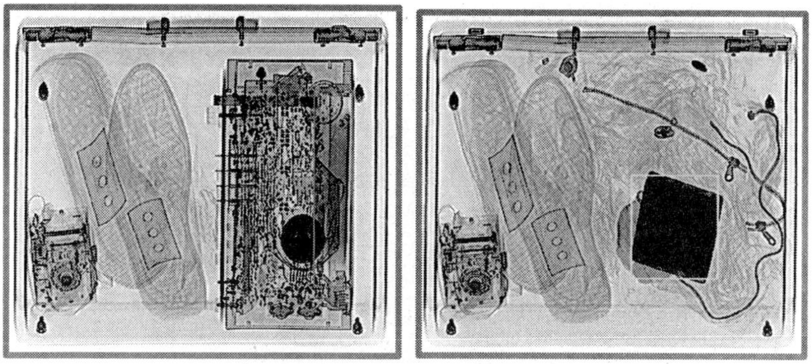

(a) (b)

[그림 6-7] 휴대품 검사용 X-ray 영상

나) 수화물 검사용(baggage)

수화물 검사용 장비는 승객들이 탑승권 발권시 항공사에 위탁하여 화물로 실리는 수하물품을 대상으로 검색하는데 사용하는 장비로서 터널의 크기가 100㎝×100㎝ 내외이다. [그림 6-8]은 독일의 Himann사 제품으로 이 장비로 투시한 영상을 [그림 6-9]에서 보여주고 있다. 투시된 영상을 보면 위해한 물품이라고 추정되는 위치에 타원이 그려져 있다.

[그림 6-8] 수화물 검사용 X-ray 장비

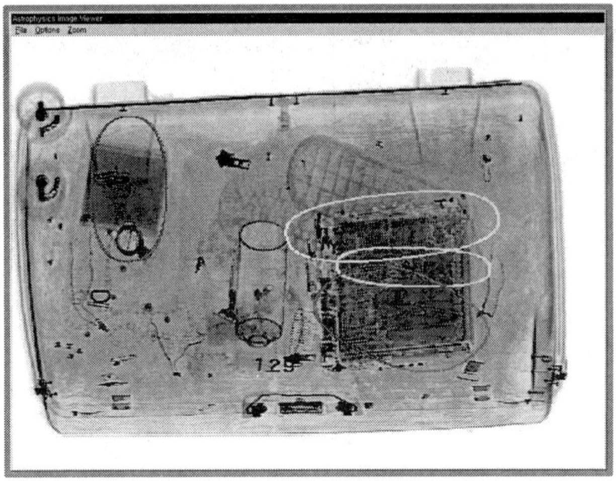

[그림 6-9] 수하물 검사용 X-ray 영상

다) EDS(Explosives Detection System) X-ray

EDS 장비는 승객들의 위탁수하물이나 항공화물을 대상으로 폭발물이나 마약류들을 검색하는데 사용하는 장비이다. [그림6-10]은 독일의 Himann사 제품으로 이 장비로 투시한 영상을 [그림 6-11]에서 보여주고 있다. 투시된 영상을 보면 폭발물이라고 추정되는 물품은 적색으로 표시된다.

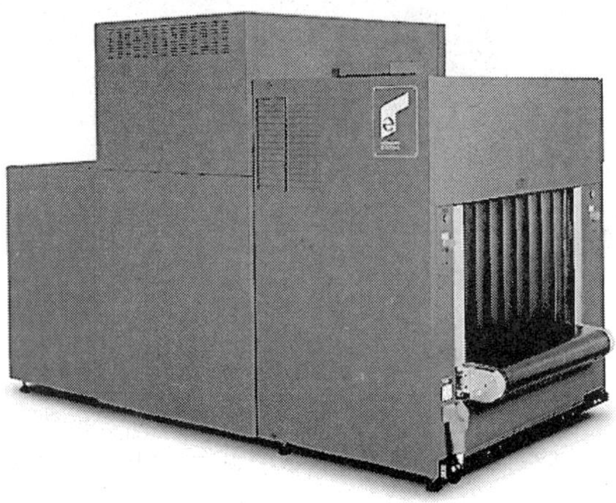

[그림 6-10] EDS용 X-ray

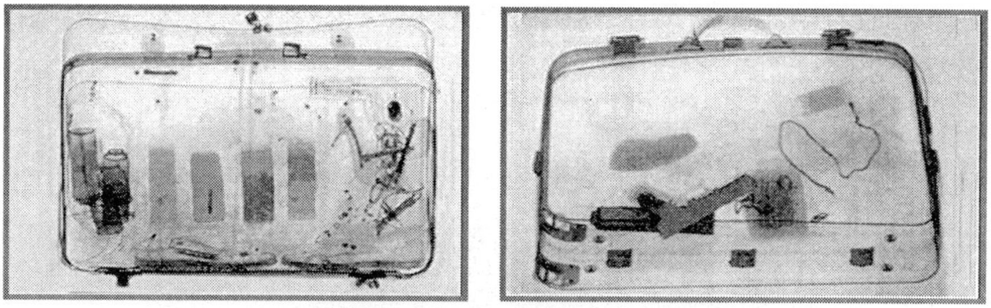

[그림 6-11] EDS용 X-ray 영상

라) CARGO X-ray

CARGO X-ray는 해상운송시 선박에 선적되기 전에 또는 육로운송시 차량에 적재된 상태로 컨테이너를 검색하는데 주로 사용된다. 이 장비는 화물차량에 적재되어 있는 컨테이너를 적재된 그대로 검색할 수 있어 검색처리 시간이 빠르다.

[그림 6-12] 이동형 CARGO X-ray 검색기

1) CARGO X-ray의 사용 에너지별 영상비교

- 붉은 부분은 X-ray가 투과하지 못한 부분이다.
- 더 높은 에너지로 X-ray를 방사하면 더 높은 투과력을 얻어 질 좋은 영상으로 검색할 수 있어 시간이 단축되어 더 많은 화물을 검색할 수 있다.

- [그림 6-13] ~ [그림 6-16]은 X-ray 투과에너지가 높을수록 더 선명한 영상을 볼 수 있음을 보여준다.

[그림 6-13] 450keV X-ray System 영상

[그림 6-14] 1.3MeV X-ray System 영상

[그림 6-15] 4MeV X-ray System 영상

[그림 6-16] 9MeV X-ray System 영상

2) 각종 화물 X-ray 영상

[그림 6-17] 트럭 내의 기계장비 영상

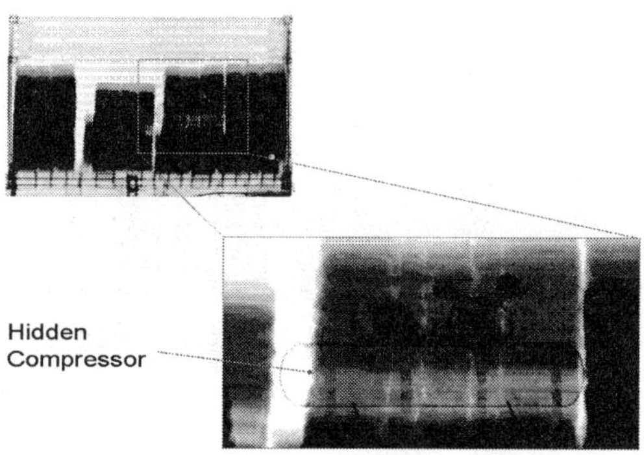

[그림 6-18] 은닉한 압축기

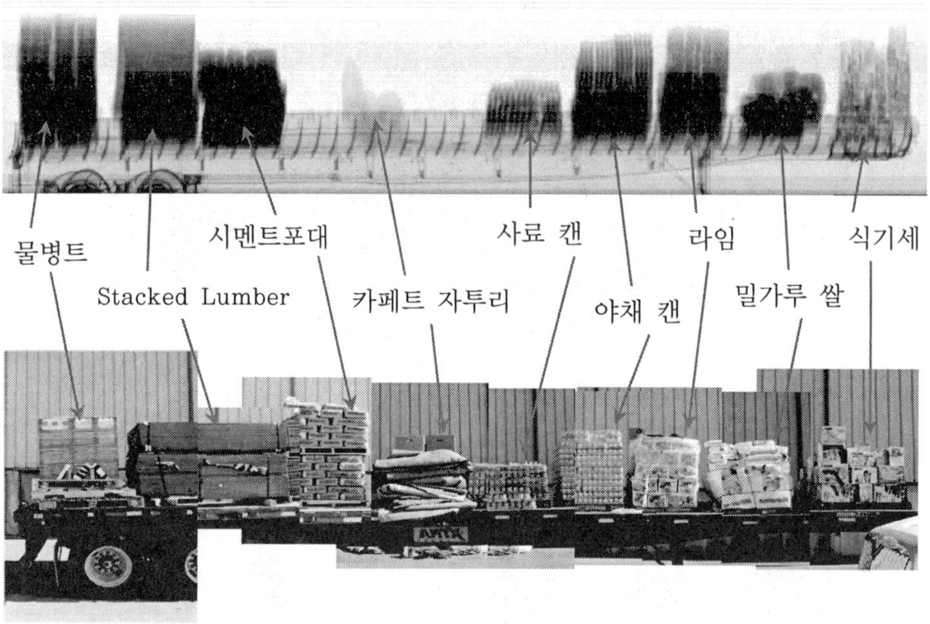

[그림 6-19] 각종 화물의 X-ray 영상

3) 무기, 폭발물, 마약을 포함한 반입금지품 X-ray 영상

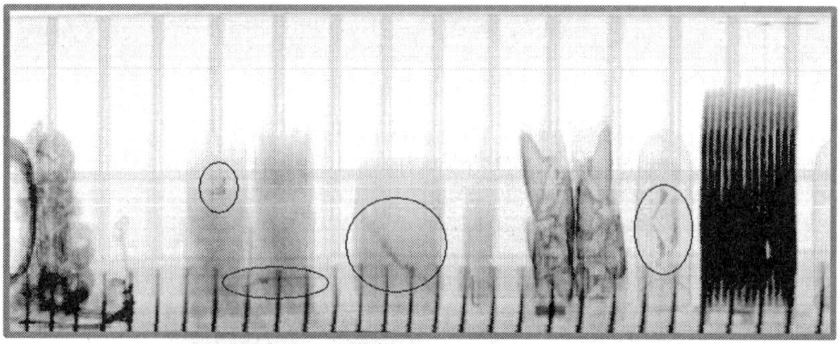

[그림 6-20] 라이플총과 권총

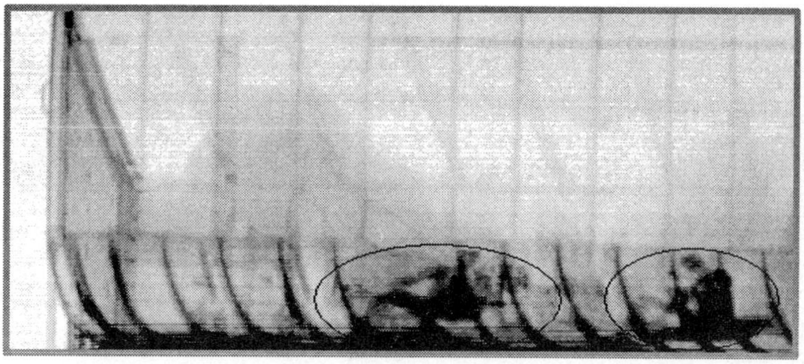

[그림 6-21] 밀항자

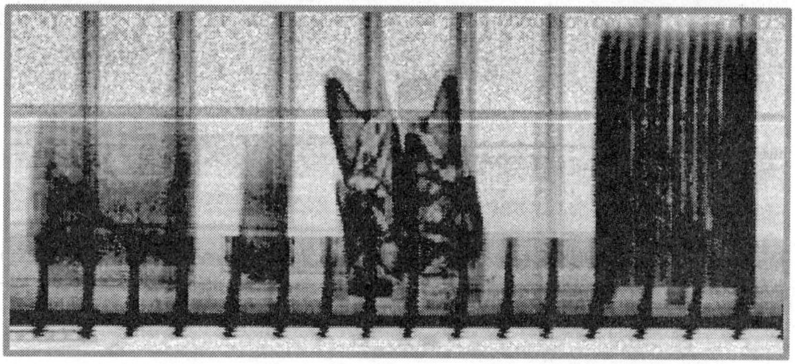

[그림 6-22] 대마초와 스틸탱크 영상

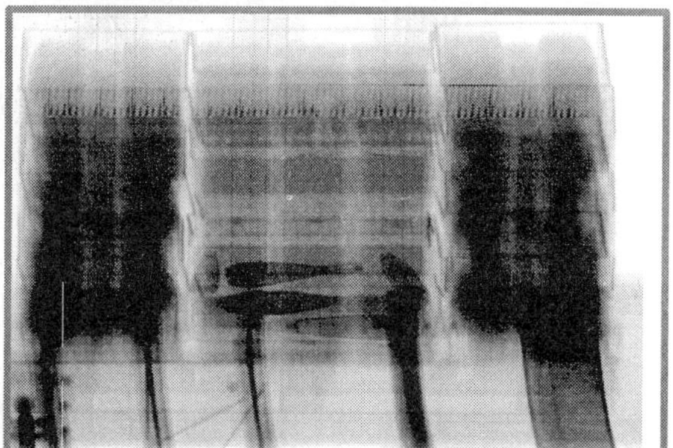

[그림 6-23] 물병 속 포탄

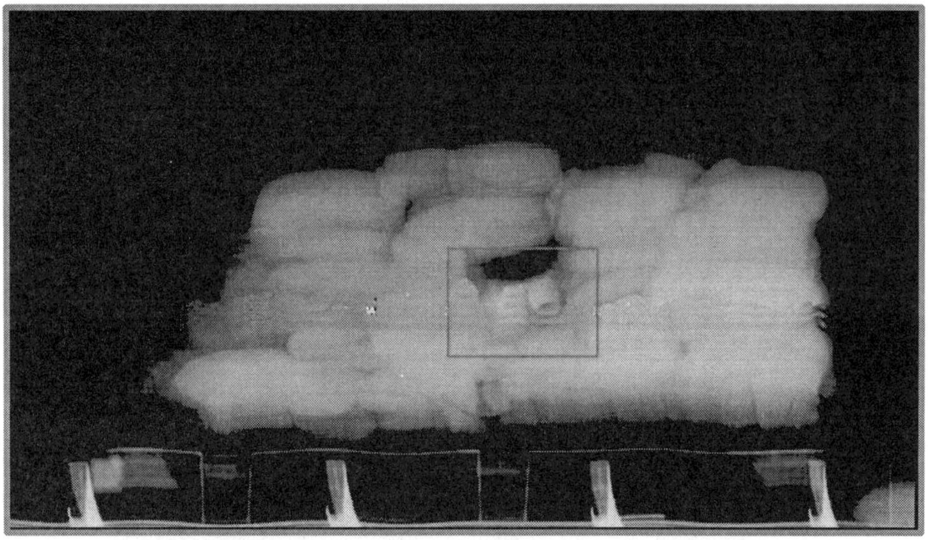

[그림 6-24] 밀가루 속의 모조 폭발물

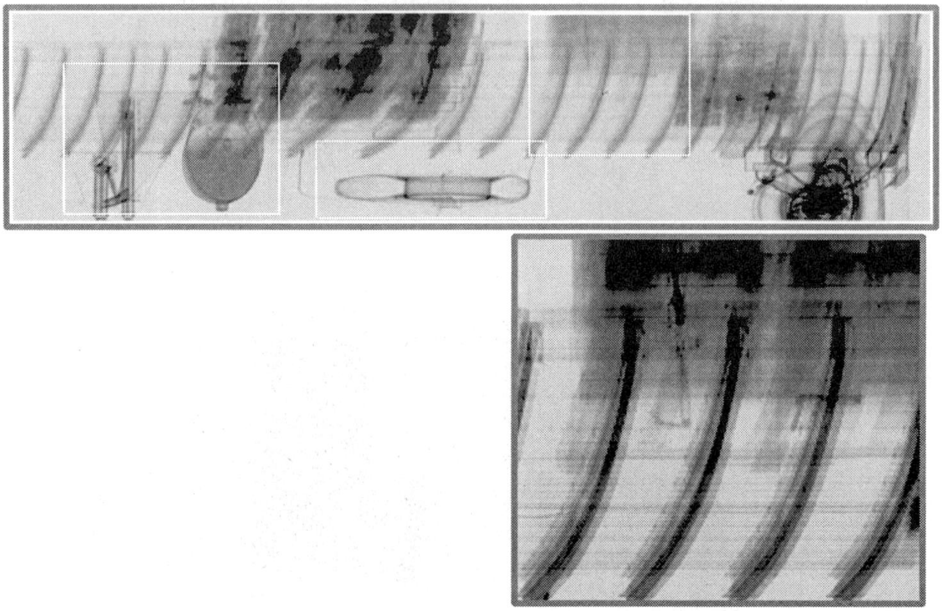

[그림 6-25] 트럭에 숨겨진 무기 영상(라이플 총, 권총)

4) 레미콘 트럭 시험 영상

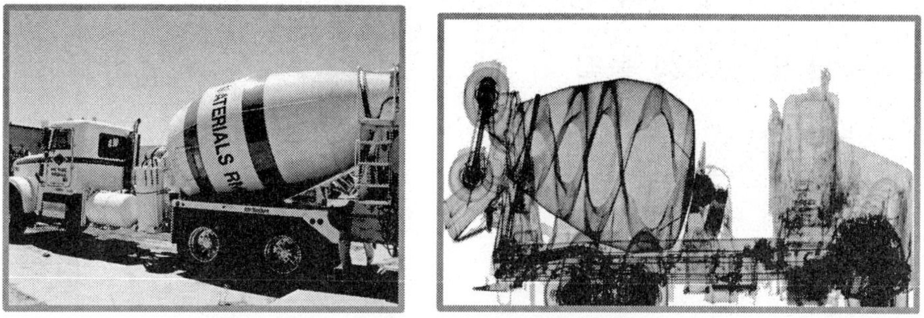

[그림 6-26] 레미콘 트럭과 투시된 연상

[그림 6-27] 레미콘 트럭에 숨겨진 마약

[그림 6-28] 레미콘 트럭에 은닉된 위해물품

6.4 主要 危害 및 危險 物品의 X-ray 映像

6.4.1 발화 및 인화성 물질

가) 발화성 물질

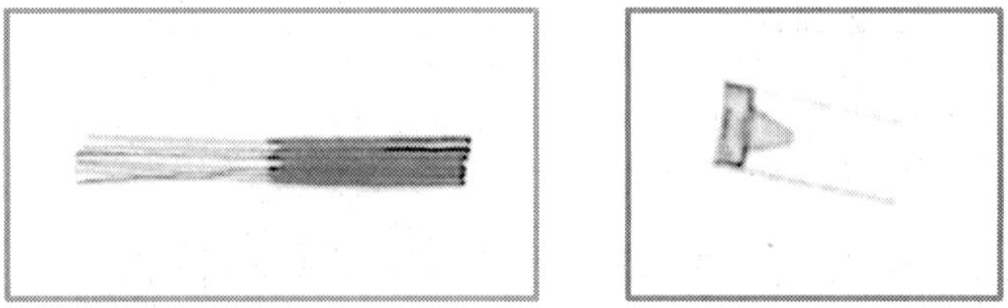

폭죽

나) 인화성 물질

6.4.2 고압가스

가) 가연성물질 내포 캔

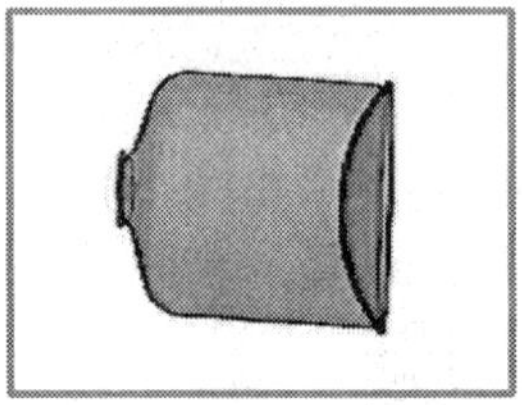

등산용 가스통

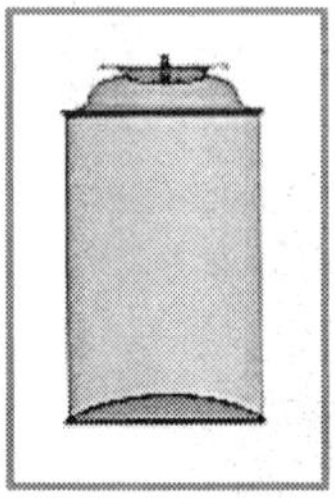

부탄가스 통

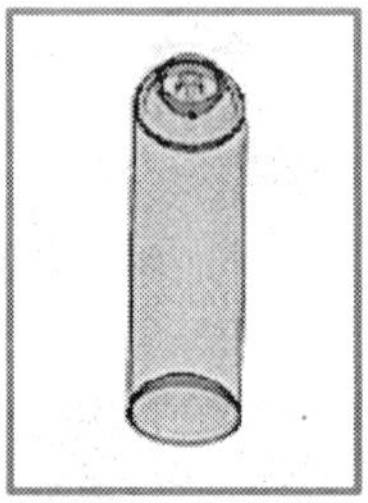

해충제 스프레이

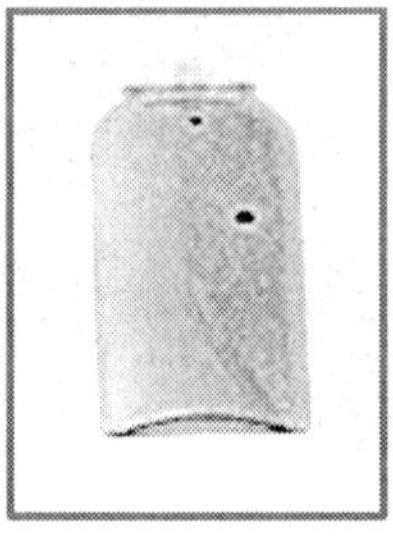

선크림 스프레이

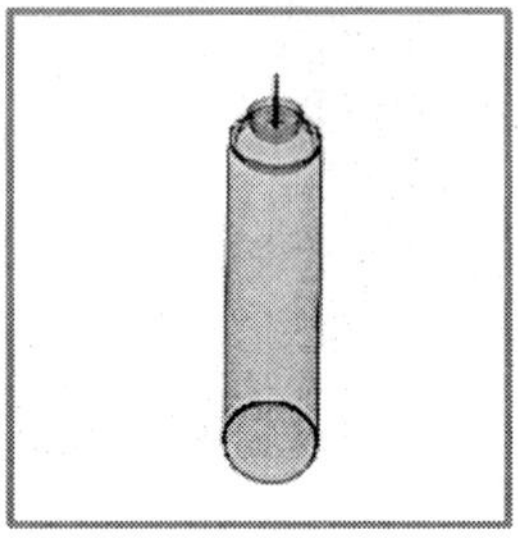

라이타 가스

나) 향수, 화장품, 헤어스프레이

(1) 0.5리터 이내 2개까지 객실반입이 가능하나 그 이외는 위탁수하물로 처리하여야 한다.

6.4.3 무기 및 폭발물류

가) 총기류

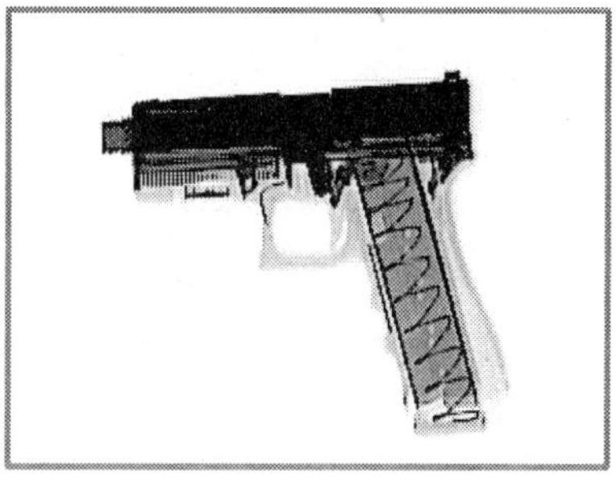

자동 권총 [글락]

38구경 리볼버 권총

[서버이벌 총]

[장남감 총]

나) 실탄류

[9mm 권총탄 탄피]

[9mm 권총탄]

다) 도검류

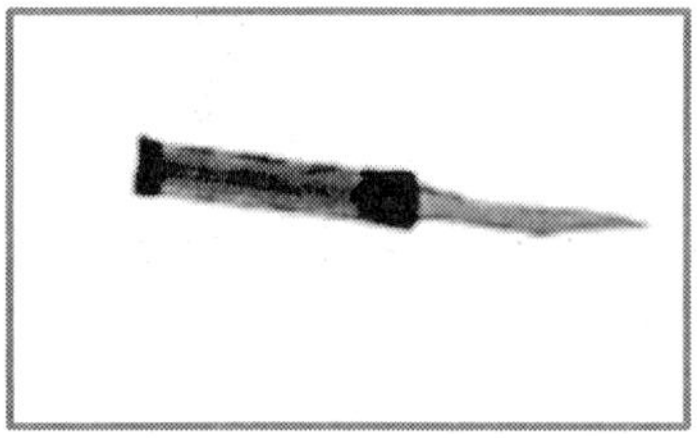

[발리송(버터플라이)]

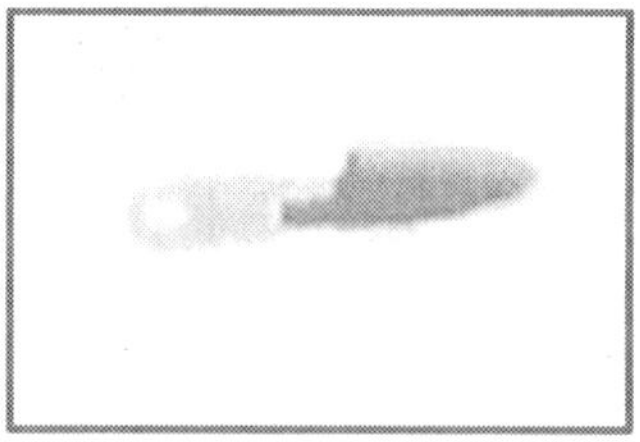

[과도]

[플라스틱 케이스 카터칼]

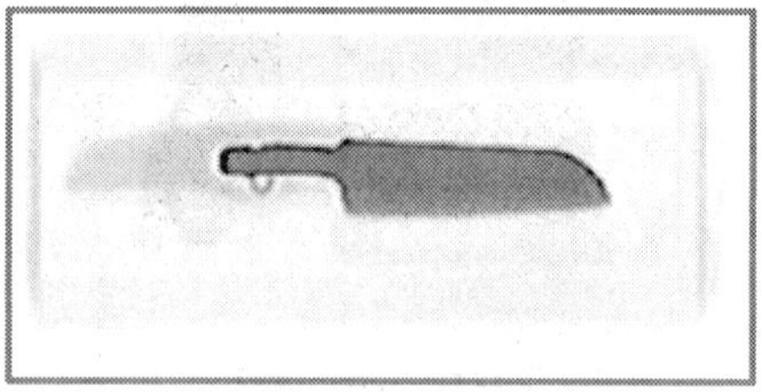

[세라믹 과도]

라) 폭발물류

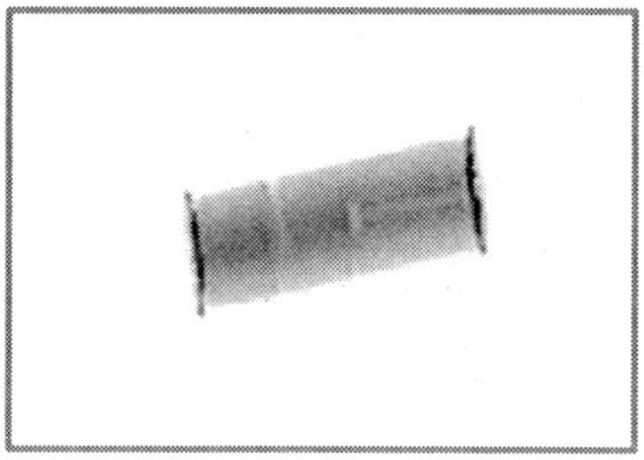

TNT

다이너마이트

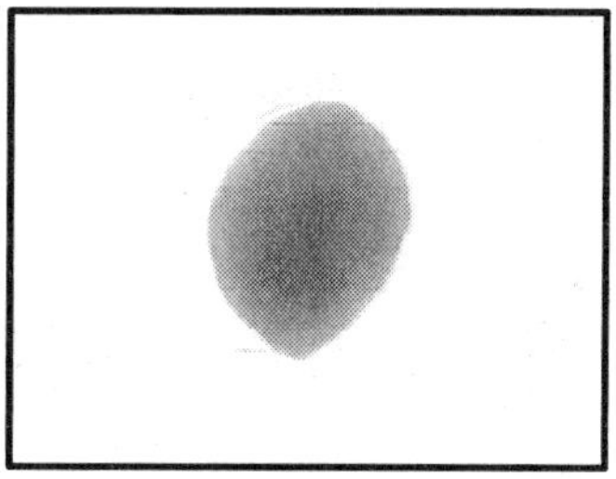

컴포지션-4(C-4)

6.4.4 기타 위험물품

1) 화학물질 및 유독성 물질

유리병에 든 황산

유리병에 든 질산

유리병에 든 수은가루

2) 무기로 사용될 수 있는 물품

주사기

수지침

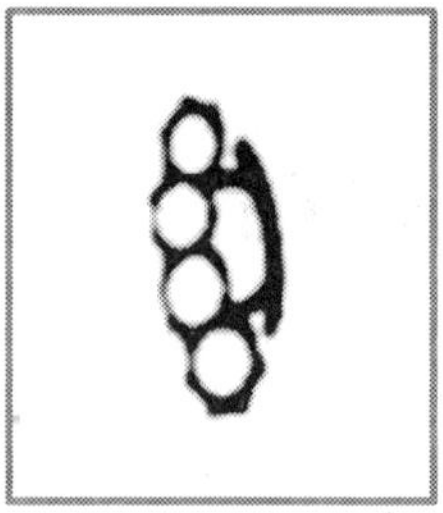

철권

표창

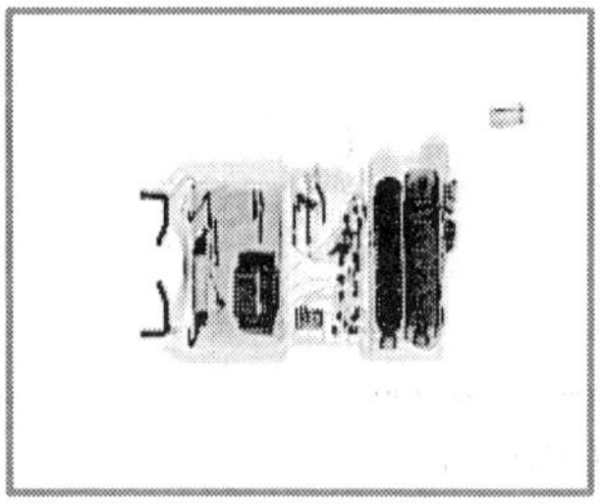

전기충격기

호신용 스프레이 가스

第 Ⅲ 編　空港特殊警備裝備

7. 外廓侵入感知 시스템
8. 內部侵入感知 시스템
9. 閉鎖回路 TV
10. 出入統制시스템
11. 電源供給裝置

7. 外郭侵入感知 시스템 (PIDS : Perimeter Intrusion Detection System)

7.1 槪要

7.1.1 槪念

경비업법 제2조에서는 기계경비업무를 “경비대상시설물에 설치한 기기에 의하여 감지·송신된 정보를 그 경비대상시설 외의 장소에 설치한 관제시설의 기기로 수신하여 도난·화재 등 위험발생을 방지하는 업무를 말한다.” 라고 규정하고 있다.

기계경비시스템은 점점 진화되고 정교화 되어 가고 있는 시설물 침입과 공격으로부터 자산과 사람을 보호하기 위해 경비대상시설물에 각종 감지기 및 제어기 등 첨단감지장비를 설치하여 시설물의 인근 또는 원격지 관제센터에서 침입이나 이상 상황을 보다 빠르게 감지하고 경보를 발생시켜 적절히 대응할 수 있게 함으로서 위험요소를 사전에 차단하는 시스템으로 도난경보시스템, 전자경비시스템, 무인경비시스템으로도 불리며, 적용범위가 방재부분(가스누출, 화재, 누수, 시설이상 등) 및 긴급의료 서비스, 비상 등 계속적으로 확대되고 있다.

이러한 기계경비시스템의 가장 선봉에서 활용되고 있는 侵入感知시스템은 기본적으로 인가되지 않은 사람의 침입을 감지할 수 있어야 하고, 감지된 침입정보가 경보형태로 필요한 사람에게 전달되어 불법침입자의 범행에 적절히 대응할 수 있게 해야 한다.

외곽지역에 효과적인 보안장치를 마련하는 것은 많은 비용이 소요된다. 또, 이 장치는 위협의 정도, 장비 운영절차, 보안상의 취약정도에 맞게 설계되고 설치되어야 한다. 이상적으로는 보안장치들이 예상되는 위협을 효과적으로 방지할 수 있어야 하나 많은 예산이 소요되므로 단기적으로 모든 것을 해결하기에는 어려운 일이다. 부분적으로 실시되는 보안장치의 활용은 전혀 없는 것보다는 낫지만, 장기적으로는 종합적인 외곽보안장치 공급계획이 마련되어 예산이 허용하는 범위 내에서 단계적으로 실현되어야 한다. 즉, 울타리와 조명을 먼저 설치하고, 외곽침입감지장치, CCTV 및 추가 울타리 설치 등으로 점차적으로 확대하여 실행할 수 있다. 이렇게 장기적이고 점진적인 대책을 수립할 경우, 모든 보안시설들이 설치 초기부터 상호호환되어야 한다.

外郭侵入感知시스템은 경비대상구역의 외부와 경계선으로 구분되는 옥외구역의 외곽방책을 통해 침입하는 것을 감지하는 시스템이다. 출입이 통제되는 지역에 불법으로 침입하는 침입자를 감지하여 그 위치를 알려주기 위한 侵入感知시스템은 [그림 7-1]과 같은 구성형태를 보인다.

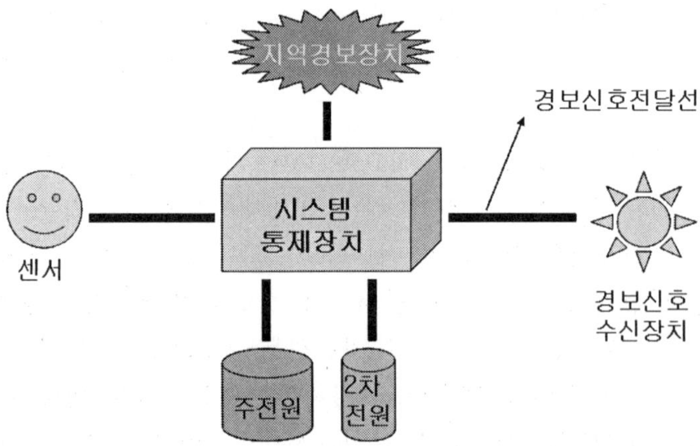

[그림 7-1] 侵入感知 시스템 構成 形態

가) 구성

1) **侵入感知**(감지기)

정상적이지 않은 이상 상태를 감지하여 시스템 통제장치에 신호를 전달하는 것으로 능동형(Active)과 수동형(Passive) 감지기로 구분한다. 능동형 감지기는 감지기가 만들어낸 신호(적외선, 마이크로웨이브, 초음파 등)가 주위의 환경에 의해 변화된 것을 감지하는 방식의 감지기이며, 수동형 감지기는 피사체(대상물체)에서 발생되는 신호(열, 음향, 충격, 압력 등)을 감지하는 방식의 감지기 등이다.

2) 경보신호전달(통제장치)

감지기로부터 감지한 경보상황을 필요한 사람에게 여러 가지 매체와 다양한 방법으로 신호를 전달하는 역할을 수행한다. 따라서 사전에 출입이 인가된 사람만이 출입이 가능하다. 이를 수행하기 위한 통제장치가 일정한 지역 내에 또는 중앙에 있어야 한다.

3) 경보(경보장치)

근무자에게 경고나 적절한 조치를 수행할 것을 요구하기 위한 신호로 경광등이나 사이렌 등과 같은 소리 또는 빛을 사용하는 단순한 방법이 있으며, 고객에게 보다 많은 정보를 제공할 수 있는 문자나 음성 메시지 또는 현장영상을 전송하는 정보제공방법이 있다. 최근에는 이 두 가지를 혼합하여 효율성을 높인 복합적인 방법을 사용하기도 한다.

7.1.2 侵入感知 시스템의 發展

가) 변화과정

① 생성단계 : 근무자가 없는 야간이나 휴일에 불법침입자가 발생하면 현장에 설치한 감지기가 감지하여 설치된 경광등이나 경음기의 경보음을 크게 발생시켜 근처를 순찰하던 경비원이나 경찰이 이 빛이나 소리를 보거나 듣고 대응하는 형태이다.

② 성장단계 : 현장에 설치된 감지기가 침입자가 발생하면 감지신호를 발생시켜 현장대응이 가능한 장소로 경보신호를 전송하는 형태이다.

③ 성숙단계 : 침입자가 발생하여 신호가 감지되면 이 경보신호를 문자 형태로 전환하여 현장대응요원과 시설주에게 전송하는 형태이다. 이 형태는 경보신호를 문자로 전환하는 신호변환장치가 필요하다.

④ 완성단계 : 침입자 발생으로 신호가 감지되면 함께 설치된 카메라를 통해 경보신호 및 현장상황을 영상신호로 전송하는 형태이다.

현재는 발생장소에서 운영상황실까지 유선으로 연결되어 영상신호를 보내지만 차후에는 무선으로 송신이 가능할 것이고 방재, 시설제어, 원격보호나 원격진료까지 적용을 확대할 수 있다.

나) 장·단점

1) 장점

侵入感知시스템은 설치후 운용되는 인력을 줄일 수 있어 인건비 등의 비용을 절감할 수 있으며, 근무자가 식사하는 시간, 화장실을 이용하는 시간 및 근무교대하는 시간 등에도 공백시간 없이 경비업무를 수행할 수 있으며, 근무 중 침입자로 인해 발생할 수 있는 부상 및 사망 등의 근무자 피해를 줄일 수 있다.

또한 출퇴근 관리, 식수인원관리 등 다양한 서비스를 부가적으로 제공할 수 있어 경영합리화에도 도움이 될 수 있다.

2) 단점

각종 감지기나 통제장치 등이 필요한 侵入感知시스템의 설치에 비용이 많이 소요되어 초기에 투자부담이 되며, 감지기의 불량이나 고장으로 인한 오작동 또는 미작동으로 인해 오판할 가능성이 증가하게 되고, 현장에 경비원이 상주하지 않으므로 인해 경보발생 후 신속하게 현장에 대한 조치가 이루어지기 어려우며, 적절한 현장조치가 이루어지지 않을 경우 경비기기의 본래 목적을 달성하기 어려워진다는 문제점을 안고 있다.

다) 경보신호 대응

1) 개념

범인이 범행목표를 이루기 이전에 대응요원이 현장에 도착하도록 하기 위해서 범인의 행동을 지연시키거나 방해함으로서 고객의 손실을 최소화하는데 있다.

2) 절차

침입자의 침입으로 발생된 경보신호를 수신한 즉시 대응요원에게 통보하며, 대응요원은 범인과의 격투행위를 지양하고, 손실을 감소시킬 수 있는 방안을 강구하고 대응활동은 법적 권한 내에서 전개하며 필요시 공안기관의 대응을 요청하여 피해를 줄이도록 노력한다.

7.1.3 警報信號 傳達

가) 의의

警報信號 傳達이란 대응요원에게 사고 발생 유형이나 위치 등의 필요한 정보를 전달하여 대응할 수 있게 하는 것이다. 이러한 경보가 정상 작동한 경보가 아니고 잘못 작동한 경보라면 경비손실이 발생하게 된다. 이처럼 발생하는 오경보를 줄이기 위해서 아래와 같은 오작동 및 손상방지 대책이 있어야 한다.

- 경보신호전달 장치를 물리적으로 보호한다.
- 경보신호전달 장치를 감시한다.
- 연결선을 안전지역에 설치한다.
- 선을 파이프 등의 관안에 넣어 설치하여 손상을 방지한다.
- 가능하면 외부에 노출되지 않도록 지하에 매설한다.
- 방해감지센서를 설치한다.
- 지속적으로 송신신호를 감시한다.

나) 전달 과정

전달과정에서 가장 먼저 이루어지는 단계는 감지기에서 감지한 신호를 통제장치까지 전달하는 것이다. 이 부분이 접촉 불량, 고의적인 절단 등으로 인한 연결선 손상으로 작동이 되지 않을 수 있다. 이러한 문제점을 해결하기 위해 향후에는 무선으로 대체될 것이다.

두 번째 이루어지는 과정은 이상 신호를 수신한 통제장치에서 경보를 울리는 경보장치까지 신호를 전달하는 과정이다. 현재는 전화선이나 LAN선을 사용하고 있으나 향후에는 안전성을 위해 무선으로 사용하게 될 것이다.

세 번째 단계는 경보장치에서 운용요원 및 대응요원에게 침입경보신호를 전달하는 과정이다. 이 부분은 현재 전용 무선 시스템을 구축하여 사용하고 있으며 개인휴대전화서비스를 운영하는 통신사에서 제공하는 체제를 보조로 사용하고 있는 추세다.

다) 전달 방법

1) 전달 형태

侵入感知시스템의 운용형태에 따라 경보신호의 전달방법을 결정한다. 대부분 관리적 차원에서 중앙통제시스템을 선호한다.

2) 경보기 작동 형태

경보기의 작동은 시스템 운용 목적에 여러 가지 형태로 존재한다. 보험회사 입장에서는 침입자에 의해 이상신호가 발생한 현장에 경보기를 설치하여 강한 경보음을 울림으로써 침입자가 침입목적을 포기하고 달아나게 함으로서 손실을 최소화 시킬 수 있기를 원하고, 경찰은 이상신호가 발생한 후 일정한 시간이 지난 후에 경보기가 동작하도록 하여 도주할 시간적 여유를 주지 않아 침입자를 체포할 수 있게 하기를 바란다.

경보매체로는 강력한 경보음을 울리는 벨, 사이렌 등이 있는데 이는 소음발생문제로 경보음 발생 지속시간 및 강도를 규정할 필요가 있으며, 경광등은 야간에 행인의 신고나 경찰의 빠른 관측, 발생위치의 신속한 파악, 유도등 기능을 가진다.

라) 경보시스템 형태

경보시스템은 현장경보시스템, 중앙경보시스템, 지역경보시스템, 전화통보시스템, 직접통보시스템으로 구분하는데 현장경보시스템은 감지기에 의해 현장에 있는 경보기가 작동하는 시스템으로 경광등이나 사이렌 등에서 빛이나 소리를 내어 범인을 놀라게 하여 현장에서 쫓아버리게 하는 목적으로 사용하는 시스템이다. 이 시스템은 순찰중인 경찰 또는 지나가는 행인의 주의를 유도하여 현장에서 대응토록하게 한다.

중앙경보시스템은 현장 대응조치가 가능한 일정한 장소에서 신호를 수신할 수 있는 시스템으로 경비회사에 의해 운용된다. 이 시스템은 불필요한 출동을 줄일 수 있으며 여러 가지 부가서비스를 제공할 수 있다.

지역경보시스템은 취약지역이나 보호밀집지역에 현장상황실을 운용하는 방식으로 경비회사에서 별도로 설치하여 운용하는 경우와 개인이 경비요원을 고용하여 독립적으로 상황실을 운용하는 경우가 있다.

전화통보시스템은 경보상황이 발생하면 자동으로 지정된 전화번호로 전화를 걸어 상황을 통보해 주는 방법으로 미리 입력된 메시지로 필요한 정보를 전달하고, 이후 대응활동을 전개하는 방식이다.

직접통보시스템은 지역경보시스템보다 원거리까지 경보신호를 전송할 수 있다. 전용선을 사용하여 경찰기관에도 직접 연결시켜 경찰이 대응활동을 공동 수행할 수 있게 한다.

마) 시스템 통제장치

경보시스템은 이를 적절하게 통제할 수 있는 시스템이 있어야 하는데 이를 시스템 통제장치라고 한다. 이 장치는 4개의 주요기능인 제어부, 전원부, 조작부, 출력부로 구성되어 있다.

제어부는 감지기의 작동을 통제하고 템퍼회로 및 경보신호를 제어하며 감지기의 작동시간을 통제할 수 있는 기능을 가지고 있다. 전원부는 통제장치에 직류전원을 공급해 주고 감지기 및 경보기에도 전원을 공급하여야 하며 유사시 보조전원인 배터리로도 전원을 공급하여 기기가 항상 작동할 수 있게 하는 기능을 갖고 있어야 한다. 사용자들이 경비의 개시 또는 해제를 조작할 수 있게 하고 설치자가 통제장치의 기능을 설정할 수 있게 하는 조작부가 있다. 또한 현장경보장치가 작동하거나, 경보신호가 울리거나 또는 필요한 정보를 전달하는 기능들이 통제장치에 내장되어 있는 출력부가 있다.

출력부에는 사용자의 편의를 위해 장비의 작동방법이나 시스템의 현재 상태를 보여주는 표시장치가 있어 보다 편리하고 정확하게 사용할 수 있게 한다. 따라서 운용요원에 대한 교육을 실시하여 오작동을 줄임으로써 시스템의 운영효율을 증가시킬 수 있다.

7.1.4 侵入感知 形態

침입을 감지하는 감지기가 작동하는 유형을 보면

- 기계적인 스위치 회로가 단선되거나 또는 연결되는 것을 감지하는 형태가 있고,
- 송신기가 송신한 광전빔이 수신기에서 수신이 되었는지를 감지하는 방식이 있으며,
- 침입자에 의해서 발생되는 발자국 소리나 침입자끼리 대화를 나누는 음성 또는 움직이는 소리를 감지하는 형태가 있고,
- 창문이 흔들리거나 유리가 파손될 때의 진동을 감지하는 방식이 있으며,
- 동물이 접근하면 전기장에 변화가 생겨 사용되는 전기용량의 변화가 생기는데 이를 감지하는 방식과
- 초음파 발생기에서 발사한 초음파가 수신기에 불완전하게 수신되는 것을 감지하는 방식도 있다.
- 그리고 일반적으로 가장 많이 사용되고 있는 것으로 열을 발산하는 동물들이 접근하면 주위의 열에너지 변화가 생기는데 이를 감지하는 형태가 있으며,
- 송신기와 수신기 사이에서 마이크로파의 에너지 간섭 현상을 감지하는 방식과 송신기와 수신기 사이의 주파수 변화를 인지하는 방식이 있다.

보호대상을 잘 보호하기 위해서는 단계적으로 감시를 하여야 한다. 먼저 가장 외곽에 있는 울타리에서 침입자가 침입하려는 것을 감지할 수 있는 外部侵入感知段階가 있어야 한다. 이 단계는 물리적 보호장치를 피하여 외부의 침입을 감지하는 단계로 주로 외곽경비를 하는 것으로 적외선 감지기, 마이크로웨이브 감지기, 진동 감지기, 전기장 감지기, 광케이블 감지기 등이 사용된다.

外郭侵入感知를 피하여 진입하였다 하더라도 건물이나 보호되는 지역 내부로 진입하지 못하게 막아야 한다. 이 단계가 內部侵入感知段階로 마그네틱 감지기, 적외선 감지기, 압력 매트, 유리파손 감지기, 진동 감지기 등이 사용된다.

다음 단계는 건물이나 보호되는 지역 내부로 진입한 침입자의 움직임이나 위치를 감지하는 空間感知段階로 열선 감지기, 초음파 감지기, 음향감지 감지기 등이 사용된다.

7.1.5 外郭防柵

外郭防柵은 시설물을 지키기 위한 제1차 저지선으로 다음과 같은 기능을 갖추어야 한다.

- 경비대상지역의 가장 바깥쪽의 외곽 법적 경계선을 정한다.
- 경비대상지역의 경계선을 따라 출입을 통제하여 허가된 사람만이 드나들 수 있도록 한다.
- 감지기를 설치하여 불법침입을 감지할 수 있어야 한다.
- 외부인이 임의로 침입하는 것을 저지한다.
- 침입자가 침입의도를 공개적으로 나타내게 한다.
- 침입시간을 지연시켜 침입감지의 가능성을 높인다.

가) 外郭防柵 類型

外郭防柵의 類型으로 가장 좋은 것은 [그림 7-2]과 같이 절벽이나 하천 등 자연적인 조건을 이용한 자연방책이고, 그 다음으로는 보편적으로 많이 사용되는 방책으로 [그림 7-3]과 같이 저렴하게 형성할 수 있는 철조망이나 능형담장이다.

[그림 7-2] 자연적 방책(절벽)

[그림 7-3] 능형담장

[그림 7-4]와 같이 주위의 크고 작은 바위나 돌을 이용하여 일정한 높이로 쌓아 올려 담을 형성한 돌담 형태가 있고, [그림 7-5]와 같이 단단하게 구운 벽돌로 쌓아 올린 튼튼하고 안전한 벽돌담 형태가 있다.

[그림 7-4] 돌담

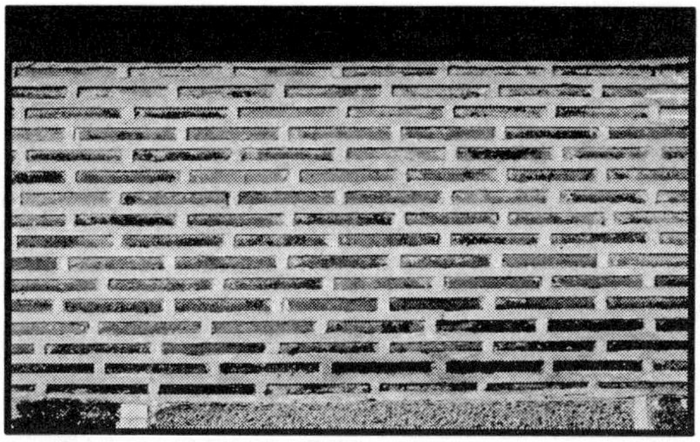

[그림 7-5] 벽돌담

나) 공항의 경우 울타리

가능한 모든 경우에 있어, 랜드사이드와 에어사이드의 울타리에서 각각 3m이내에는 어떤 장애물이나 식물도 존재하지 않아야 한다. 이러한 상황이 실제적으로 실현 불가능한 경우에는 전주, 나무, 장비, 차량 등보다 훨씬 위에 있도록 울타리의 높이를 높여야 한다.

울타리의 효율성은 상당부문이 어떤 재료로 시공되었느냐에 따라 달려있다. 예를들면, 나무나 플라스틱으로 만든 울타리보다 금속 울타리와 울타리벽이 더 선호된다. 이들 울타리들은 적어도 2.13m, 이상적으로는 2.70m의 높이를 가져야 한다. 또 [그림 7-6]과 같이 경사진 가시철조망 플랩을 추가하면 그 높이가 2.44에서 3m정도 더 연장될 수 있어야 한다.

[그림 7-6] 가시철조망

[그림 7-7] 이중 울타리

추가적인 보안을 위해 [그림 7-7] 처럼 울타리를 이중으로 설치했을 경우, 두개 울타리 간의 거리는 적어도 3m가 되어야 하며, 그 위에는 원형 가시철조망을 설치하는 것이 바람직하다.

공항시설에서 가장 흔히 사용되는 외곽울타리는 콘크리트나 [그림 7-6]과 같이 강철로 지주대를 설치한 금속 체인 링크 울타리이다. 여기에 사용되는 철망은 직경이 최소 2.5mm로, 벌어진 네모 구멍이 5cm보다 적어야 하며 설치되었을 때의 모양이 비스듬히 대각선 형태로 되어 있어 울타리를 타고 오르기가 어려워야 한다. 바다, 물이 인근에 있거나, 또는 습기가 많은 곳에서는 철망을 아연도금하거나 플라스틱 피복을 씌워야 한다. 울타리의 바닥 끝을 앵커로 고정시킴으로써 울타리의 성능을 높일 수 있으며 불법침입자가 울타리를 뽑아내기 어려워진다. 특정 지역, 특히 이착륙 활주로의 끝부분에는 항공보안장치의 작동에 방해가 되기 때문에 금속울타리를 사용할 수 없다. 이 경우, 금속 울타리 대신에 낮은 콘서티나 철조망/전기 장벽, 또는 가시가 있는 식물로 보강된 플라스틱, 나무 울타리로 대체할 수 있다. 특히 여객터미널 시설의 랜드사이드 앞쪽에 직경 3cm이하의 강철 바로 된 미관이 뛰어난 울타리를 사용할 수도 있다.

다) **外郭侵入感知**시스템 **分類**

1) **基本** 보안시스템

- 울타리를 타고 넘어올 때의 흔들리거나 움직임 등을 감지할 수 있는 울타리 감지기만 설치한 시스템이다.
- 사용되는 감지기로는 전기접점 감지기, 압전 감지기, 지진동 감지기, 장력 감지기, 케이블 진동 감지기, 광섬유 진동 감지기, 광섬유 망 감지기 등이 있는데 보통 장력 감지기가 많이 사용되고 있다.

2) **中級** 보안시스템

- 기본 보안시스템에 울타리나 담장에 근접하였을 때 이를 감지할 수 있는 담장접근 감지기를 조화롭게 설치한 시스템이다.
- 담장접근 감지기로 사용될 수 있는 감지기로는 적외선 감지기, 마이크로웨이브 감지기, 전계 감지기, 정전용량 감지기 등이 있다.

3) **高級** 보안시스템

- 중급 보안시스템에 울타리나 담장의 밑으로 침입하는 것을 감지할 수 있는 지하매설 감지기까지 추가로 설치한 시스템이다.
- 지하매설 감지기로 사용될 수 있는 것들은 수평전계 감지기, 균형압력 감지기, 지진동 감지기, 케이블 진동 감지기, 광섬유 진동 감지기 등이 있다.

7.2 設置 및 誤作動

7.2.1 設置

가) 시스템 **設置時** 고려사항
- 지표를 덮고 있는 식물들
- 주변에 살고 있는 작은 동물
- 짙은 안개, 비, 먼지, 눈 혹은 번개 등의 기후 환경
- 주위를 통행하는 차량

- 감지할 수 있는 영역의 길이
- 방수, 방우, 방적 그리고 템퍼링 함체
- 설치하고자 하는 곳의 온도 및 습도

나) 現場 調査

1) 基本 고려사항

- 현재 운영되고 있는 경비상태와 잠재적인 위해요소 분석
- 정보나 자료를 포함한 보호대상과 위험에 대한 통제 예측
- 침입자가 사용 가능한 침입방법
- 시스템을 회피할 수 있는 방법과 회피를 방지할 수 있는 방법
- 범행이 발생하였을 시에 미치는 영향

2) 追加 고려사항

- 침입감지 시스템을 어느 시간대에 동작시킬 것인가?
- 현재 사용하고 있는 여러 출입문 중에서 마지막으로 사용할 출입문을 어떤 문으로 할 것인가?

다) 시스템 設置

1) 범인의 시스템 방해 방지

- 적당한 장소에 방해감지 경보장치를 설치한다.

2) 전기적 방해

- 방출되는 전자파에 의해서 생기는 전기적 유도현상
- 전동기, 자동차 점화장치, 전기장치, 라디오, TV, 레이더, 통신용 송신장비

3) 오작동 요인 통제

- 기기를 설정/해제하는 인간의 실수를 최소화해야 한다.
- 건물출입자의 건물의 개폐 절차에 대한 확인과 교육을 실시한다.
- 통제장치를 조작할 때에 시간지연장치를 가동시킨다.
- 통상 최종 출입문 옆에 감지센서를 위치시킨다.

4) 경보신호 전달

- 통신장치, 통신매체(전용회선, 공중회선, 무선) 사용한다.
- 전용회선 사용시
  - 24시간동안 통화가 중지되지 않게 사용이 가능하다.
  - 선로의 이상 유무를 지속적으로 감시가 가능하다.
- 공중회선 사용시
  - 일반전화선을 사용하므로 비용측면에서 매우 경제적이다.
  - 회선의 이상상태를 감시하기가 힘들다.
  - 선로에 이상이 발생하였을 때 신호를 전송하는 것이 불가능하다.

5) 보조전원

- 주(외부) 전원의 공급이 차단되었을 때 사용한다.
- 보통 건전지나 2차 전지(충전 가능한 전지)를 이용한다.

6) 배선 은폐

- 전선이 침입자에 의해 절단되거나 손상되는 것을 방지하기 위해 보이지 않게 문이나 벽의 내부에 구멍을 내어 설치한다.
- 호일 스트립을 이용한다.
- 문 제작시 힌지, 힌지볼트, 특수 접촉장치를 문 내부에 설치한다.

7) 부품 상호 연결시

- 연결시 접촉상태가 좋지 않거나 선이 끊어지는 경우가 발생하지 않도록 얇은 구리선이 여러 가닥으로 되어 있는선을 사용한다.
- 스테이플이나 나사를 사용하면 접촉불량이나 단선이 발생할 수 있으므로 이의 사용을 피한다.

라) 시스템 運用 提案

- 시스템 설치와 운용비용 산출 후 사용자와의 관계정립을 위한 일종의 문서가 필요하다.
- 운용비용을 제시해 주고, 시스템 주요기능에 대한 설명, 운용방법 및 절차와 운용시 주의사항에 대한 설명, 경보상황 대응 및 오작동의 명확한 설명이 있어야 하고, 가능하면 사용자의 요구사항을 최대한 수용한다.

마) 運用 責任과 補償

- 운영하면서 손실이 발생하였을 때에 대한 적절한 보상을 명시한다.
- 가능하면 당사자 간의 합의를 한다.
- 합의가 이루어지지 않을 시는 법정의 판결을 활용한다.

7.2.2 誤作動

가) 槪念

- 경보신호가 침입자에 의해 발생한 것이 아닌 경우이다.
- 사용자나 운용자의 오류에 의해 경보신호가 발생한 것으로 대응요원의 현장출동이 발생하고 시스템의 정상적인 기능을 방해한다.

나) 原因

1) 환경

- 새, 고양이, 방열기, 환기팬, 문 흔들림, 햇빛 반사 등의 원인으로 인해 발생한다.
- 부품의 부식현상, 온도나 습도가 높은 곳, 곤충이 많은 곳에서 주로 발생한다.

2) 사용자

- 경비 개시 또는 해제시
- 문 또는 창문을 단속하지 않았을 때
- 비상버튼을 잘못 동작시켰을 때

3) 장비

- 장비에 결함이 있거나 전자부품에서 열이 많이 발생하거나 기계적 접촉부분이 손상되었을 경우에 발생
- 안개나 비 등의 습기에 의한 부품 및 장비 손상

4) 대응 요원

- 잘못된 대응행위 : 숨어 있는 범인 미체포시

7.3 外郭侵入 感知機

7.3.1 外郭侵入感知

가) **特性**

- 외부 환경이나 기상변화에 많은 영향을 받아 오작동 발생가능성이 높아 이를 극복하는 것이 최대 관건이다.
- 침입자가 侵入感知機를 피해서 땅굴 같은 지하나 사다리 등을 이용해 상공으로 침입하려는 경우를 대비해야 한다.

나) **侵入者 特性侵入者 特性**

- 호흡을 하므로 이산화탄소 및 열을 배출한다.
- 눈은 불투명하고, 특수한 형체 갖는다.
- 두발로 걷거나 뛰고 때에 따라 기기도 한다.
- 높은 곳을 오를 수 있고 볼 수도 있으며 말할 수도 있다.
- 연장을 사용하여 땅을 파거나, 울타리를 자를 수 있다.
- 신경과 두려움을 가지고 있다.

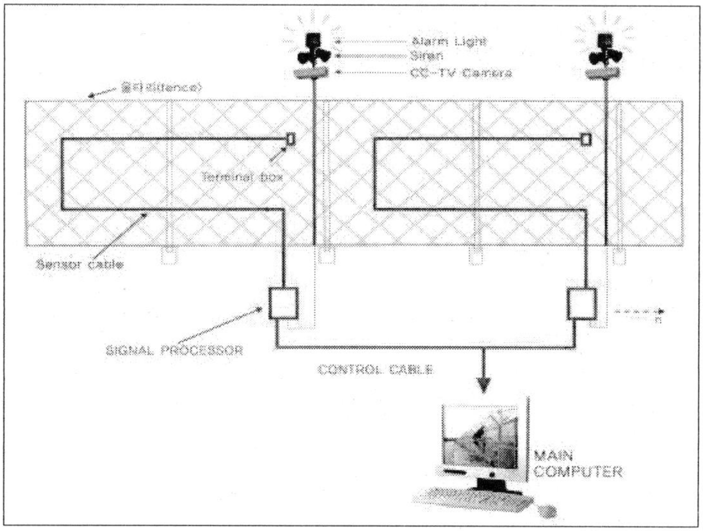

[그림 7-8] 外郭侵入感知 시스템

7.3.2 張力 感知機

가) 概念

- [그림 7-9]에서 보는 바와 같이 울타리 기둥에 張力 感知機의 하우징 부분이 고정되고 다른 쪽은 울타리의 중간에 설치한 선에 연결시킨 것이다.
- 울타리의 중간에 설치한 선이 외부의 힘에 의해 당겨지면(장력을 받으면) 하우징 내부에 있는 회로가 연결되어 신호가 제어수신기로 전송되고 제어수신기는 관제상황실로 신호를 전송한다.
- 감지선 절단, 당겨짐, 사다리를 통한 월장행위, 감지선 사이 통과, 수신케이블 절단, 감지기 만짐 등의 행위에 따른 경보 발생

(a) 울타리

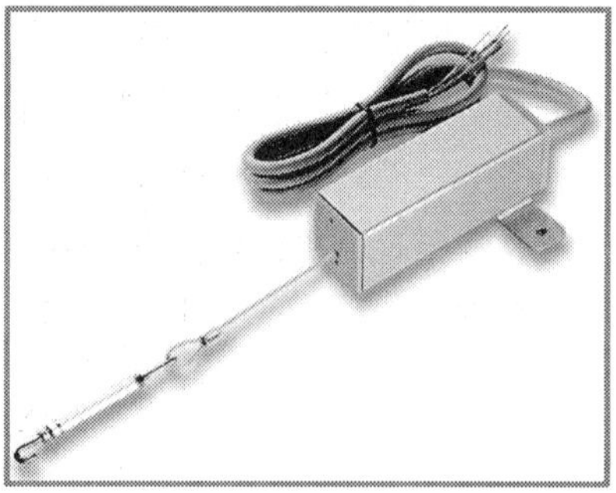

(b) 감지기

[그림 7-9] 張力 感知機

나) 長點

- 감지거리가 한 구간이 50미터로 5구간까지 연장이 가능하여 길게 및 높게 설치가 가능하다.
- 사막, 심한 폭풍, 습기 많은 열대지방, 눈이 많은 영하의 지역에도 설치할 수 있고 장애가 없다.
- 지형이 수시로 변하는 곳에도 설치가 가능하다.
- 오경보가 울리는 비율이 낮다.

다) 短點

- 낙뢰(번개)에 약하다.
- 고장시 숙련된 요원에 의해서만 수리가 가능하며, 많은 시간이 소요된다.
- 울타리를 뛰어넘거나 땅밑으로 침입하는 경우는 감지가 불가능하다.
- 기기가 비싸고 설치비용이 많이 소요된다.

7.3.3 光纖維 感知機

가) 槪念

- 광섬유 내부구조를 도식화하여 표시한 [그림 7-10]과 광섬유감지기의 기본구성을 보여주는 [그림 7-11]에서 보듯이 광케이블에 힘이 가해지면 코어부분에 변형이 일어나서 광섬유내의 광원이 굴절 또는 산란을 하게 되어 반대편의 수신기에 광신호가 전달되지 않거나 약하게 전달되는데 이러한 변화를 감지하여 이상신호를 송신하게 한다.
- 펜스에 기어오르거나 접촉하여 40Kg 이상 힘이 가해져 광송신이 감소하거나 줄어들 경우에 경보를 울린다.

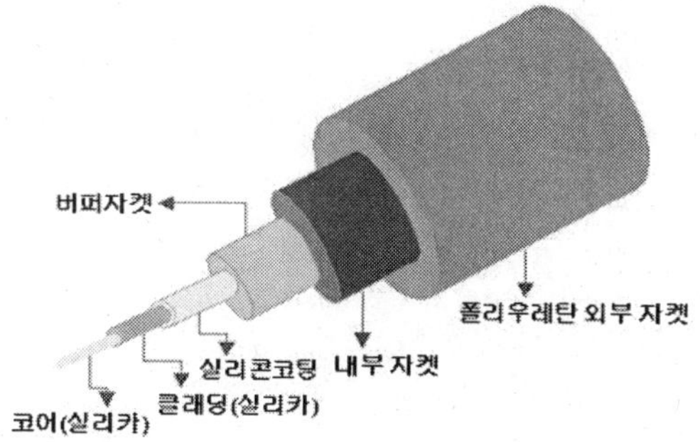

[그림 7-10] 光纖維 구조

나) 長點

- 비, 바람, 동식물에 의해서 발생되는 장애가 적다.
- 낙뢰에 강하다.

- 수명이 길다
- 설치가 용이하다
- 감지거리가 수 ㎞에 달한다.
- [그림 7-12]과 같이 설치하면 주변 환경과 친화적이어서 미관상 좋다.

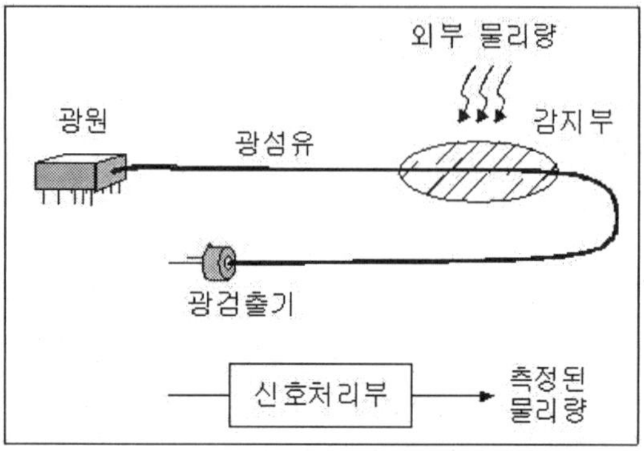

[그림 7-11] 光纖維感知機 기본구성

[그림 7-12] 光纖維感知機

3) **短點**

- 기기 가격이 너무 비싸 설치비용이 많이 든다.

7.3.4 光纖維網 感知機

가) 槪念

- 광케이블을 망으로 엮어 광원을 입사시켜 순환하게 하여 잡아당기거나 절단하였을 때 광원의 변화나 굴절을 계산하여 탐지한다.
- 그물에 압력을 가하여(밟기, 타기, 넘기) 케이블이 절단되거나 꺾기면 송신측에서 보낸 빛이 케이블 속으로 전달되던 광원이 수신측에 올바르게 전달되지 못하여 경보가 울린다.

나) 特徵

- 그물 형태로 펜스에 설치한다.
- 절단 및 꺾임으로 인한 광원의 방해를 감지한다.

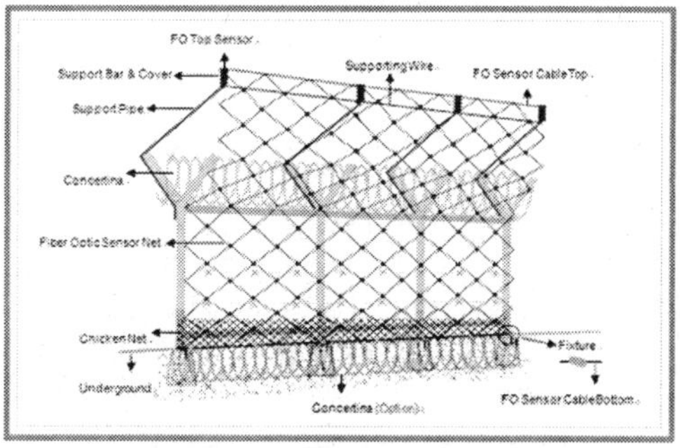

[그림 7-13] 光纖維網 감지 개념도

[그림 7-14] 光纖維網 感知機

7.3.5 電氣場 感知機

가) **概念**

- 전선에 형성된 전기장에 사람이나 물체가 접근하면 전기장이 변하게 되어 전선에 흐르는 전류가 변하게 되는데 이를 감지하는 장치이다.
- 기복이 있는 지면이나 지역에서 사용한다.
- 울타리 방향이 수시로 변하는 지역에서 사용한다.
- 이중 울타리의 내부에 설치하면 효과적이다.
- 지붕에 설치하면 감지에 유용하게 사용된다.

[그림 7-15] 電氣場 感知機

나) **長點**

- 설치가 용이하다.
- 비, 바람 등의 환경변화에 강하다.

다) **短點**

- 낙뢰에 약하다.
- 동·식물의 접근으로 인한 오경보가 많이 발생할 수 있다.

7.3.6 赤外線 感知機

가) 槪念

- 송신기에서 수신기로 적외선 빔을 주사하여 이 빔이 수신기에 수신되면 중간에 침입자가 없어 차단되지 않았기 때문이다. 침입자가 있으면 적외선 빔이 차단되어 수신기에 빔이 수신되지 않게 되는데 이를 감지하여 경보신호를 발생한다.
- 중요시설 외곽의 블록담 상단, 특정 건물, 특정 사무실 내에 적외선 감지기를 설치하여 2~3중으로 빔을 송·수신하여 위아래 빔을 동시에 차단하는 침투 물체가 있을 때 경보를 울린다.

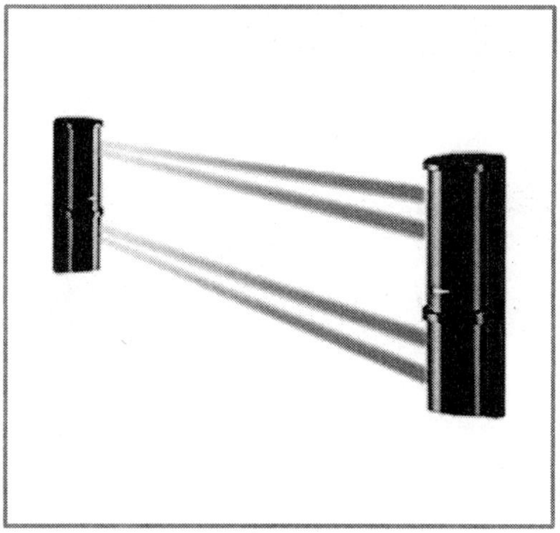

[그림 7-16] 赤外線 感知機

나) 長點

- 빔 형상 유지 가능 범위 내에서 더 긴 파장을 이용할 수 있다.:
- 설치거리 20~50m 정도가 적합하다.
- 좌우로 180° 감지하고, 상하로 10° 감지한다.

다) 短點

- 감쇠효과, 안개나 호우시 소멸효과, 오작동 발생, 침입자 감지의 부정확으로 실외에서는 사용을 기피한다.

7.3.7 마이크로웨이브 感知機

가) 槪念

- 송신기에서 발생시킨 마이크로웨이브 빔이 수신기에서 수신되지 않고 침입자에 의해 차단되면 이를 감지하여 경보신호를 발생한다.
- 송수신 통합 마이크로파 센서가 유동 영역에 설치되어 포착된 신호의 변화에 따라 침입자의 크기, 수, 속도를 감지 및 분석하여 전달한다.
- 빛이 없는 울타리 외곽 또는 중요시설 주변의 침입을 감지하는데 사용된다.
- 울타리 방향이 수시로 변화하는 곳이나 지면의 기복이 있는 곳 및 공간이 아주 제한적인 곳은 사용하지 않는 것이 좋다.

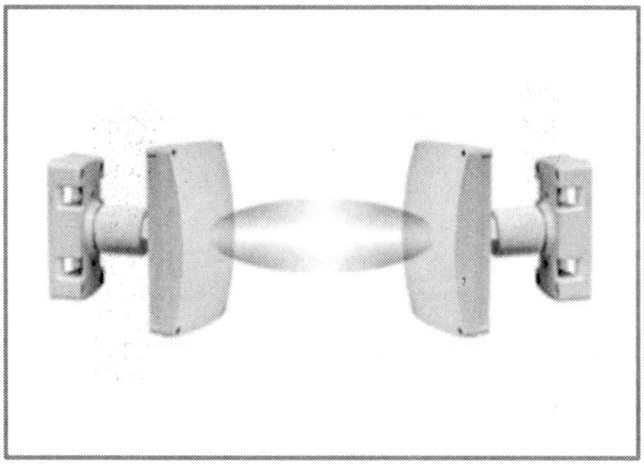

[그림 7-17] 마이크로웨이브 감지기

나) 特徵

- 유효이격 거리가 3 ~ 183m이다.
- 비나 서리에 강하다.
- EMI지역에도 설치가 가능 하다.
- 완벽한 오경보 방지를 위해 LED Bar graph설치 지역과 연동이 가능하다.

7.3.8 마이크로웨이브 레이더 感知機

가) 槪念

- E-평면 수직안테나 극성 및 3.5도 범위로 체적 마이크로파 빔을 발사하여 침입자의 움직임에 따른 기존 발사 빔의 변형과 동적 멀티패스신호 증감, 신호교환, 음성혼신 등으로 감지한다.
- 울타리 지면이 가파르게 변하는 곳에 보조적으로 사용한다.
- 이중 울타리의 내부에 설치시에는 매우 효과적이다.
- 침입공간에 체적 마이크로파를 사용하여 최대 457m까지의 주변 보안을 제공한다.
- 대규모 주요시설의 외곽울타리 경계 감시용으로 적합하다.

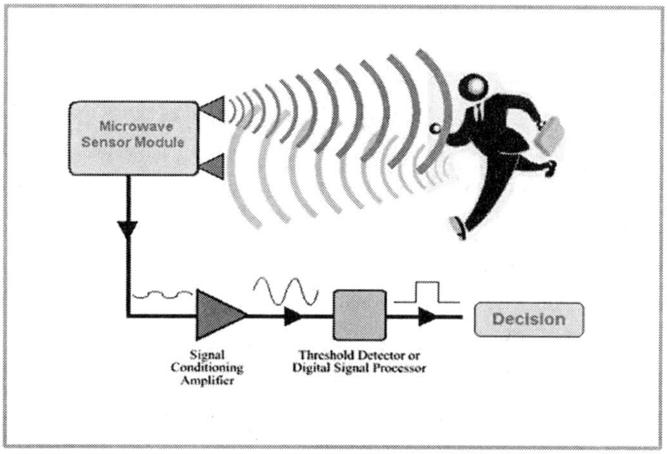

[그림 7-18] 마이크로웨이브 레이더 감지원리

나) 特徵

- 혼잡한 RFI구역에서 운용이 가능하다.
- 비, 눈, 바람 등과 같은 기상영향 무시
- 장거리 야외 환경에서 침입자 감시 가능
- 음성혼신장비는 레이더 목표(침입자)의 크기 및 속도에 비례한다.

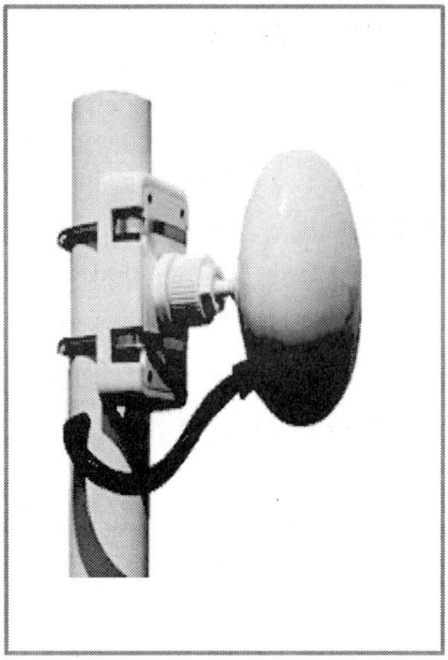

[그림 7-19] 마이크로웨이브 레이더 감지기

8.3.9 水平 電界 感知機

가) 槪念

- 침입자가 설치된 페리미트릭스의 전자기장에 들어서면 전자기장의 일정한 흐름을 변형시킴으로서 센서에 감지되어 경보를 울린다.
- 침입자의 전도도, 크기(34Kg이상), 속력(2.5Cm~15m/s)을 감지한다.
- 여러 장치가 통합된 보안시설이나 표시되지 않은 구역을 감시하는 잠복 센서이다.
- 특수시설 주변감지 또는 외곽 울타리 밖의 주요 침입 접근로 상을 감시한다.

나) 特徵

- 모든 지형에 적합하다.
- 우수한 높이 감지 기능

- 모든 기후에 적응 가능한 연산 기능
- 야외센서 기술 중 취약성이 가장 낮음(매설)
- 작은 동물, 새, 눈, 비, 모래, 낙엽 등에 의한 오경보가 발생하지 않는다.
- 지면 5m내 유동 금속 물체가 없어야 한다.
- 주변 3m이내 철조망과 같은 금속 물체와 이격되어 있어야 한다.

[그림 7-20] 매설 케이블형 水平電界 感知機

7.3.10 울타리 震動 感知機

가) 槪念

- 침입자의 이동으로 벽이나 울타리 및 바닥에 발생하는 진동을 감지한 후 경보 신호를 발생한다.
- 울타리 외곽 방벽이나 철조망에 설치된 진동센서가 침입자의 침입하려고 할때 발생하는 흔들림을 감지하여 전자신호를 발생시키고, 통제장치에 이 전자신호를 전달하여 분석하고 감지한다.

[그림 7-21] 울타리 震動 感知機

나) 特徵

- 신뢰성이 강화되었다.
- 효과적으로 통제할 수 있다.
- 설치가 손쉽다.
- 금속 그물, 체인연결식, 철조망스크린, 유자철조망 등 대부분 울타리에 설치가 가능하다.

[표 8-1] 감지기 특성 비교

	진동식	장력식	IR 센서	광망식
감지 정확도	구간감지 100~300m	구간감지 50~200m	구간감지 100~300m	정밀감지 ±25cm
오경보	빈번한 오경보 -강풍, 폭우, 폭설, 동물, 나뭇가지, 지진 등 영향	빈번한 오경보 -강풍, 폭우, 폭설, 동물, 나뭇가지, 일교차 등 영향	빈번한 오경보 -강풍, 날짐승, 나뭇잎, 비닐조각 등 영향	오경보 : 년 1~2회 -환경 및 동물 등 영향 없음

설치 (적용) 문제	*슬라이딩 도어, 출입구, 초소부근, 배수로 등에 설치 곤란	*슬라이딩 도어, 출입구, 초소부근, 배수로 등에 설치 곤란 *연약한 지반에 설치 곤란 -케이블장력에 영향	*배수로 등에 적용 곤란	*다양한 펜스 형태, 출입문, 배수로 등 적용에 문제 없음
유지 보수	*날씨, 계절 및 온도 변화에 따라 빈번한 케이블 감도 조정 필요 *민감도에 따라 오경보율 상승 *정확한 절단(보수)지점 확인 불가 -집중훼손시 구간 전체 교체 *주기적 유지보수 : 24회/년	*날씨, 계절 및 온도 변화에 따라 빈번한 케이블 장력 조정 필요 *민감도에 따라 오경보율 상승 *정확한 절단(보수)지점 확인 불가 -집중훼손 시 구간 전체 교체 *주기적 유지보수 :24회/년	*날씨 변화에 따라 감도 조정 필요 *민감도에 따라 오경보율 상승	*민감도 조정 불필요 *정확한 절단지점 확인 가능(모니터에 표시) -절단 부분만 접속 *주기적 유지보수 - 1~2회/년
취약점	*습기, 전기, 진동에 민감 *정상보다 빠른/느린 침입감지 불가능 *코너(펜스 모서리부분)감지 저하 *낙뢰, EMI, RFI에 취약 -송수신기에 낙뢰빈번	*일교차(온도변화)에 따른 케이블 장력 변동 -잦은 유지보수(Calibration) *연약지반 설치 불가 *코너(펜스 모서리부분)감지 저하 *낙뢰, EMI, RFI에 취약 -송수신기에 낙뢰 빈번	*폭우, 폭설, 안개 시 감지 성능 저하 *혹한 시 결빙 탐지 불가능 *굴곡 지형 다량의 송수신기소 *낙뢰, EMI, RFI에 취약 -송수신기에 낙뢰 빈번	*송수신기 불필요에 따라 낙뢰, EMI, RFI 영향 전혀 없음 *외부 환경 영향 없음 : -55℃~ +85℃

8. 內附侵入感知 시스템

8.1 內附侵入感知

內附侵入感知란 건물 안과 건물 벽, 출입문, 창문, 틈새, 바닥이나 마루, 천장과 지붕 등과 어떤 공간에 누군가가 있는지 또는 움직이는지를 알아내는 것을 말한다. 공간이란 어떤 것이 놓여 질 수 있는 곳을 말한다.

가) 감지기 개념

- 빛, 온도, 자기장, 압력, 변위 등과 같은 정보 입력을 계측, 제어 등 그 목적에 알맞은 전기 신호로 변환하는 소자 또는 장치이다.

나) 감지기 작동형태

1) 수동형

- 동물의 행동에 의해 물리적인 힘이 가해졌을 때 스위치가 기계적인 작용을 하여 작동하는 스위치 감지기이다.
- 가정용으로 많이 사용한다.

2) 능동형

- 감지기에서 방사된 에너지가 통과하는 물체에 의해 방해를 받으면 작동한다.
- 빔과 같은 형태의 에너지를 방출하는 송신 부분과 방출된 에너지를 감지하는 수신 부분으로 구성된다.
- 적외선, 초음파(동물퇴치용) 등을 많이 사용한다.
- 통합 보안 시스템을 구성할 때 주로 사용한다.

다) 感知機 스위치 회로

- 感知機 스위치 회로는 "평상시 연결형태가 어떻게 되어있는가?"에 따라 [그림 8-1]과 [그림 8-2]과 같은 두 가지 형태로 구분된다.
- NO(Normally Open) : 평상시에 단락되어 있다가 침입이 발생하면 연결되는 구조의 회로이다.

평상시 침입 발생시

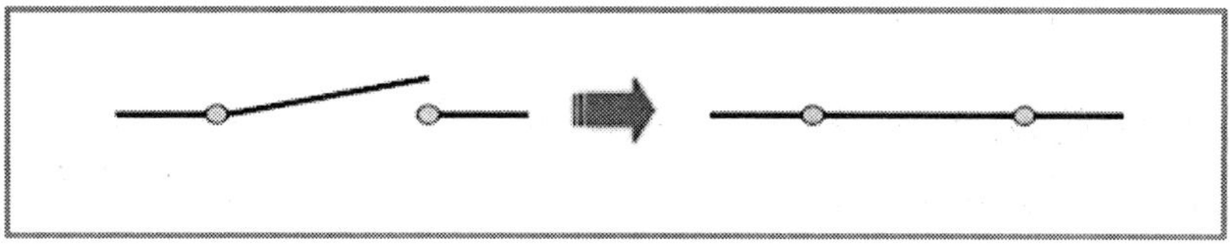

[그림 8-1] Normally Open

- NC(Normally Closed) : 평상시에 연결되어 있다가 침입이 발생하면 단락되는 구조의 회로이다.

평상시 침입 발생시

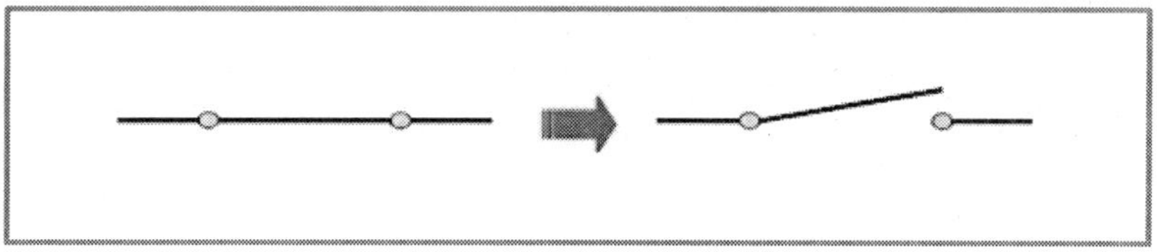

[그림 8-2] Normally Closed

8.2 內附侵入感知機

8.2.1 스위치 感知機

가) 특성

1) 특정 조건을 초월하여 외부에서 발생한 힘의 영향으로 전기를 순간적으로 변화시키는 장치이다.

2) 장점

- 작용이 명확하다.

3) 단점

- 오랜 기간 사용시 스위치 접점이 더러워지거나 부식되어 더 힘을 가해야 하는 경우가 발생한다.

- 전기가 단절되고
- 연결시 열이 많이 발생한다.

4) 접촉재질로 은을 사용하는 이유

- 전도성이 양호하다.
- 과도하게 열을 발생하지 않는다.
- 적절하게 접촉압력을 제공한다.

나) 종류

1) 기계 스위치 : 문 접점 스위치

- 문과 문틀 사이에 끼워서 사용한다.
- 열리고 닫히는 것을 기계적인 스위치 작용으로 감지한다.
- 전기식 감지장치에 사용된다.
- 단점
  - 보이지 않게 감추기 어렵다
  - 접점에 이물질을 삽입하여 스위치 기능을 무력화시킬 수 있다.

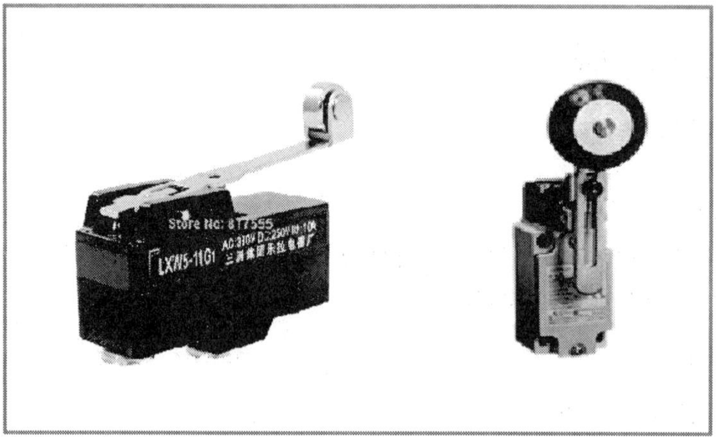

(a) 문 접점형 (b) 2NC 접점형

[그림 8-3] 기계 스위치

2) **磁石**(마그네틱) 스위치

- 자성에 의해 단속되는 접점 스위치이다.
- [그림 8-4]와 같은 리드 스위치와 함께 사용된다.
- 구성
  - 스위치 회로를 구성하는 부분 : 고정된 부분에 설치(주로 문틀)
  - 자석부분 : 감지를 필요로 하는 부분에 설치(주로 문)
- 리드 스위치
  - 유리관 속에 밀봉된 2개의 자성 리드 조각은 보통은 스프링의 탄성에 의해 열린 상태로 되어 있다. 여기에 [그림 8-4] (b)와 같이 자석을 접근시키면 2개의 리드 조각을 통하여 자기회로가 되어 2개의 리드는 끌어당겨져 접점을 닫는다. 자석을 멀리하면 다시 탄성으로 인해서 원래의 열린 상태로 돌아간다. 스위치의 접촉부분에는 금도금이 되어 있고, 유리관 속에는 불활성 가스가 밀봉되어 안정된 동작을 하며, 사용하는 전류용량이 작은 곳에 이용한다.

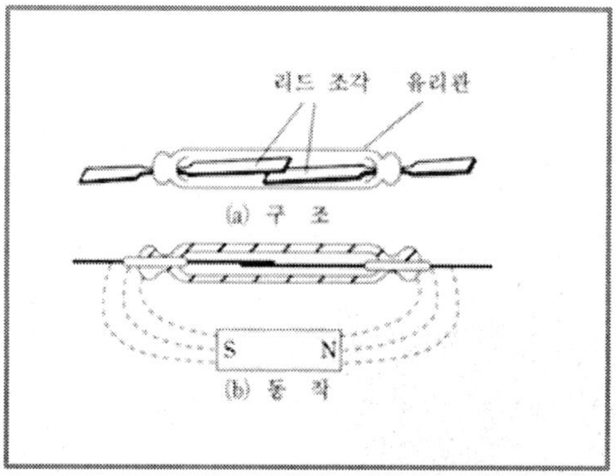

[그림 8-4] 리드 스위치

- 종류 : NO 형태와 NC 형태가 있다.
- 설치시 주의 사항
  - 스위치를 제거하지 못하도록 설치하여야 한다.

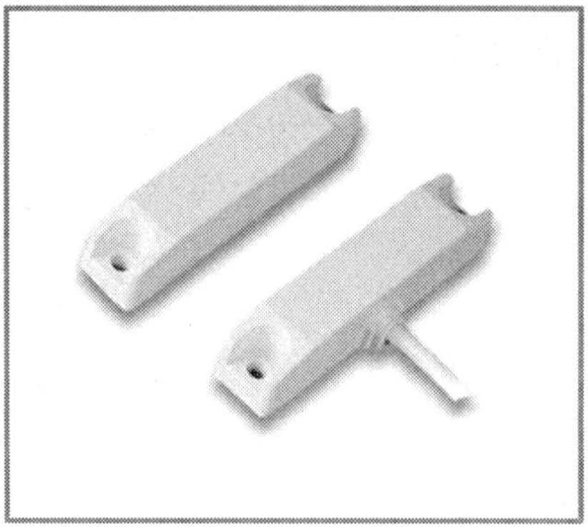

[그림 8-5] 마그네틱 스위치

3) 電線 스위치

- 조금만 힘이 가해져도 쉽게 절단되도록 가늘고 약하게 만들어진 선이다.
- 여러 겹을 취약한 문 내부에 설치한다.
- 문에 구멍을 내거나 방범창을 절단하려고 하면 감지선이 같이 절단되어 경보신호를 발생시킨다.

(a) 감지선

(b) 호일테이프

[그림 8-6] 電線 스위치

- 전통적 방법
  - 창문보호용 튜브 속에 감지선을 내장시킨다.

- 호일테이프 - 유리 파손시 호일이 손상되므로 인한 회로가 단락되어 경보신호를 발생시킨다.

4) 壓力 매트

- 이동하는 통로에 설치한다.
- 밟으면 매트 내에 설치된 회로가 연결되어 경보신호를 발생시킨다.
- 보호가 요구되는 주요 물품 주위에 설치한다.
- 주로 회로가 NO 형태이다.

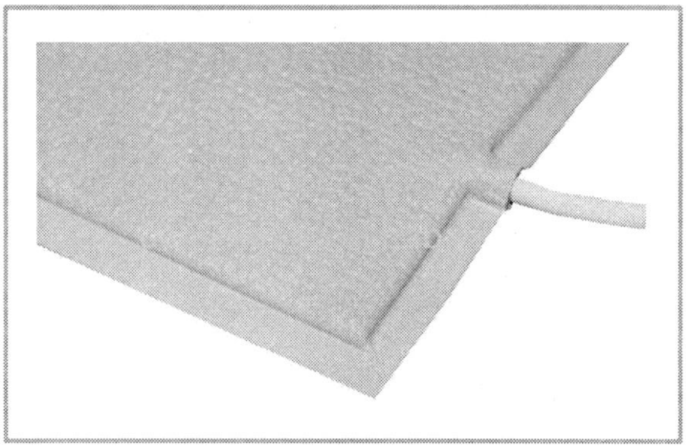

[그림 8-7] 壓力 매트

5) 慣性 스위치

- 관성의 원리를 이용한 스위치이다.
- 범인이나 보호대상 물건의 움직임이나 진동을 감지한다.
- 대표적인 예 : 수은스위치
- [그림 8-8]과 같이 수평으로 있던 유리관이 기울어지면 수은이 접점에 접촉됨으로 인해 회로가 연결되어 경보신호를 발생한다.
- 압력과 부식문제를 개선하였으나, 크기가 크고 깨지기 쉽다.

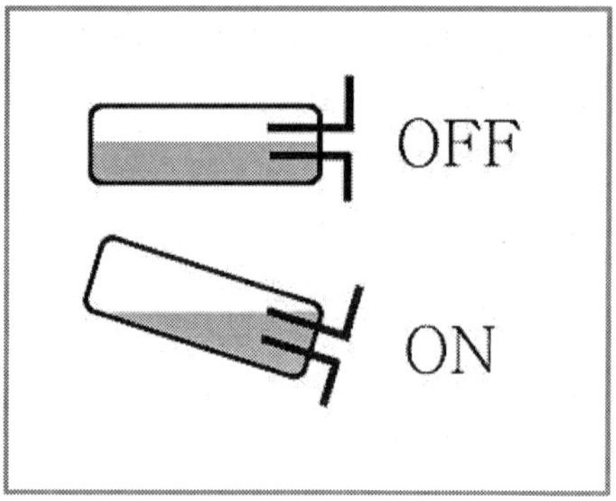

[그림 8-8] 慣性 스위치 원리

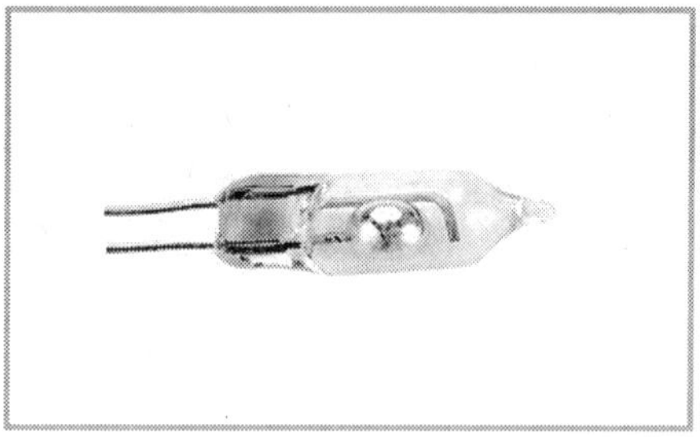

[그림 8-9] 수은 慣性 스위치

6) 非常 스위치

- 긴박한 상황이 발생하였을 때에 사용자가 직접 스위치를 작동시켜 경보신호를 발생한다.
- 패닉버튼으로 사용
- 잠김버튼 : 잠시후 해제됨
- 공기 작용식 또는 전자작용식 지연해제버튼

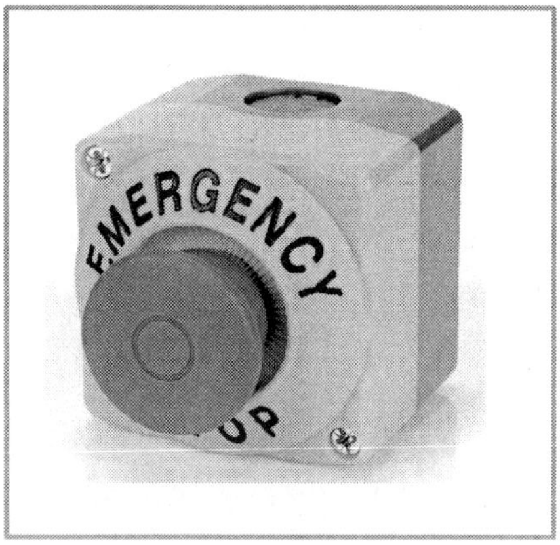

[그림 8-10] 非常 스위치

8.2.2 赤外線 感知機

가) 感知原理感知原理

- 송신기와 수신기가 서로 일직선상에 마주보고 설치된다.
- 송신기와 수신기 사이의 빔이 차단되면 경보신호가 발생한다.
- 장점 : 감지기능을 효과적으로 수행한다.
- 단점 : 주변의 날리는 물체나 풀 및 조류 등에 쉽게 영향을 받는다.

[그림 8-11] 赤外線 感知機

나) 적용

1) 실내용

- 방해요인이 훨씬 적어 효과적이다.
- 설치된 환경의 온도가 인간의 신체온도와 동일한 경우에는 감지가 불가능하다.

2) 실외용

- 튼튼하지 않은 울타리로 보호되는 지역이나 철망 형태인 경비용 울타리가 설치된 지역 안쪽에 사용하면 유용하다.
- 상하로 여러 겹의 적외선 빔을 사용면 위험을 최소화할 수 있다.

8.2.3 熱線 感知機

가) 개념

- 침입자가 방사하는 적외선 에너지를 감지하는 수동적 방식으로 작용한다.

나) 감지방법

1) 침입자가 발생하는 적외선 에너지에 의한 온도와 감시지역 주변 온도와의 차이가 일정범위 이상일 때 이를 전기에너지로 변환하여 경보신호를 발생한다.

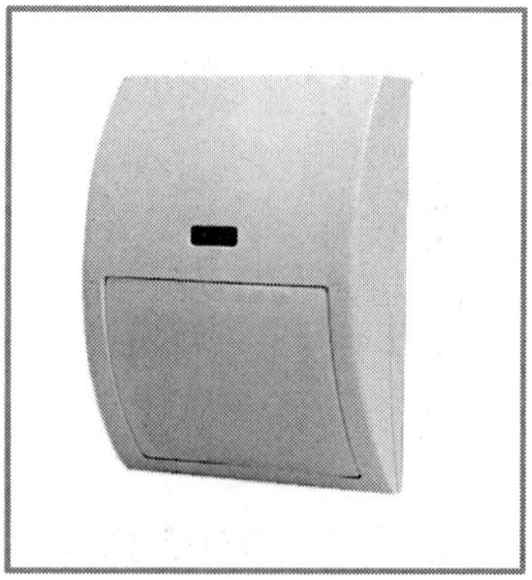

[그림 8-12] 熱線 感知機

2) 감지 물질

- 초전물질 : 티타산 지르코늄 납 세라믹, 티타산 리튬, 압전 필름 등

3) 에너지 집중

- 프레넬 렌즈 사용 : 렌즈 통과시 에너지 손실로 감지감도의 손실을 유발한다.
- 반사경 사용 : 에너지 집중 효과, 구조적으로 센서로 충분치 못함

4) 감지 요소

- 2개의 감지 요소 사용 : 2개가 동시에 작동하지 않으면 오작동으로 처리
- 각 요소당 2개의 초전물질 사용 : 총 4개의 감지요소

다) 인체 감지

1) 인체 방출 적외선 파장

- 보통 7~10미크론으로 32도에서 9.3미크론으로 최고이다.

2) 파장

- 사람, 신체부위, 성별(여>남), 체구(마른>뚱보), (동물>사람), 광택, 채도(낮음>높음)에 따라 다르다.

라) 감지 형태

- 수평감지 : 90도(모서리)
- 수직감지 : 180도(벽)
- 커튼형 감지 : 360도(천장)

마) 적용

- 주로 실내에서 사용한다.
- 2차적 감지를 위해서 사용한다.
- 다른 장치들과 함께 사용한다.(조명스위치+조도센서, 경고방송스위치)

바) 오작동 방지

1) 문틈바람, 냉난방기 공기대류, 작은 동물, 여름철 온도상승, 태양, 자동차 전조등, 가청 및 비가청 음향 등의 영향으로 오작동할 수 있다.

2) 줄이는 방법

- 감지요소를 이중(2~4개)으로 사용한다.
- 일정시간동안 설정횟수가 연속적으로 감지하면 경보신호를 발생한다.
- 환경에 맞게 감지감도를 조정한다.

사) 설치시 고려사항

- 직사광선, 자동차 전조등을 회피한다.
- 환풍기, 라디에이터, 히터 가동 장소 및 공기대류 과다 발생지역을 피한다.
- 전자파가 많이 발생하는 지역 피한다.
- 장애물 제거하고 감지구역범위 창문을 피한다.
- 감쇠효과 및 감지범위 고려한다.
- 흔들리는 물체를 제거한다.

8.2.4 유리파손 感知機

1) 침입자가 창문으로 침입시 유리를 손상시키게 되는데 이를 감지하여 전기적인 신호로 변환하여 송신한다.
2) 유리 안쪽 하단이나 상단 모서리에 설치하여 깨질 때 발생하는 탄성파나 진동을 감지하는 방식이다.

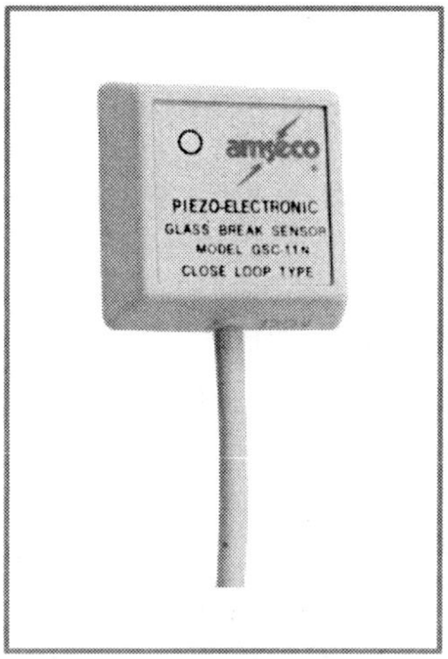

[그림 8-13] 유리파손 감지기

8.2.5 마이크로폰 感知機

1) 침입시 발생하는 음향을 감지하거나 침입자들이 나누는 대화도 전기적인 신호로 변환하여 송신한다.
2) 침입 통로 주위의 천장에 설치한다.

[그림 8-14] 마이크로폰 感知機

8.2.6 셔터 感知機

1) 기존의 센서를 응용한 감지기로 상가의 셔터나 대형문의 열림을 감지하기 위해 많이 사용된다.

2) 종류

(1) 마그네틱 센서를 사용하는 경우

- 고정된 셔터 틀에 스위치를 부착하고
- 열리는 셔터에 자석을 고정시킨다.

(2) 적외선 센서를 사용하는 경우

- 적외선 투광기를 셔터 틀에 부착하고
- 열리는 셔터에 수광기 또는 반사판을 고정시킨다.

[그림 8-15] 마크네틱 셔터 感知機

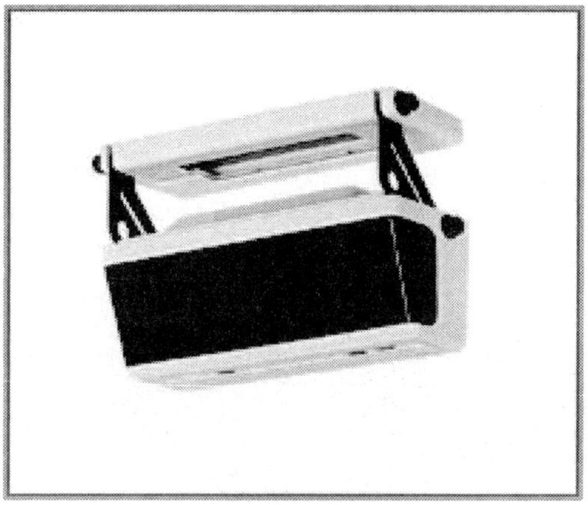

[그림 8-16] 적외선 셔터 感知機

8.2.7 壓電 感知機

1) 작동원리

- 압전소자를 밟았을 때 당겨지거나 압력이 가해지면 전하를 발생시켜 한 쪽 면은 양 전하가 반대편은 음 전하가 대전되어 전위차의 발생으로 전기가 발생하는 원리이다.

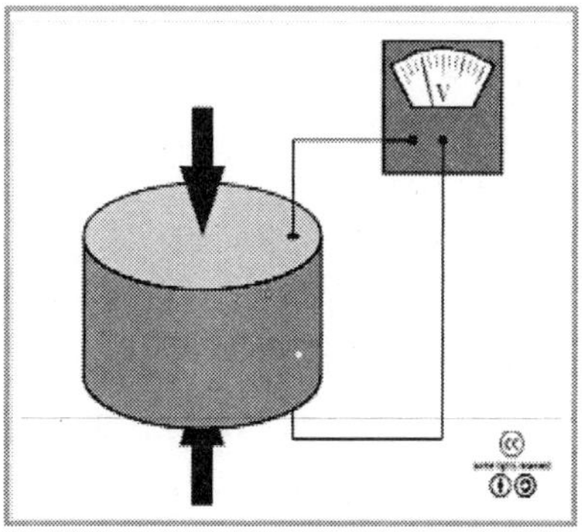

[그림 8-17] 壓電효과 원리

2) 적용

- 출입문이나 창문 주위
- 울타리 벽

[그림 8-18] 壓電 매트

8.3 防災用 感知機

8.3.1 의의

- 손실을 예방하거나 줄이기 위해 사용
- 화재 감지, 가스누설감지, 전기누전감지 등

8.3.2 火災感知機

화재발생을 자동으로 감지하는 기구로 주로 건물 천장에 설치한다. 화재감지기는 방식에 따라 열 감지기(熱 感知機), 연기 감지기(煙氣 感知機), 불꽃 感知機, 복합 감지기(複合 感知機)로 구분한다.

熱 感知機(열 감지기)는 화재가 발생하면 열이 발생하여 실내의 온도가 일정 온도이상 상승하면 이를 감지하여 신호를 발생하는 기기이다. 열 감지기는 작동 방식에 따라 차동식(差動式), 정온식(定溫式), 보상식(補償式)으로 나누어지는데, 차동식은 온도가 급격히 상승할 때만 작동하고 정온식은 설정된 일정한 온도에 다다르면 작동한다. 차동식으로 흔히 쓰이는 스폿형은 공기실 안의 공기가 온도 상승에 따라 팽창해서 다이어프램(얇은 금속판)을 변위(變位)시키면 전기접점(電

氣接點)이 닫히면서 수신기에 전류가 흐르게 되어 화재를 통보하는 것이다.

煙氣 感知機(연기 감지기)는 화재가 발생하면 불꽃이 생기기 전에 연기가 발생하는데 이를 감지하는 기기이다. 연기감지기는 크게 이온화식과 광전식(光電式)으로 나누어진다. 이온화식은 화재 연기에 포함된 미립자가 마주 향하고 있는 2개의 전극에 부착되어 전극 사이에 흐르는 이온전류가 감소하는 성질을 이용한 것이다. 또 광전식(산란광식)은 연기에 포함되어 있는 미립자에 의해 빛이 난반사(亂反射)가 발생하는데 이렇게 산란되는 빛을 전기적으로 포착하여 신호를 발생하는 것이다.

불꽃 感知機는 화재가 발생하면 불꽃이 생기는데 이 불꽃에서 방사되는 적외선이나 자외선 에너지를 감지하는 기기이다. 불꽃 감지기는 적외선을 감지하는 성질을 이용하면 적외선 불꽃 감지기, 자외선을 감지하는 성질을 이용하면 자외선 불꽃 감지기, 이 두 가지의 성질을 모두 이용한 것을 복합형 불꽃 감지기라 한다.

가) 熱 感知機

1) 화재 발생시 생기는 열에 의한 온도변화를 감지한다.

2) 差動式

- 주위 온도가 일정 상승률 이상이 되는 경우를 감지한다.

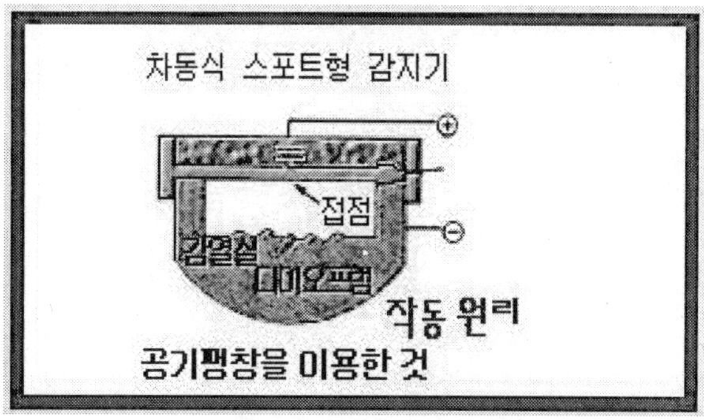

[그림 8-19] 差動式 스포트형 熱 感知機 작동원리

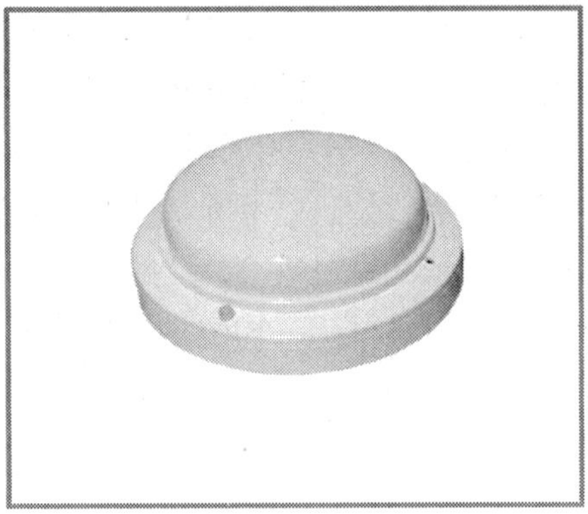

[그림 8-20] 差動式 熱 感知機

3) 定溫式

- 일부의 주위 온도가 일정한 온도 이상이 되는 경우를 감지한다.

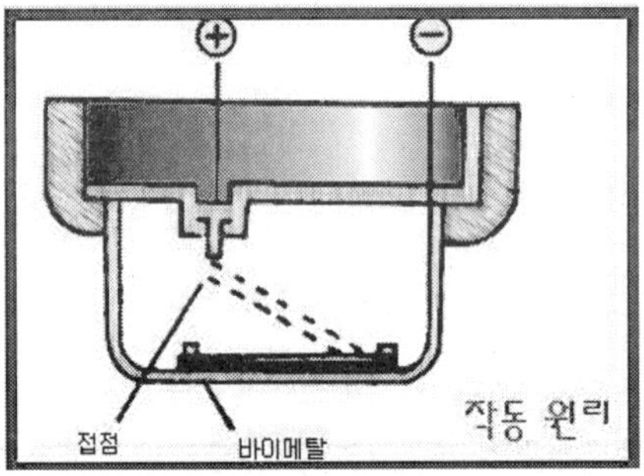

[그림 8-21] 定溫式 스폿형 熱 感知機 작동원리

[그림 8-22] 定溫式 熱 感知機

4) **補償式**

- 차동식, 정온식의 장점 결합하여 한 기능이 작동되면 작동 신호를 발생한다.

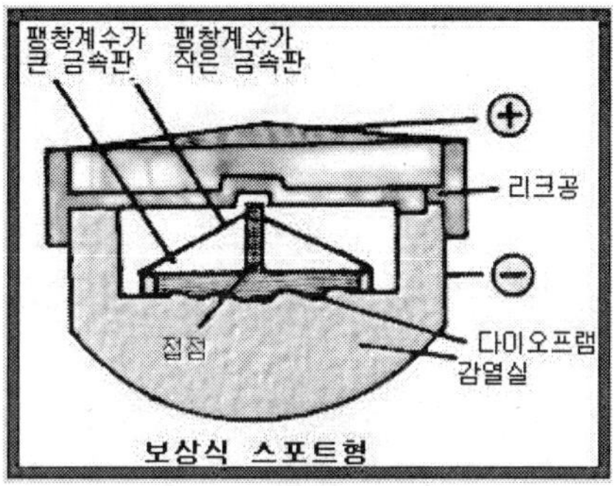

[그림 8-23] **定溫式 스포트형 熱 感知機 작동원리**

나) **煙氣 感知機**

- 화재 발생시 생기는 연기를 감지한다.
- 불이 붙기 이전에 연기가 먼저 발생하므로 화재에 대한 반응이 빠르다.
- 유형
  - 광전식 : 발광소자의 광 산란 또는 감쇠를 감지한다.
  - 이온식 : 공기를 이온화하여 이온전류의 변화를 감지한다.

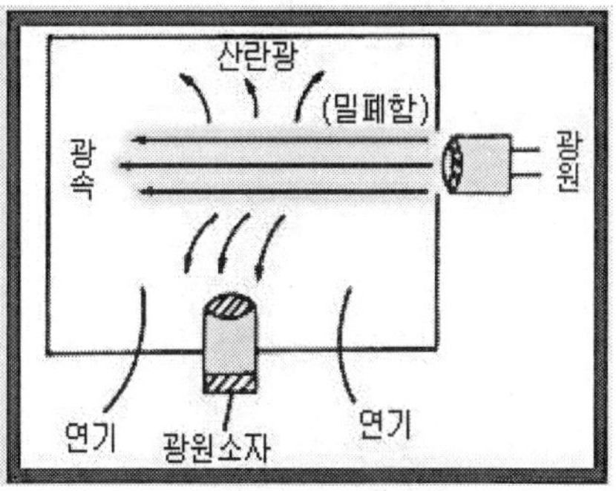

[그림 8-24] **광전식 煙氣 感知機 작동원리**

[그림 8-25] 광전식 煙氣 感知機

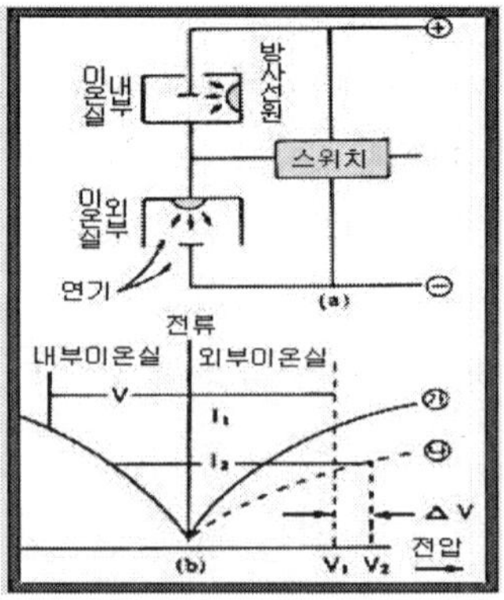

[그림 8-26] 이온식 煙氣 感知機 작동원리

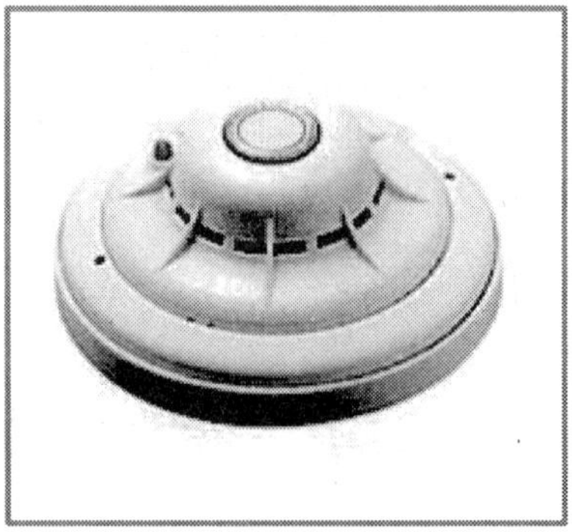

[그림 8-27] 이온식 煙氣 感知機

다) 불꽃 **感知機**

- 화재의 불꽃에서 발생하는 적외선 또는 자외선을 감지한다.
- 화재를 초기에 신속하게 감지할 수 있다.
- 유형
  - 赤外線 感知機
  - 紫外線 感知機
  - 複合形 感知機

[그림 8-28] 紫外線 불꽃 感知機

[그림 8-29] 赤外線 불꽃 感知機

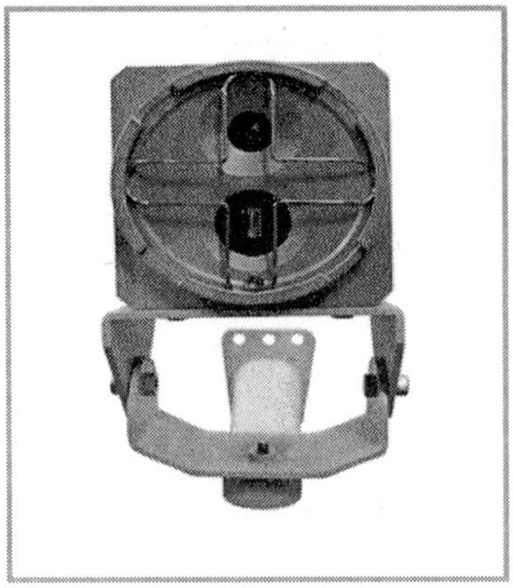

[그림 8-30] 複合形 불꽃 感知機

라) 複合 感知機

1) 하나의 감지기에 복수의 감지기능을 가지고 있어 두 가지의 감지 기능이 동시에 작동하면 화재 신호를 발생한다.

2) 유형

- 熱 複合形 : 열을 감지하는데 있어 정온식과 차동식을 사용하는 복합 감지기로 정온식은 정확한 온도변화를 감지하여 순간적인 온도정보를 수신기에 제공하며, 차동식은 분당 15℃의 온도변화를 감지하는 차동식방식으로 화재를 감지하면서 화재 단정온도(65℃)에 도달하면 화재 신호를 발생한다.

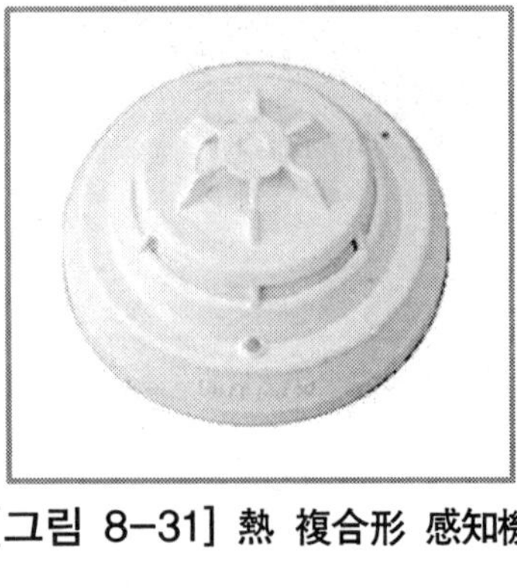

[그림 8-31] 熱 複合形 感知機

- 熱煙 複合形 : 열과 연기를 감지할 수 있는 열·연기복합감지기로 대부분 광전식과 정온식 기능을 이용한다. 열은 정온식감지기 기능으로 정확한 온도를 감지하여 화재신호를 발하며, 대기중의 연기농도를 감지하여 연기농도의 변화를 정확히 판단하여 신속한 화재감지를 한다.

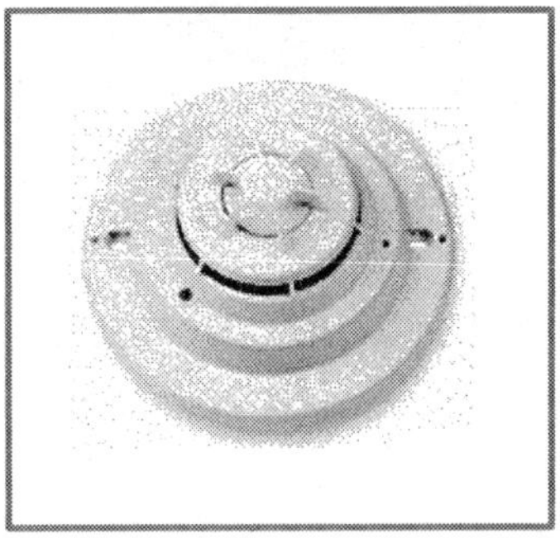

[그림 8-32] 熱煙 複合形 感知機

8.3.3 가스漏泄 感知機

1) 폭발성 가스 및 유독성 가스의 누설 위험장소에 설치되어 상시 감시하며 가스의 누설시 즉각적인 감지로 경보 및 안전 차단 등의 조치를 취하여 인명이나 재산상의 재해를 사전에 예방한다.
2) 연료용 가스, 자연발생 가스의 누설을 감지한다.

3) 측정형태에 의한 분류

(1) 대기 확산식 (Diffusion Type)

- 대기중에 가스가 누설되면 가스의 비중과 누설 시의 압력으로 인하여 누설된 가스는 대류를 하게 된다. 대기확산식 가스 감지기는 이렇게 대류 하게 되는 가스가 가장 빠르게 접할 수 있는 곳에 설치하여 가스의 누설을 측정한다.

[그림 8-33] 대기 확산식 가스漏泄 感知機

- 장점
  - 가장 많이 사용 되고 있는 방식이다.
  - 초기 설치비용이 흡입식에 비하여 저렴하다.
  - 응답속도가 빠르다.
- 단점
  - 높은 지역에 설치는 가능 하나 시험 및 점검이 불편하다.
  - 고열, 고습, 고압인 환경에는 전 처리가 불가능하므로 이러한 환경은 오동작의 원인이 된다.

(2) 자동흡입식 (Auto Suction Type)

- 내부의 환경조건(온도, 습도, 압력, 설치 위치) 등의 영향으로 인하여 가스감지기의 직접 설치가 어려운 지역에 설치하여 운영된다.
- 자동흡입식 가스감지기는 시료 가스의 이동을 위한 장치를 내장하여 측정하고자 하는 위치의 가스누설 유·무를 자동으로 흡입하여 측정하게 된다. Pump Type과 Air Injection Type이 있다.
- 유지보수 및 관리가 용이한 지역에 설치되며 유지보수 시에는 시스템에 대한 충분한 이해가 필요하다.

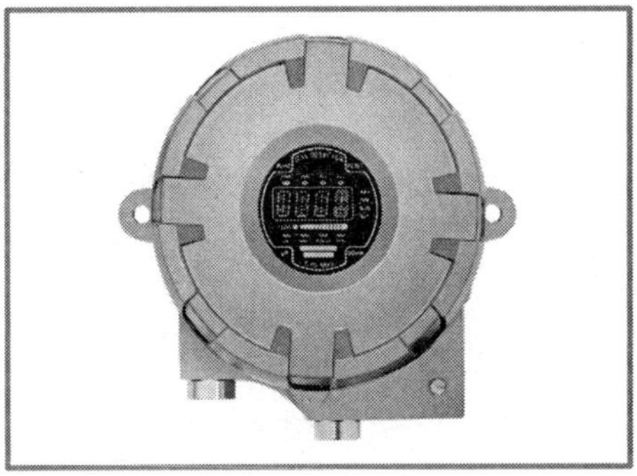

[그림 8-34] 흡입식 가스漏泄 感知機

- 장점
  - 측정 및 교정이 불가능한 배관, 고열, 고소, 고습, 고압 등의 지역에 Suction Line을 설치하여 측정이 가능하다.
  - 주위 환경에 대한 전처리가 가능하여 측정하고자 하는 위치의 가스 존재여부를 정확하게 측정할 수 있다.
  - 정기적인 점검 및 시험을 편리하게 할 수 있다.
- 단점
  - 초기 설치비용이 많다.
  - 배관이 길어지면 응답속도가 다소 느려질 수도 있다.

4) 측정원리에 의한 분류

(1) 반도체식 (Semiconduct Type)

- 반도체식 가스감지기는 주로 금속산화물 반도체의 소결체와 연결막, 혹은 박막 등으로 되는 감지부와 그것을 가열하는 히터로 구성되어 있다. 우리가 검지하고자하는 목적 가스에 따라 반도체 센서의 전기 전도도가 변화하게 되고 이것으로써 기체 중 가스의 존재 유·무 및 농도를 알 수 있는 것이다 .

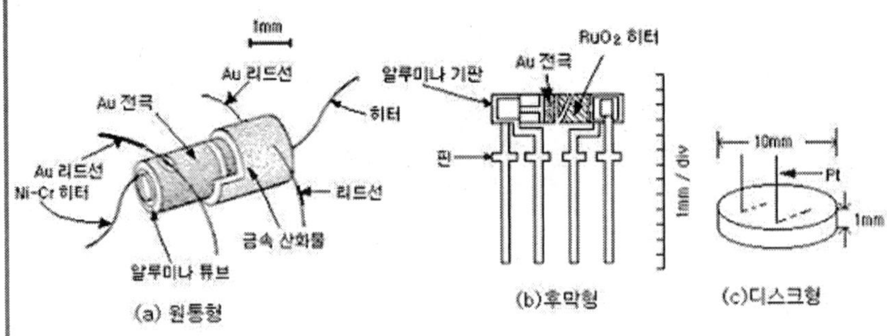

소결형 반도체식 가스센서

[그림 8-35] 반도체식 가스감지기 구조

[그림 8-36] 반도체식

(2) 접촉 연소식 (Catalytic Combustion Type)

- 금속열선에 전원을 인가하여 담체를 가열하고 가스가 가열된 담체에 접촉하면 연소반응이 일어난다. 가연성 가스가 산소와 반응하면 반응열이 생긴다. 접촉 연소식 가스감지기는 이 반응열을 전기신호로 변환해서 검지하는 방식이다.
- 연소반응에 의하여 담체의 온도가 상승하고 담체내의 금속열선의 온도도 상승한다.
- 접촉 연소식 감지기를 열선이 내장되어 있어 열선식 감지기라 부르기도 한다.

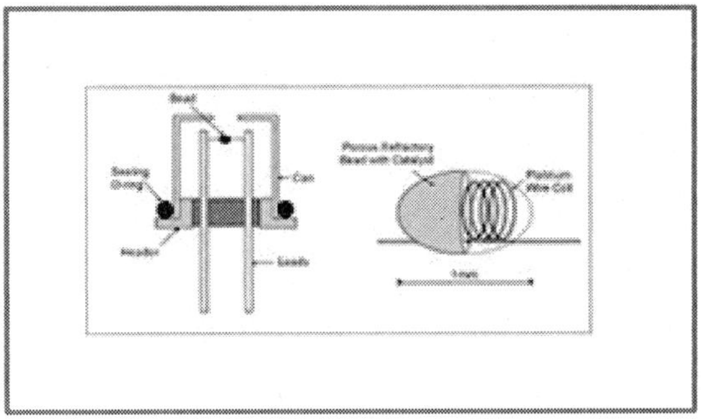

[그림 8-37] 접촉 연소식 감지기 구조

[그림 8-38] 접촉연소식

(3) 전기화학식

- 전기화학식 가스감지기는 화학 반응 (산화환원 반응)에 의하여 발생하는 에너지를 전기적인 에너지로 변환시키는 원리에 의하여 가스를 검지한다.
- 측정대상가스의 산화 환원 반응 일어날 때 전자의 양을 감지하여 해당 가스의 농도를 측정한다.
- 그 구조는 측정 물질에 의해 산화가 일어나는 감지전극 (Sensing Electrode), 감지전극에 외부로부터 전압을 걸어 줄 때 기준이 되는 기준전극 (Reference Electrode), 감지 전극에서 흐르는 전류만큼의

대응 전류를 흘려줌으로써 평형을 유지시키는 대전극(Counter Electrode)으로 구성된다.

- 전기화학식 감지기의 핵심적 특징은 검지 대상 가스의 흐름을 감지전극으로 제한하는 확산장벽에 있다. 이 방법에 의해 모든 가스가 전극에서 산화 혹은 환원 반응을 일으킬 수 있다.
- 이 산화환원 반응에 의하여 발생하는 전류는 감지전극 측의 가스농도에 대응하기 때문에 이 전류를 측정함으로 해서 가스를 감지할 수가 있다.
- 이와 같이 전기화학식 가스감지기는 화학반응(산화환원 반응)에 의하여 발생하는 에너지를 전기적인 에너지로 변환시키는 원리에 의하여 가스를 검지한다.

9. 閉鎖回路 TV

9.1 概要

가) CCTV 개념

- CCTV(Closed Circuit TeleVision)는 사람의 눈을 대신하여 현장을 감시하는 카메라와 연결된 TV나 모니터를 통해 현장상황을 원격지에서 감시할 수 있는 장치이다.
- 모니터를 계속적으로 주시하여야 한다.
- 자신있고 신뢰성 있게 침입상황에 대응할 수 있다.
- 완전한 경계태세 전환 또는 감지기의 오작동 확인이 가능하다.

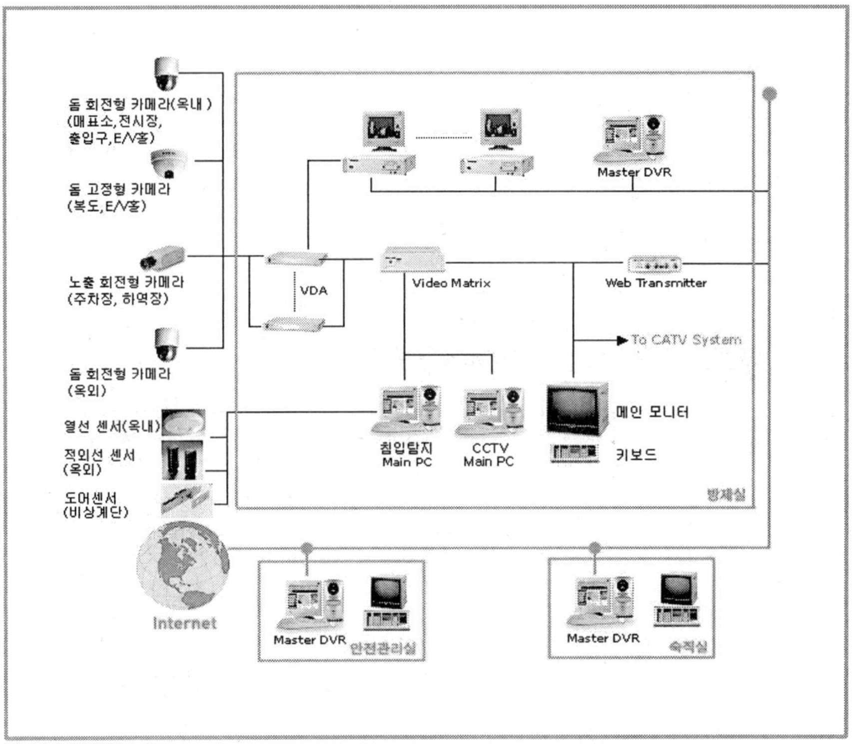

[그림 9-1] CCTV 경비 시스템 개념도

나) CCTV 구성

1) 촬영부

- 영상신호를 전기적인 신호로 변환시킨다.
- 카메라, 렌즈, 하우징, 팬 · 틸트장치

2) 전송부

- 전기 신호를 수상부에 전달한다.
- 다양한 통신수단을 활용한다.
- 동축케이블, LAN선

3) 수상부

- 전송된 전기 신호를 변환하여 사람이 볼 수 있게 영상신호로 재생시킨다.
- 실체의 상을 보게 한다.
- 모니터, TV

4) 부대장치

- 녹화장치, 영상분할장치, 영상분배장치

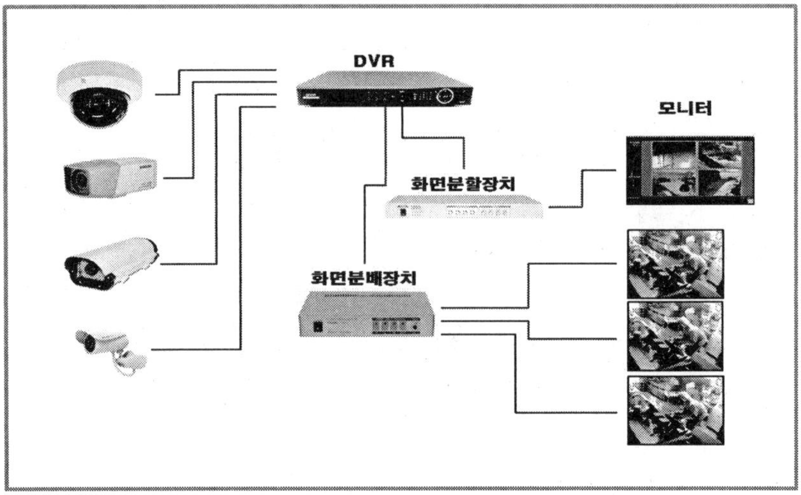

[그림 9-2] CCTV 구성형태

다) 카메라

1) 작동원리

- 렌즈를 통해서 들어오는 영상을 촬상소자에서 전기신호로 변환하여 전송매체를 통하여 수신부에서 영상으로 볼 수 있도록 전송한다.
- 이미지 → 렌즈 → 촬상소자 → 전송장치
- 종류 : 흑백, 컬러

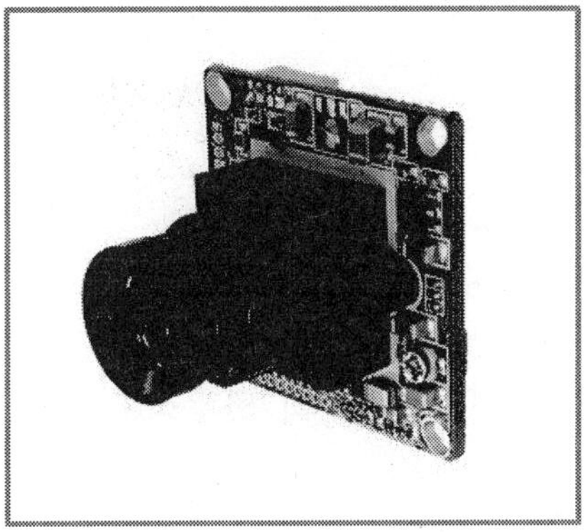

[그림 9-3] CCTV 카메라 내부

2) 선택 조건

- 정상적인 태양빛이나 조명이 있는 상태의 경우
- 빛은 있지만 낮은 상태의 경우
- 빛이 아주 낮은 상태의 경우
- 빛이 없어 볼 수 없는 경우
- 주변 여건을 수용할 수 있어야 하는 경우

3) 하우징

- 카메라를 주변의 열악한 조건들로부터 보호하기 위해 사용하는 케이스이다.
- 사용 장소
  - 사용온도 초과하는 환경
  - 직사광선 또는 비바람을 막기 위해서

- 먼지가 많은 장소
- 습기가 높은 장소
- 부식성 가스나 염분이 있는 장소
- 기계적 보호가 필요한 장소

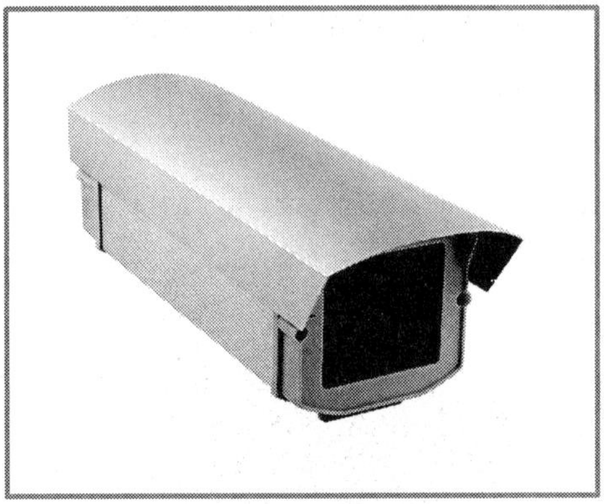

[그림 9-4] 하우징

라) 렌즈

1) 적용

- 유리와 같이 투명한 물질의 면을 구면(球面)으로 곱게 갈아 물체로부터 오는 빛을 모아 광학적 상(像)을 맺게 하는 물체이다.
- 카메라 앞에 장착되어 빛을 모아 촬상소자에 상이 맺도록 보내는 역할을 한다.
- 부착 구멍 종류에 따른 분류
  - C마운트 렌즈 : 플렌지백 거리(카메라 이미지센서에서부터 마운트 표면까지의 거리)가 175mm 이다.
  - CS마운트 렌즈 : 플렌지백 거리가 125mm이다.
- 초점에 따른 분류
  - 고정초점렌즈 : 렌즈의 초점이 고정되어 있다.
  - 줌렌즈 : 렌즈의 초점이 가변적이어서 확대가 가능하다.

– 시야에 따른 분류

- 핀홀 : 일반 렌즈교환식 카메라에서 렌즈부분을 없애고 렌즈캡에 구멍을 뚫어 핀홀을 만든 것
- 광각 렌즈 : 찍히는 범위가 표준렌즈보다 넓어서 피사체가 작게 찍히고 피사체심도가 깊다(즉, 초점이 맞는 부위가 넓어 화면 구석구석까지 선명하게 찍힌다.)

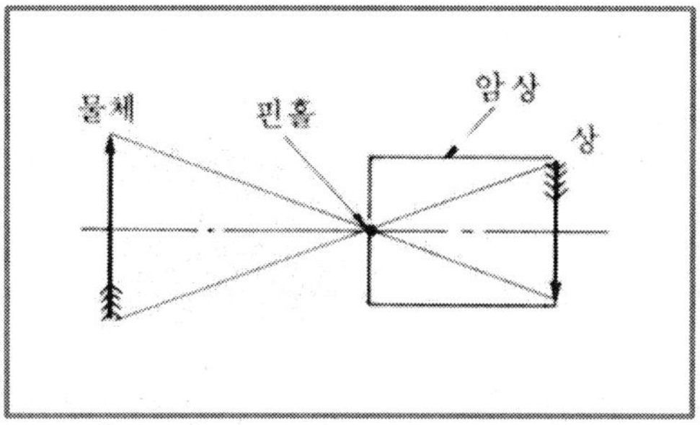

[그림 9-5] 핀홀 카메라 원리

2) 선택

– 사용하고자 하는 거리와 감시하고자 하는 폭에 따라 렌즈를 선택한다.

[그림 9-6] 렌즈

마) 모니터

- TV나 컴퓨터 등에서 영상 정보를 재현할 때 쓰는 장치로 초기에 나온 모니터는 한 가지 색만 표시할 수 있었다. cathode ray tube(CRT) 방식과, liquid crystal display (LCD) 방식, light emitting diode(LED)가 있으나 현재는 LCD, LED 2종류를 대부분 사용한다.
- 모니터는 시스템에 내린 명령을 처리하는 과정이나 결과를 볼 수 있게 해 주는 장치이지만 기술이 발전하면서 표시할 수 있는 색의 종류도 다양해졌고, 모니터가 차지하는 공간도 훨씬 줄어들었으면 편리성이 증가하여 다양한 용도로 사용되고 있다.
- 흑백 및 칼라 CRT, LCD, LED
- 시계범위에 따른 모니터 크기를 결정한다.

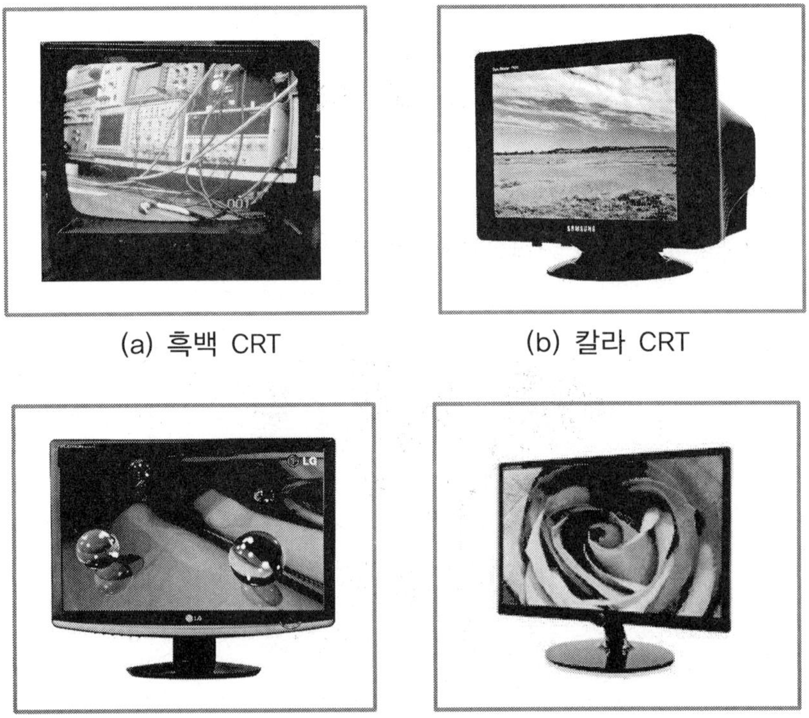

(a) 흑백 CRT (b) 칼라 CRT

(c) LCD (d) LED

[그림 9-7] 모니터

바) 팬 · 틸트 장치

- 원격지에서 키보드, 조이스틱, 마우스를 이용해 카메라를 좌우(팬), 상하(틸트)로 움직여, 직접 가지 않고도 보고 싶은 영역을 마음대로 볼 수 있어 매우 편리하다.
- 카메라를 이동시킬 수 있어 범인의 움직임을 추적할 수 있고 넓은 지역을 감시할 수 있다.
- 근무자가 조작 능력이 있어야 한다.
- 비용, 신뢰성, 효과를 고려하여 설치해야 한다.

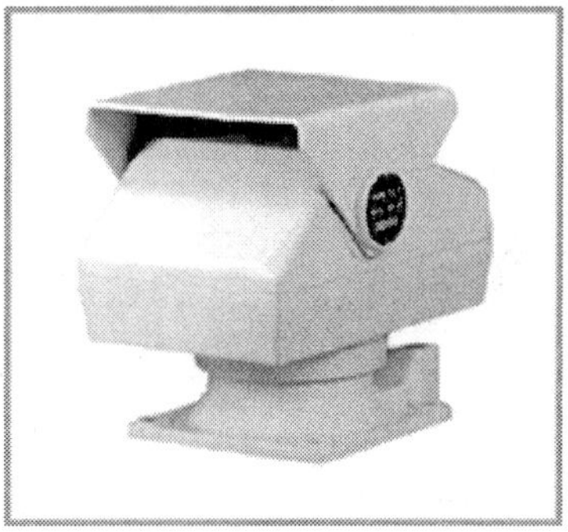

[그림 9-8] 팬 · 틸트 장치

사) 영상전송

- 전송매체를 통하여 촬영부에서 생성한 신호를 수신부로 전달한다.
- 카메라와 모니터 사이의 거리, 이들 사이의 환경적 특성을 고려하여 선택하여야 한다.

1) 동축케이블

- 감쇠량이 적다.
- 가까운 거리에 효과적 : 400m이내

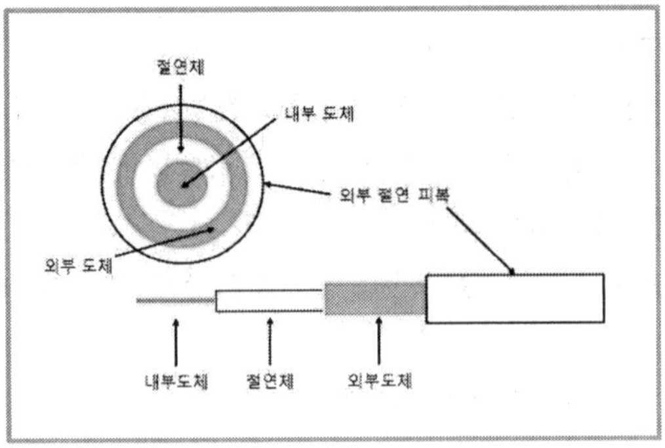

[그림 9-9] 동축케이블 단면도

[그림 9-10] 동축케이블

2) 광케이블

- 광 섬유는 코어(Core), 클래딩(Cladding), 코팅(Coating)과 피복의 구조로 구성된다.
- 코어는 광 신호 자체를 운송한다.
- 클래딩은 광신호를 코어에 유지하는 역할을 한다.
- 전기에너지를 빛에너지로 변환하여 전송한다.
- 신호를 전송하는 중 에너지 손실이 적다.
- 장거리 송신과 다중통신이 가능
- 전기적 잡음이 없다.

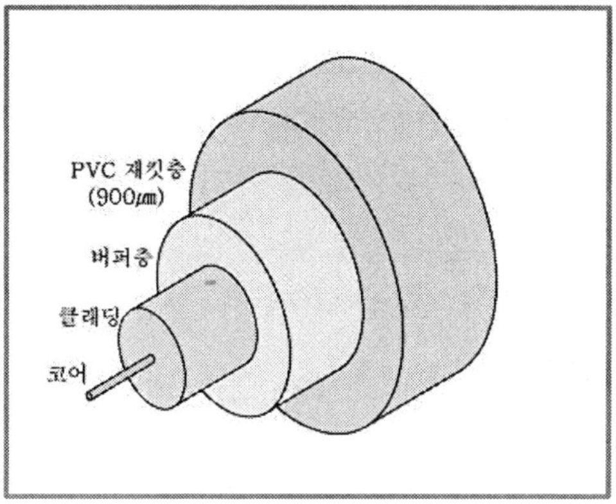

[그림 9-11] 광케이블 단면도

[그림 9-12] 광케이블

3) 무선

- 물리적인 선로가 필요 없는 전파를 사용한다.
- 전파법에 의해 제한을 받게 된다.
- 단거리에서는 제한적으로 사용된다.
- 범죄자들에 의한 도청이나 개인정보보호를 위해 암호화과정을 거처야 한다.

9.2 CCTV 運用

가) 역할

- 정보의 근원이 된다.
- 시계가 확장된다.
- 경비목적의 CCTV 역할

나) 운용시 고려사항

1) 움직임 감지

- 경보음, 경고등

2) 영상녹화

- 움직임 감시 장치와 결합 사용

3) 모니터 수 감소

- 영상절환장치, 영상분할장치, 영상분배기

4) 침입감지 센서와 연동

5) 빈 모니터 활용

다) 조명

- 밝히고자 하는 거리와 그 지점에서의 밝기는 역제곱법칙이 성립한다.
- 적외선 전등을 사용한다.

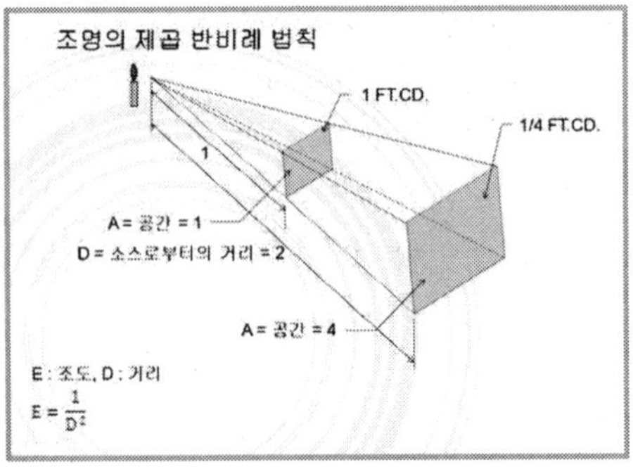

[그림 9-13] 역제곱법칙

라) 부수장치

1) 영상절환장치

- 여러 대의 카메라에서 보낸 영상을 한 대의 모니터에서 보기 위해 선택하는 한 방법이다.
- 설정된 시간간격으로 하나씩 순차적으로 영상을 보게 한다.

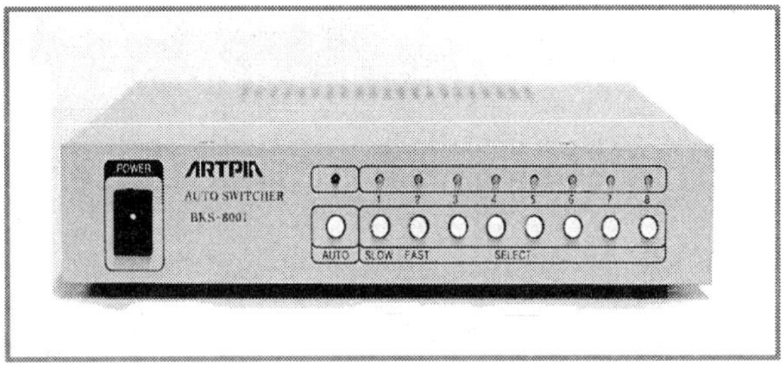

[그림 9-14] 영상절환장치

2) 화면분할장치

- 한 대의 모니터 화면을 4, 9, 16, 25, 36 등으로 분할하여 여러 영상을 한 눈에 볼 수 있게 해 주는 장치이다.
- 현재는 하드웨어장치 없이 소프트웨어적으로 처리한다.

[그림 9-15] 16개로 분할된 화면

[그림 9-16] 화면분할장치

3) 녹화장치

- 지속적 감시보다 사고발생상황을 확인하기 위한 목적으로 사용한다.
- VTR, CD, HDD, DVR

(a) VTR

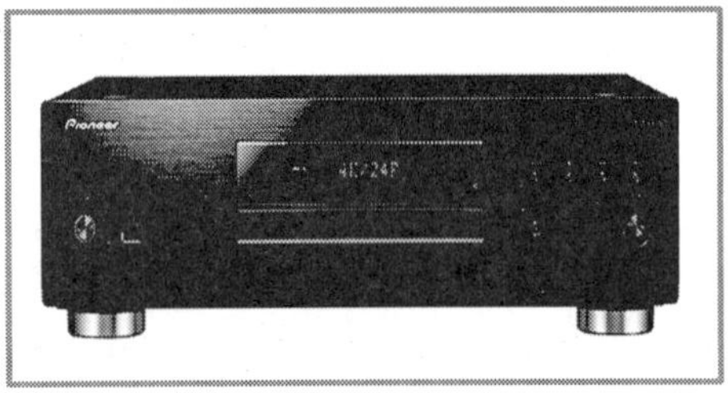

(b) CD

(c) HDD

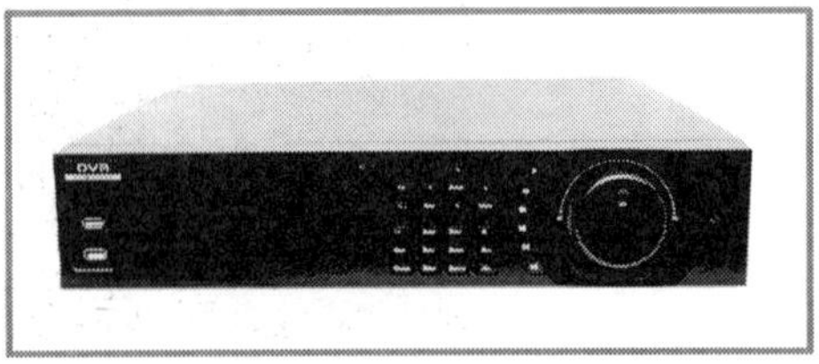

(d) DVR

[그림 9-17] 녹화장치

4) 기타장치

- 영상분배기
  - 한 대의 카메라 영상을 여러 대의 모니터에 보여 주는 장치이다.
  - 동일한 영상을 여러 곳에서 동시에 보고자 할 때 사용한다.

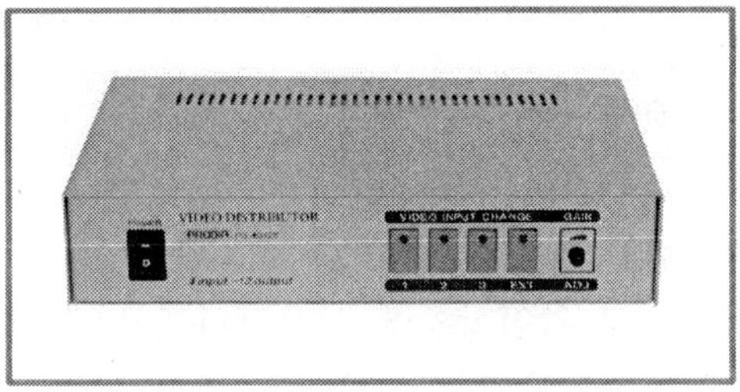

[그림 9-18] 영상분배기

10. 出入統制裝置

10.1 槪要

가) 출입통제 개념

- 출입이란 사람이 어떤 장소에서 안으로 들어가거나 밖으로 나가는 것을 일컫는다.
- 모니터를 주시하는데 있어 공백이 없어야 한다.
- 자신있고 신뢰성 있게 침입상황에 대응해야 한다.
- 완전한 경계태세로 전환하거나 오작동 여부를 확인한다.

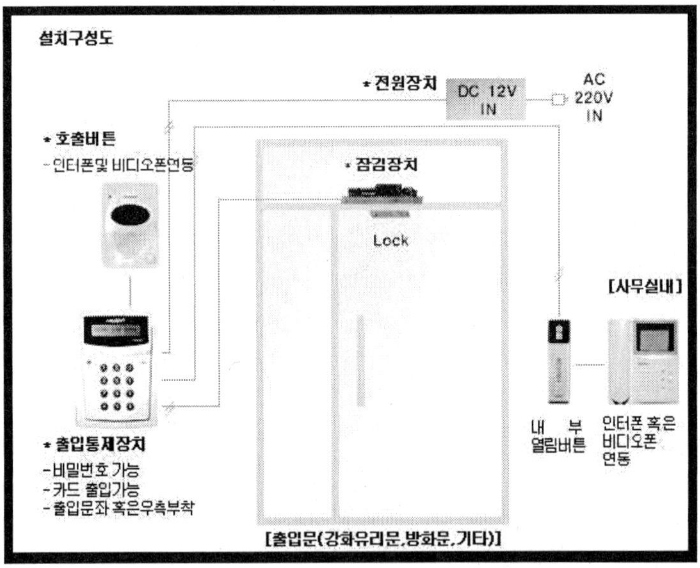

[그림 10-1] 출입통제장치 구성 형태

나) 출입통제장치 목적

- 출입구에서 경비원이 출입을 통제하는 기능을 대신한다.
- 인건비를 줄일 수 있다.
- 인가된 사람만 출입이 허용된다.

다) 출입통제장치 구성

1) 인가된 사람을 확인하는 장치(카드리더)
2) 결정을 통제하는 주장치(잠금장치)
3) 출입문 통제장치

라) 출입통제장치 요소

1) 확인을 위한 식별방법

① 키

- 출입자를 확인하기 위해 가장 일반적으로 알려져 있는 방법이다.
- 키를 가지고 있는 사람이 키 조작으로 출입문 통제장치를 해제하는 가능을 한다.
- 단점 : 분실, 도난, 협박, 복사로 인한 취약점이 있다.

[그림 10-2] 키

② PIN(번호키) 잠금장치

- 숫자로 조합된 개인신분번호(PIN:Personal Identification Number)를 등록하여 출입시 키패드로 PIN 번호를 입력하는 방식이다.
- 장점 : 휴대하기 편리하고 분실을 할 우려가 없으며 간단하고 오류가 적게 발생한다.
- 단점 : PIN번호가 쉽게 노출될 수 있어 보안성이 낮은 편이다.

[그림 10-3] PIN

③ **카드**

- 카드 표면에 표시 및 내장되어 있는 정보를 읽어 개인을 확인 하는 방식이다.
- 유형 : 삽입형, 접촉형, 근접형이 있다.
- 단점 : 인가되지 않은 사람이 카드를 소지하게 되면 출입을 할 수 있다.
- 종류 : 바코드카드, 천공카드, 자기스트립트카드, 스마트카드, RF 카드 등

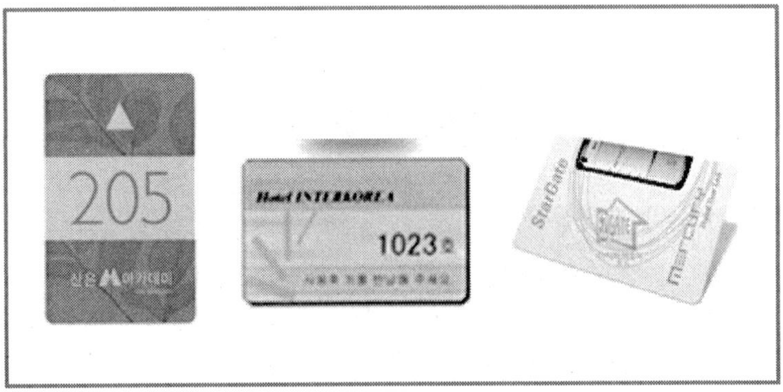

[그림 10-4] 카드

④ **지문 인식**

- 지문의 개인별 특징을 추출하여 신원을 확인하는 방식이다.
- 사전에 출입자들의 지문을 등록해야함.
- 장점 : 보안성이 뛰어나다.
- 단점 : 기기의 가격이 고가이다.

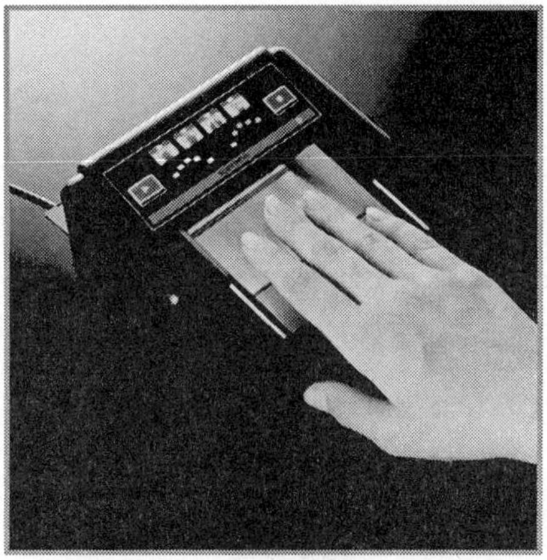

[그림 10-5] 지문인식장치

⑤ **손바닥(장문) 인식**

- 손의 모양, 손가락 길이, 손금 모양 등의 개인마다 고유의 특징을 추출하여 신원을 확인하는 방법이다.
- 단점 : 오류율이 비교적 높다.

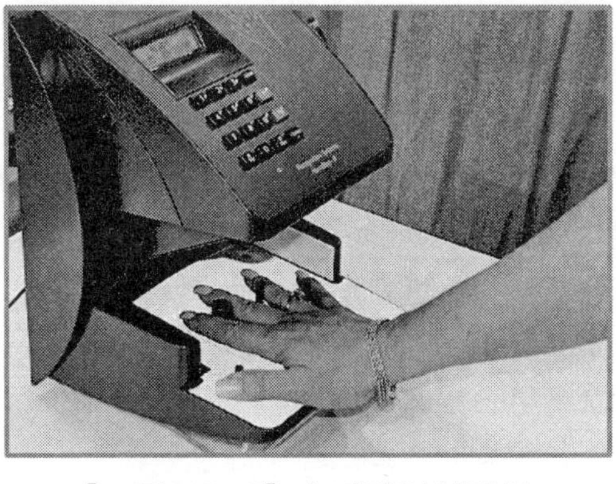

[그림 10-6] 손바닥인식장치

⑥ **필체 인식**

- 개인마다 서명하는 방법이 모두 상이한 점을 이용한다.
- 서체, 획의 순서, 펜의 압력, 펜의 움직임, 서명속도, 서명소요시간 등을 종합 분석하여 개인의 신원을 확인하는 방법이다.
- 장점 : 비교적 가격이 저렴하다.
- 단점 : 오류율이 비교적 높다.

⑦ **음성 인식**

- 주위환경으로부터 사람의 음성을 분리 추출하여 특징을 추출해 코드북을 작성하여 입력된 음성신호와 비교하는 방법이다.
- 장점 : 원격지에서도 신분의 확인이 가능하다.
  가격이 저렴하다.
- 단점 : 모창할 수 있어 오류율이 비교적 높다.

[그림 10-7] 음성인식장치

⑧ **정맥(손등) 인식**

- 적외선을 이용하여 손등의 정맥을 촬영하여 필요한 고유의 특징부분을 추출하여 신원을 확인하는 방법이다.
- 장점 : 분실 우려 및 번호를 암기할 필요가 없다.
  오류율이 비교적 낮다.
- 단점 : 비교적 소요비용이 많다.

[그림 10-8] 손등인식장치

⑨ **홍체 인식**

- 사람마다 각각 고유의 홍채 모양을 출생 때부터 가지고 있어 홍채모양의 특징으로 신원을 확인하는 방법이다.
- 장점 : 오류율이 매우 낮다.
  보안성이 뛰어나다.
- 단점 : 가격이 비싸다.

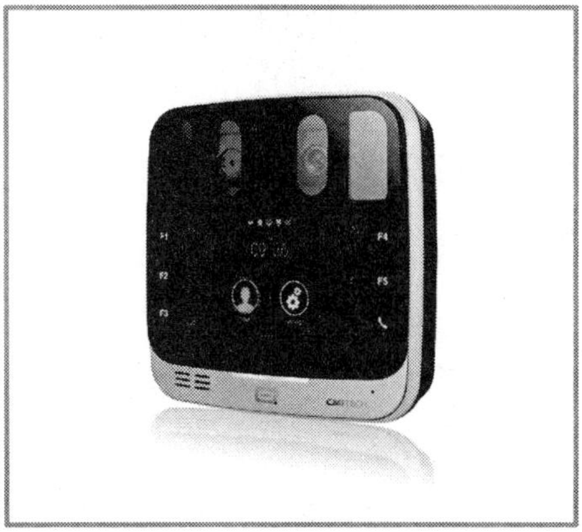

[그림 10-9] 홍체인식장치

⑩ **얼굴(안면) 인식**

- 카메라로 얼굴을 촬영하여 등록된 얼굴과 비교하여 신원을 확인하는 방법이다.
- 신경망, 모자이크, 액티브, 칸토우, 타원기법 등

- 단점 : 성형수술이 발달하여 인식이 어렵다.
  조명과 그 사람의 기분에 따라 많은 영향을 받는다.

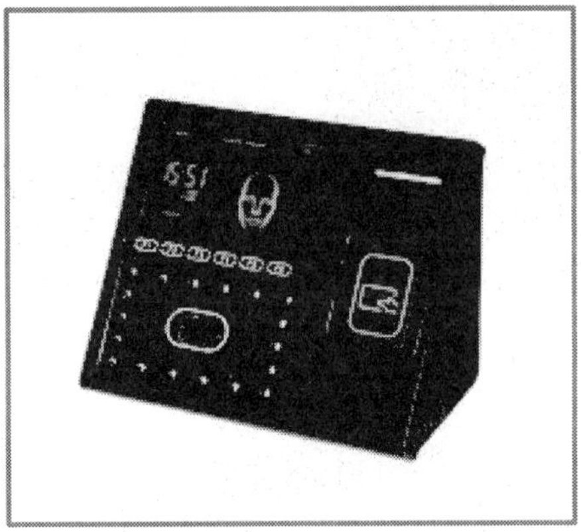

[그림 10-10] 얼굴인식장치

마) 오작동

- 인가된 사람의 출입을 거절하는 경우
- 인가되지 않은 사람의 출입 허용하는 경우

바) 보완책

- 이중 장치 : 안전근무자를 배치하여 감시하게 한다.
- 상황실에서 통제(CCTV를 통해 확인 후)

10.2 出入門 統制

가) 개념

- 출입문을 통해 비인가자의 출입, 중요한 물품, 서류 등에 접근을 통제하고자 할 때에 잠금장치를 이용하여 접근을 차단한다.

나) 문의 잠금장치

1) 잠금장치 형태

① Electric Strick

• 솔레노이드에 의해 스트라이크를 결합하고 해제하는 방식

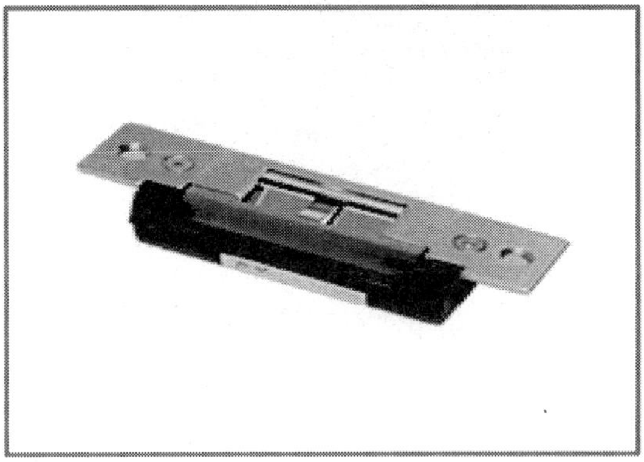

[그림 10-11] Electric Strick 잠금장치

② Dead Bolt

• 문과 문틀 구멍에 볼트를 넣고 빼는 방식

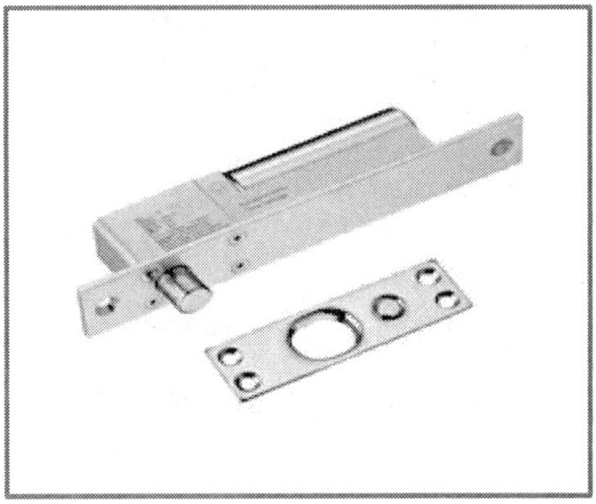

[그림 10-12] Dead Bolt 잠금장치

③ Electric Magnetic

- 문과 문틀에 전기적 자성체를 붙이고 떨어뜨리는 방식

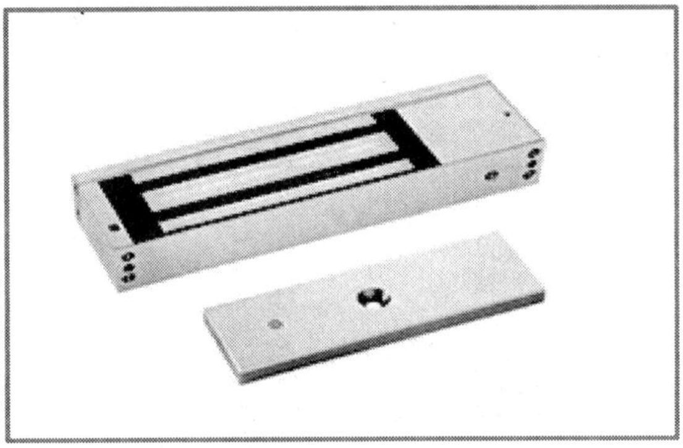

[그림 10-13] Electric Magnetic 잠금장치

2) 퇴실장치 형태

- 문 옆에 벽면에 설치되어 있는 퇴실자가 직접 퇴실 버튼을 작동시켜 출입문을 여는 방법

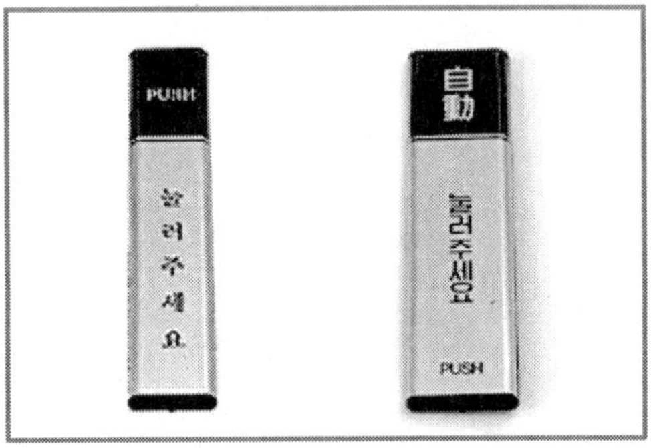

[그림 10-14] 퇴실 버튼식 퇴실장치

- 적외선 센서나 초음파 센서가 문 상단에 설치되어 있어 출입문에 접근하면 열어 주는 방법

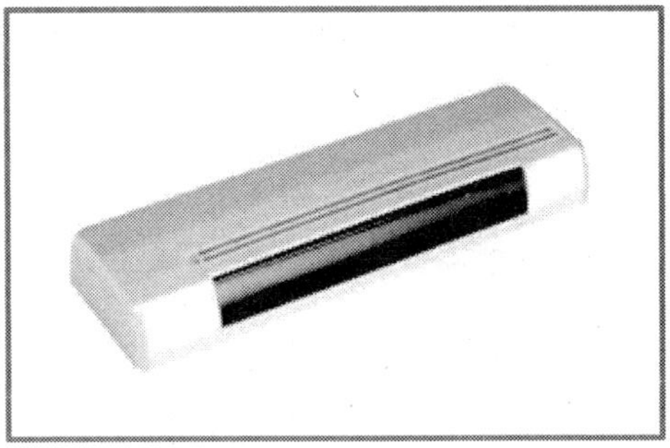

[그림 10-15] 센서식 퇴실장치

- 입실시 사용한 인식카드 사용하는 방법

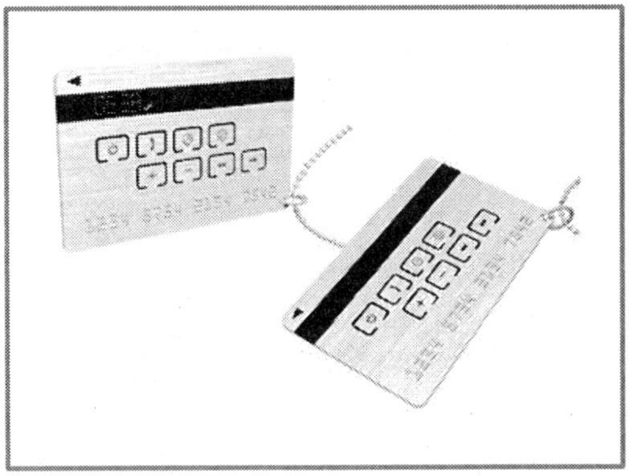

[그림 10-16] 인식카드식 퇴실장치

다) 출입문 통제형태

1) 단일 출입문

- 시간지연방식 : 문의 잠금장치가 해제된 후 일정시간이 경과하면 잠기는 방식이다.
  설정된 시간이 경과한 뒤에도 문이 닫히지 않으면 경보를 발생한다.

- 센서사용방식 : 2개의 적외선 빔 센서를 설치하여 출입문 통과를 확인한다. 빔이 차단된 횟수나 시간으로 인원 초과 감지시 경보를 발생시킨다.

2) 이중 순차 잠금문

- 일렬로 일정한 거리만큼 떨어져 설치된 2개의 출입문 형태로 한 개의 출입문이 열린 후 출입자가 입장하면 닫히고 그 다음 다른 출입문이 열리는 방식이다.
- 장점 : 두 문 사이에 갇히는 시간이 있어 침입자에 대한 확인이 가능하다.
- 단점 : 인가된 사람에게는 시간이 지연된다.

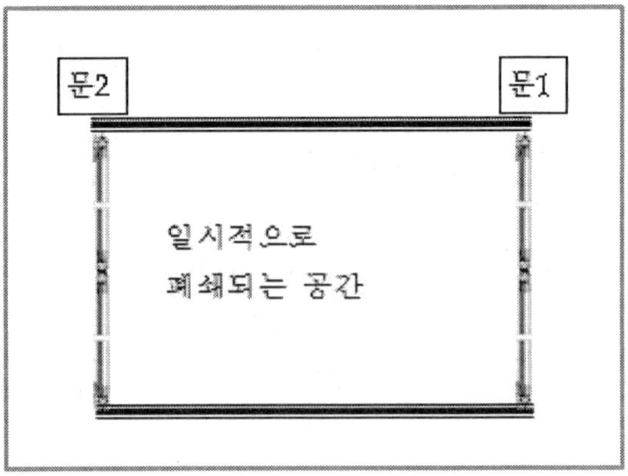

[그림 10-17] 이중 순차 잠금문

3) 회전문

- 축을 중심으로 빙빙 돌려서 드나들게 만든 문이다.
- 큰 건물이나 출입이 빈번한 곳에 한꺼번에 많은 사람이 출입하는 것을 막기 위하여 설치한다.
- 자동으로 작동하는 경우에는 원격으로 조정할 수 있어 출입자의 통제가 가능하다.

[그림 10-18] 회전문

10.3 空港에서의 出入地點統制

가) 보행자 접근 출입 지점

접근지점은 차량 또는 보행객을 위해 설치된 것으로, 경비가 서서 감시할 수도 있고 감시하지 않는 상태로 둘 수도 있다. 접근지점을 선택하고 시설을 설치할 때는 다음사항을 준수해야 한다.

- 경비가 서있는 차량 접근지점중 하나(대형 공항의 경우 1개 이상)는 보행자 접근 지점으로 사용되어야 한다. 이러한 접근지점은 main access point라 불리며 특수하게 설계되어야 한다.
- 승객 접근지점은 보행자 접근지점중의 한 범주에 속한다. 이 접근지점은 승객, 승무원, 검색대에 배치된 보안직원, 및 다른 허용된 사람들에 한해서만 사용되도록 해야 한다.
- 보행자 및 차량 접근지점 시설의 내구성은 영구적인 시설효율 이나 유지보수 비용 절감에 아주 중요하다. 접근지점은 튼튼하게 시공되어야 하고, 시설물을 열고 닫는 메커니즘은 내구성이 있도록 시공되어야 하고, 잠금장치도 튼튼하고 효율적이어야 한다.

나) 차량 접근지점

모든 경우에 있어, 경비원이 없을 때도 닫기거나 열리는 rolling gate나 double-leaf gate가 있어야 하고, 게이트 바로 뒤에는 drop-arm 장벽이 설치되어야 한다. 이러한 유형의 출입지점은 출입구가 한개 일수도 있지만 출입하는 교통량에 따라 여러 개일 수도 있다. 적어도 500 와트의 조명이 설치된 차량 출입도로는 에어사이드 출입이 허용된 가장 큰 차량이 양쪽 모두가 폐쇄되었을 경우 sterile lock에 수용될 수 있도록 충분한 폭과 길이를 가져야 한다.

일부 차량출입지점은 아주 가끔씩 사용된다. 즉 화재진압차량이 사용하는 비상시 출입지점, 제설작업 차량이 이용하는 특수 계절에만 사용되는 출입지점, 비행장 출입이 허용된 농부 등이 이용하는 출입지점이 그 좋은 예이다. 이들 출입지점은 chain link wire가 덮힌, lock/chain/padlock등으로 잠글 수 있는 double-leaf gates로 구성된다. 이 경우 leaves의 프레임은 울타리의 chain link wire와 동일한 chain link wire로 커버된 최소 직경 3cm의 네모 또는 둥근 튜브로 만들어져야 한다. 이 때, chain link wire는 떼어낼 수 없는 강력한 hinge로 upright에 고정되어야 한다. leaves의 높이는 철조망 flap으로 연장되어져야 한다.

[그림 10-19] 차량출입지점

다) 보행자 출입접근지점

1) 경비가 서 있는 보행자 출입지점

상당한 교통량이 있는 곳에 사용된다. 이상적으로 이들 보행자 출입지점은 다음의 구성요소를 갖추어야 한다.

① 높이 90cm의 흙을 얹어 놓은 장벽으로 90cm의 passage를 허용하여야 한다. stop mark는 체크 포인트에서 2미터 떨어진 지상에 표시되어야 하고, 체크 포인트 옆에는 표지판이 설치되어야 한다.

② 시야가 확보되는 창문이 달린 부스로 다음의 장비가 구비되어야 한다.
- 도움을 요청할 때 필요한 직통전화
- 의자 한 개와 선반. 필요할 경우 임시 또는 방문객에게 출입증을 발급해줄 수 있는 제반시설.
- 통제받는 사람과 직접 접촉하지 않고도 통제를 가능케 하는 조그만 쪽문
- 에어사이드 접근 문을 신속히 폐쇄할 수 있는 체계

③ 에어사이드를 완벽하게 차단할 수 있으면서 랜드사이드의 시야를 가리지 않는 칸막이 시스템.

④ 안이 들여다보이지 않는 유리로 된 출입문, 자동으로 열리는 것이 바람직함.

2) 경비가 서있지 않은, 사람을 위한 출입지점

출입증, 디지털 오프너, 또는 열쇠를 이용하여 에어사이드로 출입이 가능한 지상조업요원들이 이용한다. 이 출입지점은 공용일 수도 있고(즉 공항의 여러 부서에서 나온 출입이 허용된 사람들)또는 전용(공항의 특정 한 부서원들만 사용)일 수도 있다. 이와 같이 경비가 없는 출입지점은 다음의 장비가 장착되어 있어야 한다.

① 적어도 3cm 두께의 단단한 나무로 된 회전문이나 미닫이식 문. 이 문은 랜드사이드 쪽(예를들어, 관제탑으로 가는 출입접근지점)은 강철판으로 보강할 수 있음.

② **자동 폐쇄장치**

문이 잠겨 있음을 나타내는 contact switch, 한 개의 볼트(보강문의 경우 여러 개의 볼트), 허가된 사람만 출입할 수 있음을 알리는 표지판. contact switch는 문과 프레임 사이에 설치될 수 있고, 가능하면 striking plate 뒤에 설치하는 것이 이상적임.

③ 문의 잠금장치가 열쇠를 사용하지 않을 경우, 자물쇠를 여는 것은 원격으로 혹은 디지털 통제장치 또는 출입증 판독기 등에 의해 자동적으로 통제할 수 있다.

④ 양방향 마이크로폰. 이는 비상시 control post와의 통신을 위해 필요하다.

⑤ 적절한 방향으로 설치된 출입접근지점 감시 카메라. 이 카메라는 적절한 위치에 둠으로써 위험으로부터 보호해야 한다.

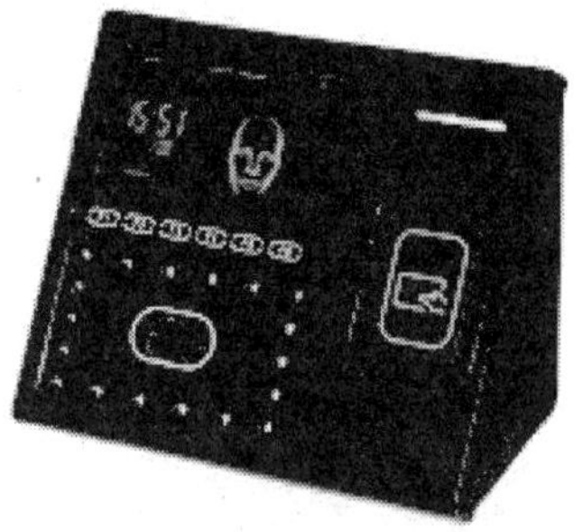

[그림 10-20] 얼굴인식장치

3) 터미널 빌딩 내에서는 엘리베이터를 통해 랜드사이드에서 에어사이드로 보행자나 물건의 이동

이들 엘리베이터는 경비가 있지 않으며 앞서 언급한 라인을 따라 적절한 보안 장비가 설치되어야 한다.

4) 또 다른 보행자 출입지점

랜드사이드와 에어사이드 사이에 설치된 것으로써, 한 방향으로만 사용하거나 사람들의 통행을 금해야 한다. 이러한 출입지점에는 다음과 같은 종류가 있다.

① **일방향 출입지점.**

보통 두 지역의 경계선에 설치되며, 보행자들은 한방향으로만 움직일 수 있으며 이 출입지점은 감시되지 않는다. (즉, 수하물 적치지역에서 나오는 곳 또는 중앙 검색대를 통과한 다음 지역)

② **화재시 출입지점.**

비상시에만 사용되는 출입지점이다. 이들 출입지점은 잠글 수 없기 때문에 보안문제가 있으며, 이는 다음의 방법으로 해결할 수 있다.

- 잠글 수 있는 핸들 또는 bar opener 설치.
- 문이 잠겼음을 표시하는 contact switch.
- 감시 카메라
- 자동 알람
- 화재시 사용하는 출입구임을 명확히 나타내는 표지판

③ **출발 수하물 처리지역과 수하물 수취 컨베이어 벨트 지역에 대한 출입구.**

이는 대개 랜드사이드에서 에어사이드로 직접 연결되는 통로로 사용된다. 컨베이어 벨트의 작동시작이나 작동중지에 opening과 closing을 연결시킴으로써 자동적으로 또는 수동적으로 개폐가 되는 문을 사용하여 이 지역을 봉쇄할 수 있어야 한다. 체크인 된 수하물 적치 지역의 경우, 남의 눈에 보이지 않고 은밀하게 소포나 가방을 둘 수 있는 컨베이어 벨트의 모든 구간은 강철판이나 wire mesh tunnel로 싸야 한다.

11. 電源供給裝置

방범경비시스템은 전자기기로 제작되어 DC 12V 또는 DC 24V의 전기가 공급되어야만 작동한다. 따라서 전지(건전지나 축전지)로부터 공급을 받던지 외부로부터 교류전원을 공급받아 정류하여 사용하여야 한다.

11.1 主 電源

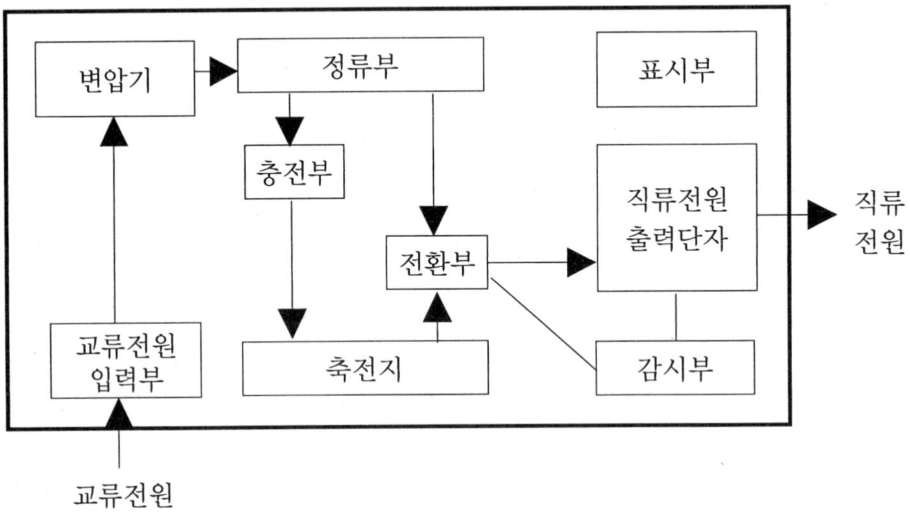

[그림 11-1] 주 電源供給裝置 구성도

가) 구성

電源供給裝置는 표시부, 교류전원 입력부, 변압기, 정류부, 충전부, 축전지, 감시부, 전환부 및 직류전원 출력단자로 구성된다.

1) 교류전원 입력부

- 외부로부터 공급받는 전원이 입력되는 부분으로 우리나라는 교류 220V 이다.

- 너무 많은 전류가 공급되어 내부의 장치를 손상시키는 것을 방지하기 위한 퓨즈가 내장되어 있어야 하며.
- 외부로부터 입력되는 교류전압이 교류 220V보다 높은 전압이 입력되어 내부의 장치를 손상시키는 것을 방지하기 위한 보호회로가 내장되어 있어야 한다.

2) 변압기

- 전자기기들은 낮은 전압(보통 12V 또는 24V)에서 작동하므로 외부에서 공급되는 높은 전압(220V)을 낮은 전압으로 변환하여야 한다.
- 이렇게 높은 전압을 낮은 전압으로 또는 낮은 전압을 높은 전압으로 변환시키는 기기를 변압기라고 한다.

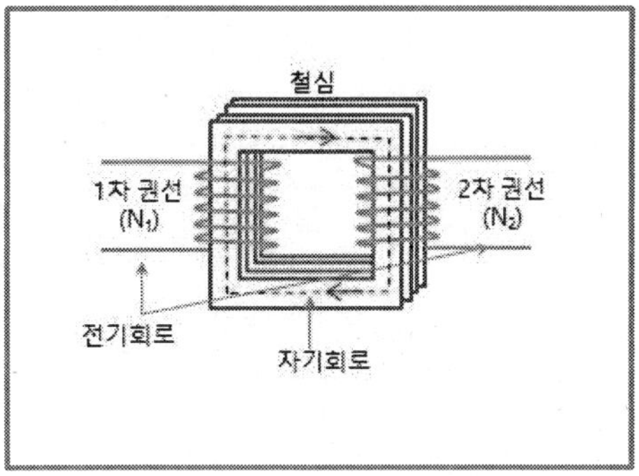

[그림 11-2] 변압회로

3) 정류부

- 전자 부품으로 만들어진 모든 전자기기들은 직류에서 작동하므로 외부에서 공급되는 교류전원을 그대로 사용하지 못하므로 교류전원을 직류전원으로 변환하여야 한다. 이러한 과정을 정류라고 한다.
- 교류전원(AC) 12V나 24V를 정류하여 직류전원(DC) 12V나 24V로 변환한다.

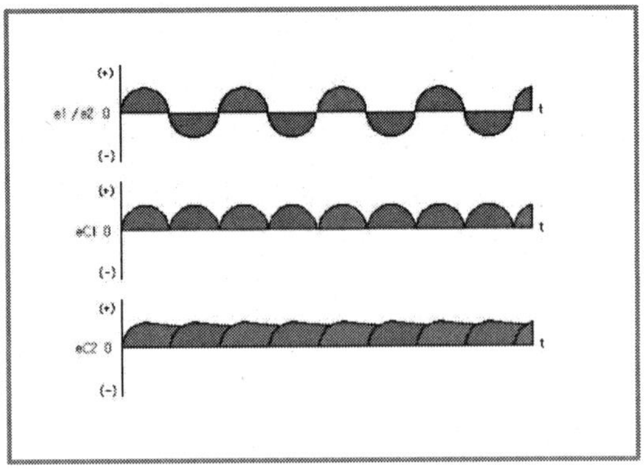

[그림 11-3] 정류과정

- 또한, 정류한 전류는 곡선형으로 굴곡이 있는 직류이다. 이를 완전한 직류로 일정한 전압을 나타내게 조정하는 회로도 포함되어있다.

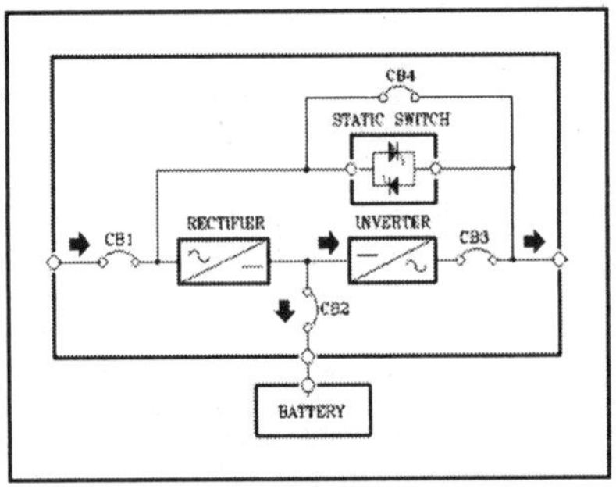

[그림 11-4] 정류회로

4) 충전부

- 정류된 직류전원을 내장된 축전지에 저장하기 위한 회로이다.
- 축전지에 용량이상으로 충전되는 것을 방지하기 위한 회로인 과충전 방지회로가 포함되어 있어야 한다.

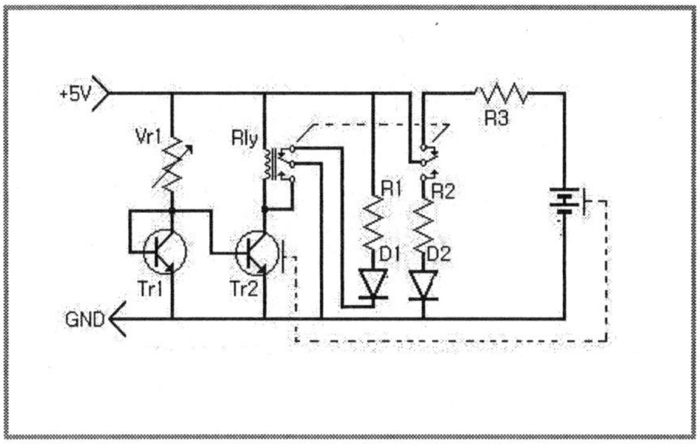

[그림 11-5] 충전회로

5) 축전지

- 외부에서 평상시 공급되는 교류전원이 여러 가지 사유로 공급이 차단되는 경우에 방범시스템의 작동도 중지된다. 이러한 상황에 대비하여 일정시간동안 방범시스템에 직류전원을 공급할 수 있게 저장하고 있는 장치이다.
- 연산 축전지, 니켈카드뮴 축전지, 리튬이온전지 등의 다양한 유형과 형태로 존재한다.

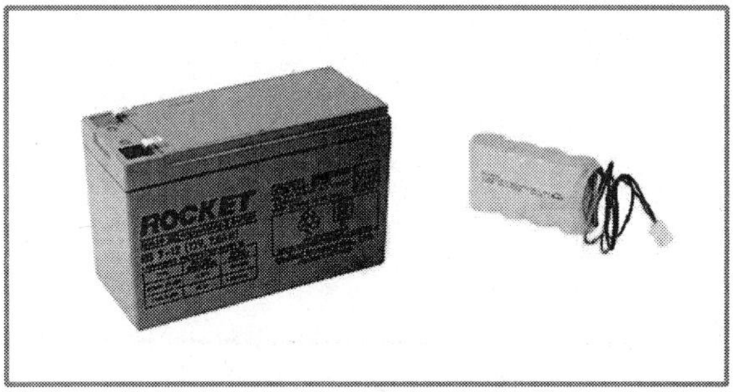

[그림 11-6] 축전지

6) 전환부

- 평상시에는 외부에서 공급되는 교류 220V를 정류부에서 정류하여 직류전원을 공급하도록 한다. 외부에서 공급되는 교류전원이 차단되는 경우인 비상시에는 축전지로부터 직류전원이 공급되도록 회로를 전환

시키는 부분이다.

- 외부에서 공급되는 교류전원이 다시 공급되면 축전지에서 공급되던 직류전원을 차단하고 정류부에서 정류된 직류전원이 공급되게 다시 전환시킨다. - 축전지에 충전된 직류전원을 많이 사용하여 과방전이 이루어지면 감시부의 신호에 따라 출력단자회로를 차단하도록 하여 축전지의 성능이 저하되는 것을 방지한다.

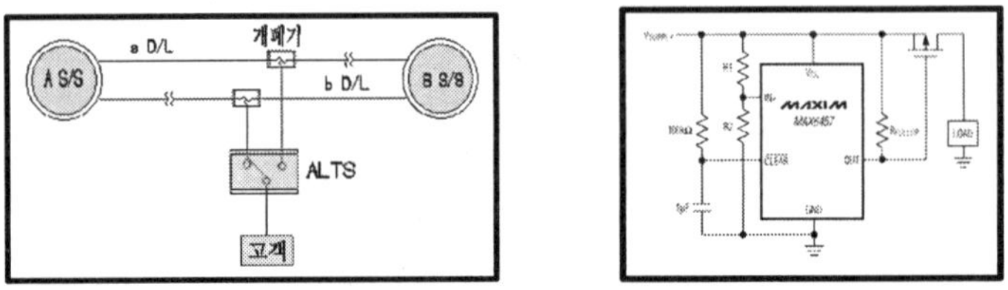

[그림 11-7] 전환회로

7) 감시부

- 축전지에서 공급되는 직류의 전압을 감시한다.
- 축전지가 너무 많이 방전되어 일정 전압이하로 낮아지거나 너무 많이 충전이 이루어지면 회로를 차단하도록 전환부로 신호를 보낸다.

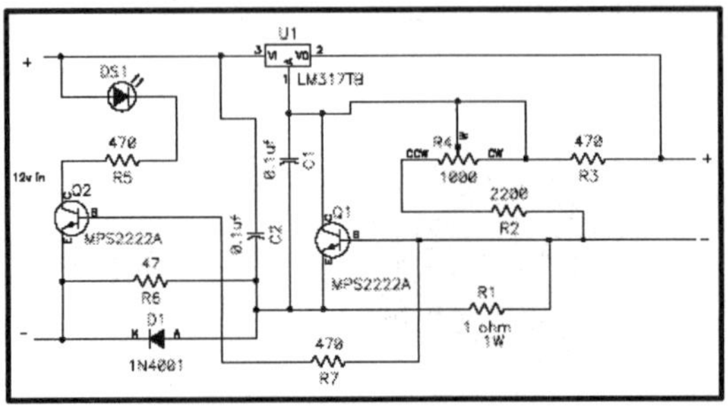

[그림 11-8] 감시회로

8) 직류전원 출력단자

- 각종 방범기기(감지기, 통제장치, 기타 주변기기)가 연결되어 직류전원을 공급받을 수 있는 여러 개의 DC 12V와 DC 24V 단자이다.

[그림 11-9] 직류전원 출력단자

나) 전원 공급형태

1) 건전지

- 건조하고 비교적 가벼우며 낮은 전압을 공급하는 전원공급장치이다.
- 이동식이나 고정용 장비에 널리 사용된다.
- 염화암모늄 전해질에 카본과 아연을 극으로 사용하는 건식 전지이다.
- 방전시 화학적 성분이 전기적 에너지로 변환되는 것으로 충전이 불가능하다.
- 과방전이 이루어지면 전해질의 수분이 밖으로 흘러나와 기기가 부식될 수 있다.

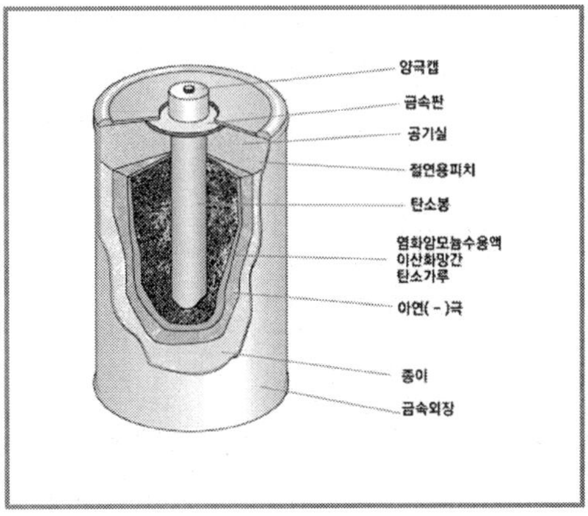

[그림 11-10] 건전지 내부구조

상대적 크기 비교								
표기 기준	미국	CR123A	AAA	AA	C	D	FC-1	4FM
	국제	-	R03	R06	R14	R20	6F22	4R25
	일본	-	UM4	UM3	UM2	UM1	006P	4R25
크기 (직경x높이)mm		17x34.5	10.5x44.5	14.5x50.5	26.2x50	34.2x61.5	26.5x17.5x48.5	67x67x115
전압(V)		3V	1.5V				9V	6V

[그림 11-11] 건전지 종류

2) 교류전기

- 수력, 원자력, 화력, 풍력 등에 의해 발전기에서 생성된 전원으로 Sine 곡선처럼 + 전압과 - 전압이 주기적으로 교차하면서 발생하는 전기로 1초에 1번 변화되는 Sine 곡선을 1사이클(1Hz)라 하며 우리나라는 60Hz를 사용한다.

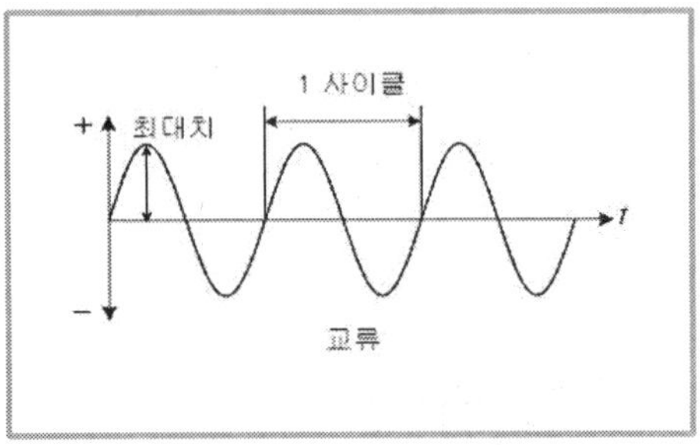

[그림 11-12] 교류전기

- 이 전기는 송전선로를 통해 필요한 장소(가정, 공장 등)로 이동시키는데 이동시 전선에 의한(전선이 가지고 있는 저항 때문에) 전력 손실이 발생하는데 이를 해결하기 위한 수단으로 높은 전압을 사용한다.
- 통상 우리나라의 경우 변압기에서의 거리가 가까우면 전압이 보다 높고 멀면 손실로 인해 전압이 낮다. 이로 인하여 전자기기의 고장원인이 된다.

3) 태양전지

- 반도체 물질과 광기전효과(Photovoltaic effect)를 이용한 것으로 반도체의 '밴드갭(Eg)'보다 같거나 큰 에너지를 가진 빛이 물질에 조사될 경우 전자가 들떠 p-n 접합구조가 기본적으로 가진 내부 전기장을 거슬러 움직여 외부회로에서 일을 하는 구조다.
- 날씨가 좋은 맑은 날에는 전기 생산이 원활하나 흐리거나 비나 눈이 오는 날은 전기를 생산하지 못하기 때문에 기후 조건에 민감하다. 따라서 항상 전기에너지를 공급하지 못한다는 단점이 있다.

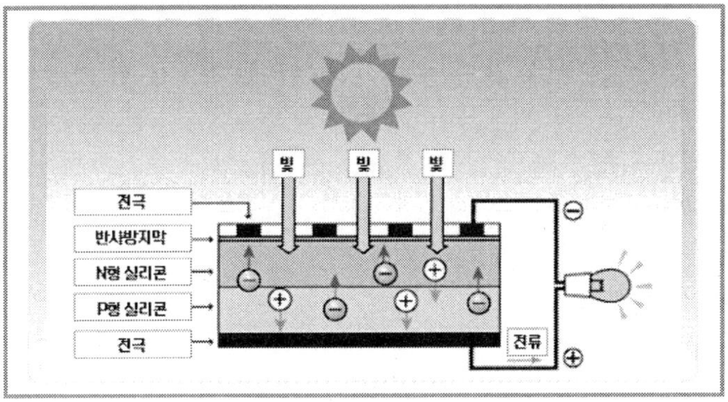

[그림 11-13] 태양전지 원리

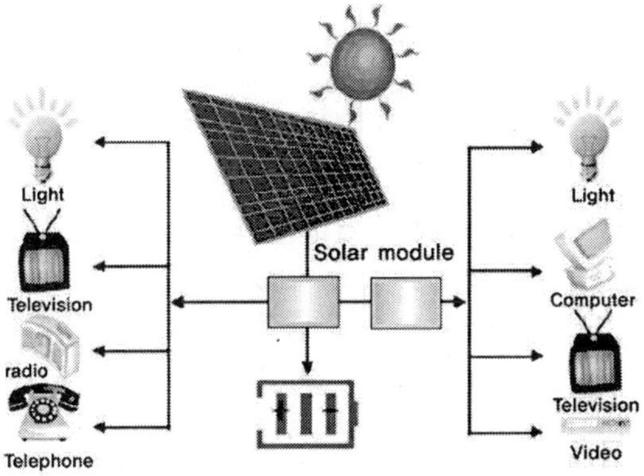

[그림 11-14] 태양광 발전개념

[그림 11-15] 태양광 발전

11.2 補助 電源

가) 보조 전원 개념

- 방범시스템은 1년 365일 24시간 내내 작동되어야 한다.
- 낙뢰나 기타 사유 등으로 외부에서 공급되는 주 전원이 차단되어도 방범 시스템은 작동되어야 하므로, 이 때 보조수단을 사용하여 전원을 공급해 주여야 한다.

나) 보조전원 형태

1) 연산 축전지(납축전지)

① **원리**

- 황산과 물을 희석하여 만든 묽은 황산($2H_2SO_4$)을 전해액으로 사용하고,
- (+)극판에 과산화납(PbO_2)을, (-)극판에 납(Pb)을 사용하는 전지이다.
- 충전과 방전과정에서 물이 가스화(수소와 산소로 분해)되어 공기 중으로 없어진다.

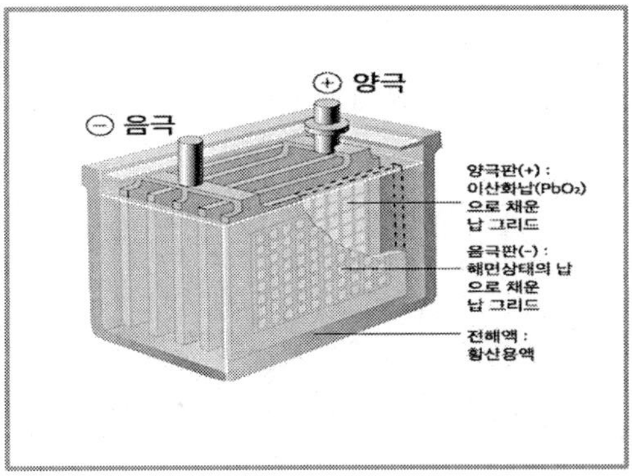

[그림 11-16] 연산 축전지 내부구조

- 연산 축전지의 원리는 반응하는 순간은 고체 상 반응이 아닌 액상 반응이라는 점이다. 이는 매우 중요한 사실이며 고체↔액체↔고체 사이로 움직이므로 움직이는 과정에서 필연코 손실이 발생한다. 이것이 수명 종료 원인이 된다.
- 전체 반응식

  $PbO_2 + Pb + 2H_2SO_4 \Leftrightarrow 2PbSO_4 + 2H_2O$
- 양극 반응식

  PbO_2 + 3H- + HSO4- + 2e ⇔ $PbSO_4$ + $2H_2O$
- 음극 반응식

  Pb + HSO4- ⇔ PbSO4 + H + + 2e
- 위 반응식에 음극 반응식을 보면 전자가 생성됨을 알 수 있다. 이는 전자가 음극에서 양극으로 이동하여 전류가 양극에서 음극으로 발생됨을 알 수 있다.

② **충 · 방전과정**

- 방전은 전지로부터 전기 에너지를 외부로 꺼내 쓰는 과정이고
- 충전은 외부에서 전기 에너지를 보충해 주는 과정이다.
- 충전을 할 때는 그 전지가 갖는 기전력보다 조금 더 높은 전압을 걸어주어야 한다. 납축전지에서는 방전될 때 황산이 소비되고 물이 생

성된다.

- 손실된 액을 증류수로 보충해야 한다.

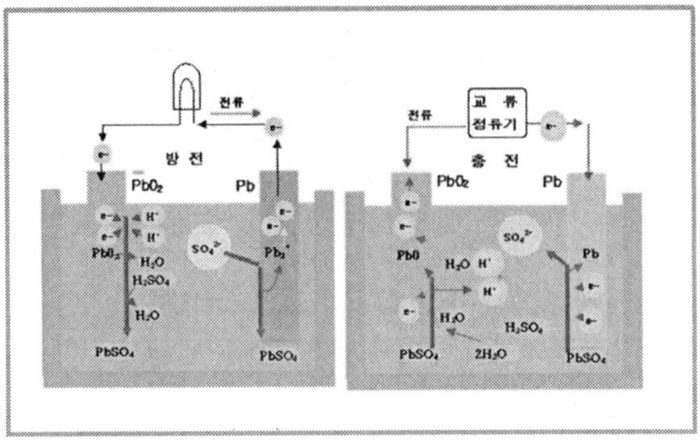

[그림 11-17] 연산 축전지 충 · 방전 원리

② **장점**

- 사용되는 원재료 구입이 용이하여 제조 원가가 낮다.
- 대용량이 가능하며 다양한 크기로 제작 가능하다.
- 고율 방전 특성이 우수하다.
- 저온, 고온 방전 특성이 우수하다.
- 충전 효율이 우수하다.
- 높은 cell 전압
- 쉽게 충전 상태 확인
- 과 충전 저항력이 강함
- 무보수 축전지 가능
- 다른 2차 전지 대비 가격 경쟁력 우수

③ **단점**

- 상대적으로 수명이 짧다.
- 에너지 밀도가 낮다.
- 자기방전으로 충전상태 지속성이 낮다.
- 방전후 장기 보존이 어렵다.
- 매우 작은 size로 제작이 어렵다.
- 수소가스가 발생한다.

- 중금속(납)을 사용한다.
- 국부 열화(thermal runaway)현상 발생으로 위험하다.

[그림 11-18] 연산 축전지

2) Ni-Cd(니켈-카드뮴) 축전지

① **원리**

- 충전시에 수산화니켈 Ni$(OH)_2$는 옥시수산화니켈 NiOOH로 변화하며, 수산화 카드뮴 Cd$(OH)_2$은 카드뮴 (Cd)가 되고
- 방전시에는 이 반대의 반응으로 옥시수산화니켈 NiOOH이 수산화니켈 Ni$(OH)_2$로 되고, 카드뮴(Cd)은 수산화 카드뮴 Cd$(OH)_2$으로 변화한다.
- 10개의 셀을 직렬로 연결하여 12.5V의 전압을 발생한다.

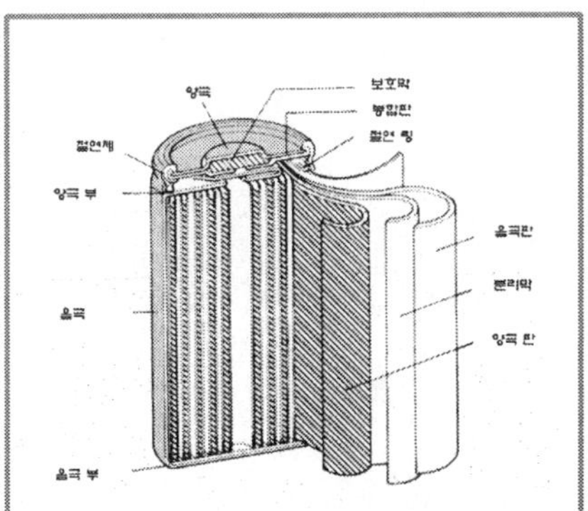

[그림 11-19] Ni-Cd(니켈-카드뮴) 축전지 내부구조

② **장점**

- 소전력 휴대형 기기 전원(휴대전화, 트랜시버, 헤드폰 스테레오, 컴퓨터 등)으로서 현재 건전지 다음으로 많이 사용되고 있다.
- 잘 사용하면 1000회 이상 충·방전 반복사용이 가능하여 매우 경제적이다.
- 완전 밀폐구조이므로 유지보수의 필요나 액이 샐 염려가 거의 없어 건전지처럼 쓰기에 편리하고 손쉽게 사용할 수 있다.
- 장기간 방치해도 성능 열화가 근소하다는 것 등의 뛰어난 특성이 있다.
- 가스 발생현상이 거의 없다.
- 내부저항이 아주 낮아 짧은 시간에 높은 출력전류를 공급할 수 있다.

③ **단점**

- 자기방전량이 크고 현존하는 축전지 중 용량보존 특성이 가장 낮으며, 40℃ 정도의 온도에서 가득 충전해도 10일 만에 잔존 용량이 50% 이하가 된다.
- 연산 축전지에 비해 가격이 비싸다
- 낮은 저항으로 축전지와 단락현상이 발생할 수 있다.
- 지금은 거의 사용되고 있지 않는다.
- 소형 진공청소기나 전동칫솔, 면도기 같은 소형 전기제품에 사용되며 용량이 그리 크지 않다.
- 메모리 효과를 가지고 있어 중간에 충전하면 용량이 줄어든다.

[그림 11-20] Ni-Cd(니켈-카드뮴) 축전지

3) Ni-MH(니켈수소) 배터리

① **원리**

- 양극 활물질은 니켈산화물(Nickel Oxyhydroxide), 음극 활물질은 수소저장합금(Hydrogen storage alloy)인 금속수소화물(Metal Hydride), 전해액은 수산화칼륨을 주성분으로 하는 알카리 수용액을 사용한 전지이다.

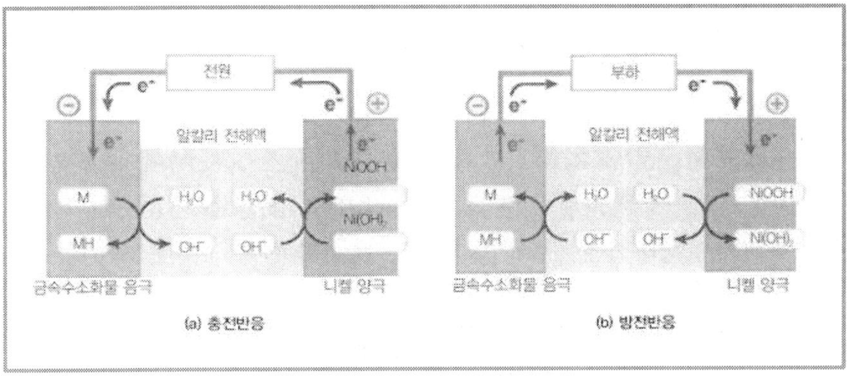

[그림 11-21] Ni-MH(니켈수소) 배터리 충·방전 반응 모식도

- 니켈수소 전지는 니켈-카드뮴 전지보다 에너지 밀도가 높고 고출력, 고용량화가 가능하며, 과방전 및 과충전에 대한 내성이 강한 특성을 가진 배터리이다. 메모리 효과가 거의 없는 편이며 주기적으로 방전하여 사용하면 오랫동안 사용이 가능합니다.

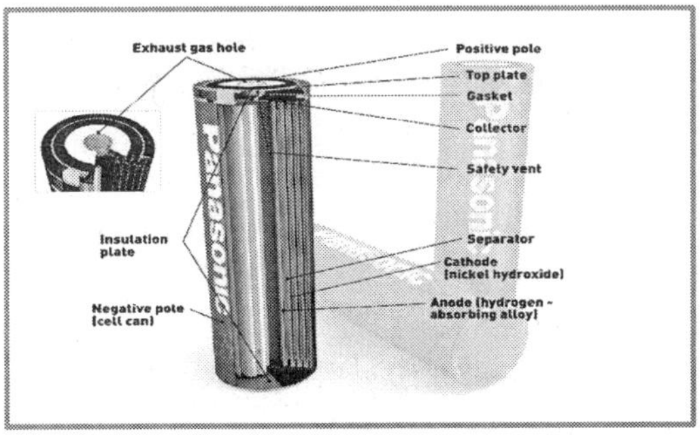

[그림 11-22] Ni-MH(니켈수소) 배터리 내부구조

② **장점**

- 니켈-카드뮴과 동일한 호환성이 있다. (전압이 같아 충전기를 바꿀 필요가 없다)
- 에너지 밀도가 니켈-카드뮴 배터리보다 크다.
- 급속충전이 가능하다.
- 카드뮴을 쓰지 않아 오염이 되지 않는다.
- 충방전 사이클이 더 많다.
- 과충전 과방전에 강하다.

③ **단점**

- 충전을 한 후 사용하지 않고 그냥 두어도 스스로 전지의 용량이 줄어드는 현상인 자가방전이 심하다.
- 충전시 니켈-카드뮴 배터리보다는 작지만 메모리효과가 있다.

[그림 11-23] Ni-MH(니켈수소) 배터리

4) Lithium(리튬이온) 배터리

① **원리**

- 리튬 이온을 쉽게 흡수/방출하면서 산화·환원되는 두 가지 물질을 음극과 양극으로 이용하는 전지이다. 두 가지 물질 중 리튬을 잘 방출하면서 잘 산화되는 물질이 음극이 되고, 그 반대가 양극이 된다. 산

화되는 성향의 크기 차이가 리튬 이온과 전자를 음극에서 양극으로 흐르게 한다.

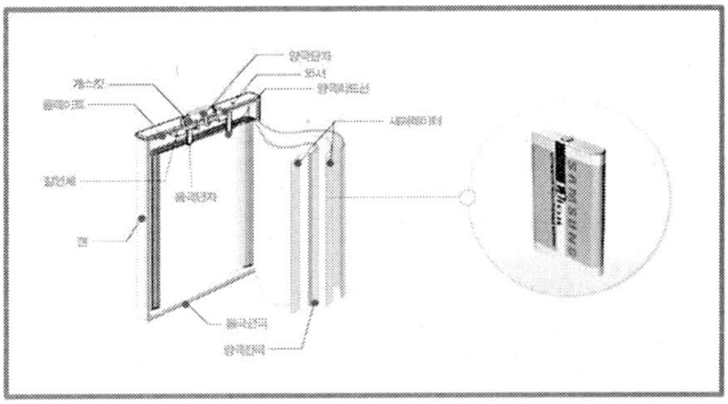

[그림 11-24] Lithium(리튬이온) 배터리 내부구조

② 충·방전 과정

- 리튬 이온은 전해질을 통해 양극으로 이동하지만, 전자는 그럴 수 없으므로 전선을 타고 흐르게 된다. 충전할 때는 반대로 외부 전압에 의해 양극이 전자를 뺏기면서 산화되어 리튬-이온을 방출하고, 음극이 전자를 받아 환원되면서 리튬-이온과 결합한다. 이렇게 충전 시와 방전 시 리튬-이온이 서로 반대 방향으로 이동하면서 전자의 흐름이 일어나는 것을 흔들의자(rocking chair) 효과라고 부른다.
- 좁은 공간에 음극, 양극, 전해질을 집어넣을 때, 음극과 양극이 직접 접촉하여 전자가 흐르면 즉 단락(short-circuit)되면 곤란하므로 분리막을 사용한다. 이 분리막은 전기가 흐르지 못하는 절연체이면서 리튬 이온은 통과시킬 수 있어야 한다.

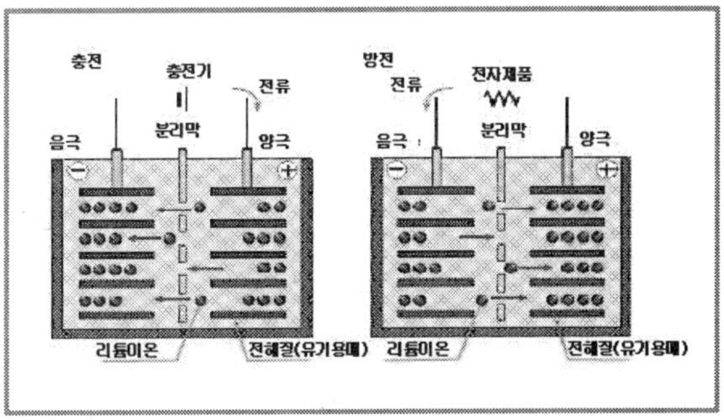

[그림 11-25] Lithium(리튬이온) 배터리 충·방전 반응

③ **장점**

- 크기는 작으면서 많은 에너지를 가진 배터리로이다.
- 메모리 효과가 거의 없어 필요할 때마다 충전해도 오랫동안 사용할 수 있습니다.
- 또한 호환 배터리가 많이 판매되고 있다.(단, 안전장치나 보호회로가 없으면 폭발할 위험성이 있다.)

④ **단점**

- 주변 환경에 매우 민감하다. 지나치게 높거나 낮은 온도에서 사용하면 수명에 지장이 생긴다.
- 전지가 부푸는 현장(스웰링 현상) 생기는 경우가 있다.
- 안전장치나 보호회로가 없으면 폭발할 위험성이 있다.
- 사용하든 사용하지 않든 시간이 지남에 따라 노화가 진행된다.

[그림 11-26] Lithium(리튬이온) 배터리

著 者

오 석 균

○ 현 충청대학교 정보관리실 실장

○ 현 한국공항보안포럼 정회원

○ 충청대학교 부설 민간경비교육원 원장 역임

○ 충청대학교 항공보안과 학과장 역임